R. Verga • M.S. Pilone

Biochimica industriale

Springer
Milano
Berlin
Heidelberg
New York
Barcelona
Hong Kong
London
Paris
Singapore
Tokyo

R. Verga · M.S. Pilone

Biochimica industriale

Enzimi e loro applicazioni nella bioindustria

 Springer

R. VERGA
Senior Researcher Biochemistry
Antibioticos, Milano

M.S. PILONE
Ordinario di Biochimica
Università dell'Insubria, Varese

Springer-Verlag Italia
una Società del gruppo BertelsmannSpringer Science+Business Media GmbH

http:/www.springer.it

© Springer-Verlag Italia, Milano 2002

ISBN 88-470-0169-2

Quest'opera è protetta dalla legge sul diritto d'autore. Tutti i diritti, in particolare quelli relativi alla traduzione, alla ristampa, all'utilizzo di illustrazioni e tabelle, alla citazione orale, alla trasmissione radiofonica o televisiva, alla registrazione su microfilm o in database, o alla riproduzione in qualsiasi altra forma (stampata o elettronica) rimangono riservati anche nel caso di utilizzo parziale. La riproduzione di quest'opera, anche se parziale, è ammessa solo ed esclusivamente nei limiti stabiliti dalla legge sul diritto d'autore ed è soggetta all'autorizzazione dell'editore. La violazione delle norme comporta le sanzioni previste dalla legge.

L'utilizzo in questa pubblicazione di denominazioni generiche, nomi commerciali, marchi registrati, ecc. anche se non specificamente identificati, non implica che tali denominazioni o marchi non siano protetti dalle relative leggi e regolamenti.

Progetto grafico della copertina: Simona Colombo, Milano
Fotocomposizione, impaginazione e stampa: Centro Grafico Ambrosiano, San Donato Milanese (MI)

SPIN: 10851495

Ringraziamenti

Gli autori desiderano ringraziare, per la loro gentile collaborazione, le seguenti società:

- Alfa Laval S.p.A.
- Antibioticos S.p.A.
- Amersham Pharmacia Biotech Italia
- APV Italia s.r.l.
- Willy. A. Bachofen AG
- Carlo Erba Reagenti (Divisione Antibioticos)
- Glen Mills Inc.
- Millipore S.p.A.
- Pall Italia s.r.l.
- Resindion s.r.l.

Prefazione

Gli ultimi decenni hanno visto progressi straordinari nel campo della biocatalisi, con un parallelo incremento di interesse e di applicazioni (v. *Nature Insight: Biocatalysis*, vol. 409, 2001). I vantaggi dell'uso di enzimi come catalizzatori industriali vengono dalla pressione per lo sviluppo di una tecnologia 'pulita', ma potente, da utilizzarsi con grande selettività in diversi campi, dalla risoluzione di composti chirali alla bioremediation dell'inquinamento. Questi progressi sono in gran parte dovuti all'avanzamento delle moderne biotecnologie e della ricerca di base, in particolare nel settore delle tecniche biochimiche e della ingegneria genetica. Ad oggi, tuttavia, non è disponibile un testo per studenti e ricercatori che esemplifichi la moderna strategia con la quale queste tecniche avanzate vengono trasferite ed applicate al campo produttivo, indicandone con chiarezza le potenzialità e anche i limiti, considerando in particolare i passaggi di scala necessari nella bioindustria. Questo volume origina dal confluire di due esperienze diverse: l'una, la mia, di docente per molti anni di Biochimica Applicata presso l'Università di Milano e poi di Biochimica all'Università dell'Insubria, e insieme di ricerca di base nel campo delle proteine e ricerca applicata in biocatalisi industriale. L'altra è quella di Roberto Verga, mio studente in tesi di diversi anni fa passato, subito dopo la laurea, all'industria farmaceutica nel settore Ricerca e Sviluppo, lavorando con successo allo sviluppo di nuovi biocatalizzatori. Molte volte, nel corso di questi anni, abbiamo avuto occasione di confrontare e discutere queste nostre esperienze alla luce della vera e propria rivoluzione in atto nel campo della biocatalisi, dovuta al trasferimento delle nuove conoscenze e tecniche nei settori industriali. La decisione di scrivere questo volume nasce quindi dall'intento, che si spera raggiunto, di colmare un vuoto nel panorama editoriale fornendo un testo di riferimento, attuale e completo col suo insieme di dati e di considerazioni operative, per studenti e ricercatori nel campo dell'enzimologia industriale ed applicata.

Milano, ottobre 2001

MIRELLA S. PILONE
*Professore ordinario
di Biochimica*

Indice

Prefazione . . . . **XI**

CAPITOLO 1 Aspetti generali della catalisi enzimatica **1**
1.1 La struttura degli enzimi 1
1.2 Analisi enzimatica: attività e unità 4
1.3 Cenni di cinetica enzimatica: V_{max} e K_M 5
1.4 Meccanismi di inibizione 7
1.5 Nomenclatura e classificazione degli enzimi 9
1.6 Gli enzimi come biocatalizzatori industriali 13

CAPITOLO 2 Fonti disponibili per l'estrazione di proteine **15**
2.1 Importanza dei microrganismi nell'industria 17
2.2 Proteine da fonti animali e vegetali 19

CAPITOLO 3 Impostazione di una strategia di purificazione . . . **21**
3.1 Soluzioni tampone e cofattori necessari 21
3.2 Scelta e messa a punto dei dosaggi analitici 24
3.3 Scelta dei passaggi di purificazione 24
3.4 Implicazioni tecniche ed economiche della strategia
   di purificazione 28

CAPITOLO 4 Estrazione degli enzimi **29**
4.1 Enzimi esocellulari ed endocellulari 29
4.2 Rottura cellulare e tecniche utilizzabili 30
4.3 Metodi non meccanici 31
   4.3.1 Metodi fisici 31
   4.3.2 Metodi enzimatici e chimici 32
4.4 Metodi meccanici 34
   4.4.1 Sonicatori 34
   4.4.2 Dispersori meccanici e frullatori 35
   4.4.3 Mulini con sfere abrasive ("Ball Mill") e mortai . . . 36
   4.4.4 Presse ed estrusori 40
4.5 Determinazione dell'efficienza di rottura e caratterizzazione
   dei lisati 42

Capitolo 5 Chiarificazione di lisati e soluzioni, centrifugazione e filtrazione 45

- 5.1 La centrifugazione 45
  - 5.1.1 Principi teorici della centrifugazione 45
  - 5.1.2 La centrifuga da laboratorio e le tecniche di centrifugazione preparativa 47
  - 5.1.3 La centrifugazione nella pratica industriale 49
  - 5.1.4 Tipi di centrifughe e applicazioni particolari 51
- 5.2 La filtrazione 55
  - 5.2.1 Aspetti teorici della filtrazione 55
  - 5.2.2 Strutture dei filtri, tecnologie di filtrazione e principali termini operativi 56
  - 5.2.3 Applicazioni della filtrazione nella biochimica industriale 60
  - 5.2.4 Modalità di filtrazione e tipi di membrane 62
  - 5.2.5 Pulizia e conservazione dei filtri a membrana 65
  - 5.2.6 Filtrazione dinamica a flusso tangenziale: un esempio . . 68
- 5.3 Flocculazione e coagulazione di lisati e sospensioni proteiche . . 69
  - 5.3.1 Definizione del flocculante, classificazione e preparazione delle soluzioni 69
  - 5.3.2 Scelta del flocculante adatto e definizione delle condizioni operative 72

Capitolo 6 Purificazioni preliminari: bulk methods 75

- 6.1 Variazione del valore di pH 76
- 6.2 Riscaldamento della soluzione 77
- 6.3 Precipitazione con sali inorganici 78
- 6.4 Trattamento con solventi organici 80
- 6.5 Precipitazione con PEG e altri polimeri miscibili con acqua . . . 82

Capitolo 7 Cromatografia 83

- 7.1 Definizione di cromatografia e principi di base 83
- 7.2 Cromatografia in fase liquida 85
  - 7.2.1 Cromatografia su strato sottile 85
  - 7.2.2 Cromatografia su carta 86
  - 7.2.3 Cromatografia su colonna 86
- 7.3 Tipi di cromatografia e fasi operative 91
- 7.4 Cromatografia a scambio ionico 94
  - 7.4.1 Principio della tecnica 94
  - 7.4.2 Matrici e gruppi funzionali 94
  - 7.4.3 Fasi operative nella cromatografia a scambio ionico . . . 96
  - 7.4.4 Messa a punto della procedura cromatografica 98
  - 7.4.5 Vantaggi della cromatografia a scambio ionico 102
- 7.5 Gel filtrazione o cromatografia di esclusione 102
  - 7.5.1 Principio della tecnica 102

	7.5.2	Matrici e range di frazionamento 103
	7.5.3	Fasi operative nella cromatografia di esclusione 105
	7.5.4	Messa a punto della procedura cromatografica 106
	7.5.5	Applicazioni della gel filtrazione, vantaggi e limitazioni della tecnica 107
7.6	Cromatografia di interazione idrofobica 107	
	7.6.1	Principio della tecnica 107
	7.6.2	Matrici e gruppi funzionali 108
	7.6.3	Fasi operative nella HIC 109
	7.6.4	Messa a punto della procedura cromatografica 110
	7.6.5	Vantaggi della cromatografia di interazione idrofobica . . 113
7.7	Cromatografia di affinità 113	
	7.7.1	Principio della tecnica 113
	7.7.2	Matrici, ligandi e bracci spaziatori 115
	7.7.3	Fasi operative nella cromatografia di affinità 118
	7.7.4	Messa a punto della procedura cromatografica 119
	7.7.5	Vantaggi e svantaggi della cromatografia di affinità . . . 120
7.8	Chromatofocusing 121	
7.9	Cromatografia in fase inversa 121	
	7.9.1	Principio della tecnica 121
	7.9.2	Matrici e gruppi funzionali 121
	7.9.3	Fasi operative nella cromatografia in fase inversa 122
	7.9.4	Messa a punto della procedura cromatografica 123
	7.9.5	Vantaggi e svantaggi della cromatografia in fase inversa . 124
7.10	Cromatografia a letto espanso 124	
	7.10.1	Introduzione e principi della tecnica 124
	7.10.2	Matrici e gruppi funzionali 125
	7.10.3	Fasi operative nella cromatografia a letto espanso 126
	7.10.4	Messa a punto della procedura cromatografica 128
	7.10.5	Vantaggi e svantaggi della cromatografia a letto espanso . 130
7.11	Scaling-up di una cromatografia 131	

Capitolo 8 Enzimi e cellule immobilizzati 133

8.1	Tipi di biocatalizzatori 133	
8.2	Vantaggi operativi dell'immobilizzazione 134	
8.3	Tecniche di immobilizzazione di enzimi e cellule 134	
	8.3.1	Intrappolamento 135
	8.3.2	Interazione con supporto solido 138
	8.3.3	Metodi chimici 140
8.4	Immobilizzazione covalente su supporto solido 141	
8.5	Modificazioni del supporto dopo l'immobilizzazione 148	
8.6	Vantaggi e svantaggi dell'immobilizzazione covalente 149	
8.7	Caratteristiche chimico-fisiche e cinetiche degli enzimi immobilizzati covalentemente 149	
8.8	Scaling-up del processo di immobilizzazione 150	

Capitolo 9 Determinazioni analitiche 153
- 9.1 Tecniche analitiche in enzimologia 154
- 9.2 Metodi analitici e definizione dei dosaggi per il monitoraggio dell'enzima 156
- 9.3 Dosaggio delle proteine 158
- 9.4 Enzimi liberi: controllo della purificazione e parametri utilizzabili . 159
- 9.5 Enzimi immobilizzati: controllo dell'immobilizzazione e parametri utilizzabili 162

Capitolo 10 Biocatalisi 165
- 10.1 Biocatalizzatori 165
- 10.2 Substrati e prodotti di reazione 167
- 10.3 La tecnologia 168
- 10.4 Bioreattori e metodologie di biocatalisi 169
- 10.5 Scaling-up di una biocatalisi 171
- 10.6 Controlli analitici e monitoraggio della stabilità del biocatalizzatore 172
- 10.7 Reazioni singole o sequenziali 173
- 10.8 Biocatalisi in solventi organici 174
- 10.9 Biocatalisi stereo-selettive, regio-selettive e chemo-selettive ... 176
- 10.10 Nuovi sviluppi e prospettive 178

Capitolo 11 Settori applicativi industriali 183
- 11.1 Industria alimentare 183
- 11.2 Preparazione di detergenti 186
- 11.3 Industria tessile 187
- 11.4 Industria della carta 187
- 11.5 Analisi ambientale e biosensori 188
- 11.6 Trattamento di reflui e scarti, produzioni energetiche 189
- 11.7 Industria farmaceutica e chimica 190
- 11.8 Enzimi e cosmetica 190
- 11.9 Enzimi in analisi e terapie cliniche 191

Capitolo 12 Vantaggi dell'uso industriale di enzimi, cenni sui concetti di qualità, tutela dell'innovazione e norme di sicurezza 193
- 12.1 Vantaggio dell'uso di enzimi nell'industria 193
- 12.2 Purezza del prodotto e concetto di "qualità" 194
- 12.3 Tutela di prodotti e processi: i brevetti 195
- 12.4 Norme di sicurezza 197

Per saperne di più 199

Indice analitico 201

Capitolo 1
Aspetti generali della catalisi enzimatica

Gli enzimi, nella loro definizione più semplice, sono catalizzatori biologici di natura proteica. Gli enzimi hanno incredibili capacità di selettività ed efficienza: la loro attività catalitica è solitamente ben superiore a quella mostrata dai classici catalizzatori chimici. Nel XIX secolo si credeva che tale capacità fosse strettamente legata alla struttura cellulare integra, più precisamente al lievito (la definizione di enzima significa "nel lievito"). Alla fine dell'800 però si evidenziò (grazie a Büchner) che l'attività catalitica era presente anche nell'estratto di lievito. Arrivando fino ai tempi attuali, si possono eseguire numerose biotrasformazioni anche con enzimi isolati, proprio grazie al fatto che, in opportune condizioni, l'attività catalitica è mantenuta anche in assenza della struttura cellulare integra.

1.1 La struttura degli enzimi

Gli enzimi hanno struttura proteica e, malgrado la loro complessità e dimensione spesso elevate (sino a decine di migliaia di Dalton di massa), sono costituiti essenzialmente da un numero contenuto di molecole più semplici, gli *amminoacidi*. Questi contengono un carbonio chirale con una struttura caratteristica riportata in Tabella 1.1.

Tutti hanno un gruppo amminico e uno carbossilico sul carbonio chirale, e differiscono uno dall'altro per la catena laterale R che definisce ognuno dei venti amminoacidi, che compongono la proteina. La tabella 1.1 riporta la struttura di un amminoacido in forma non ionica, ma la forma presente in soluzione acquosa è quella ionica dipolare, detta *zwitterion*, che rende conto anche dei punti di fusione piuttosto alti. Nella struttura polipeptidica gli amminoacidi hanno configurazione L, eccezione fatta per la glicina, che non presenta un carbonio chirale in quanto la catena laterale è costituita da un idrogeno. La catena laterale, essendo differente a seconda dell'amminoacido, permette una loro sommaria suddivisione: con catene non polari, quali alanina e leucina, polari privi di carica come tirosina e cisteina, polari con possibile carica positiva (lisina, arginina) o negativa (acidi aspartico e glutammico). Oltre ai 20 amminoacidi "classici" ne esistono altri, più rari, che solo in alcuni casi entrano a far parte di strutture proteiche. Non bisogna dimenticare che esistono anche peptidi di piccole dimensioni non proteici, quali ormoni o antibiotici. Niente a che vedere quindi con le proteine vere e proprie, e in particolare gli enzimi, che sono polipeptidi di grandi dimensioni e struttura com-

Tabella 1.1 Struttura generale di un amminoacido in forma non ionica e ionica dipolare (**a**) ed elenco (**b**) dei 20 amminoacidi presenti nella struttura primaria delle proteine

Amminoacido	Struttura
Valina	$CH_3CH(CH_3)-CH(NH_2)COOH$
Leucina	$(CH_3)_2CHCH_2-CH(NH_2)COOH$
Isoleucina	$CH_3CH_2CH(CH_3)-CH(NH_2)COOH$
Treonina	$CH_3CH(OH)-CH(NH_2)COOH$
Metionina	$CH_3S(CH_2)_2-CH(NH_2)COOH$
Fenilalanina	$C_6H_5-CH_2-CH(NH_2)COOH$
Triptofano	indolo-$CH_2-CH(NH_2)COOH$
Lisina	$H_2N(CH_2)_4-CH(NH_2)COOH$
Alanina	$CH_3-CH(NH_2)COOH$
Arginina	$HN=C(NH_2)NH(CH_2)_3-CH(NH_2)COOH$
Acido aspartico	$HOOCCH_2-CH(NH_2)COOH$
Cisteina	$HSCH_2-CH(NH_2)COOH$
Acido glutammico	$HOOC(CH_2)_2-CH(NH_2)COOH$
Glicina	$H-CH(NH_2)-COOH$
Istidina	imidazolo-$CH_2-CH(NH_2)COOH$
Prolina	pirrolidina-COOH
Serina	$HOCH_2-CH(NH_2)COOH$
Tirosina	$HO-C_6H_4-CH_2-CH(NH_2)COOH$
Asparagina	$H_2NCOCH_2-CH(NH_2)COOH$
Glutammina	$H_2NCO(CH_2)_2-CH(NH_2)COOH$

plessa. In tutte le proteine gli amminoacidi sono uniti in lunghe sequenze mediante legami amidici, che nel caso specifico vengono detti *legami peptidici*. Questi ultimi conferiscono stabilità alla struttura proteica avendo un alto grado di risonanza. Il tipo particolare di legame possiede anche un'importante caratteristica: la rigidità, che non permette libere rotazioni e diventa quindi importante per mantenere precise conformazioni della struttura tridimensionale. In alcuni casi gli enzimi non sono composti unicamente da una sequenza amminoacidica, ma presentano parti strutturali di diversa natura. Tra queste, catene di oligosaccaridi, spesso legate covalentemente, o cofattori necessari per la catalisi quali ad esempio flavina adenina dinucleotide (FAD), flavina mononucleotide (FMN), tiamina pirofosfato (TPP), ecc. Altri componenti non proteici importanti sono gli ioni metallici: in diversi enzimi, ma anche in altre proteine (basti ricordare il ferro dell'emoglobina e il rame dell'emocianina), un metallo interagisce con la sequenza amminoacidica assumendo un ruolo indispensabile nella catalisi. I gruppi non proteici della struttura enzimatica e cruciali per il meccanismo di reazione o per mantenere una precisa conformazione sono chiamati *gruppi prostetici*. L'enzima completo, dato da parte proteica più gruppo prostetico, viene detto *oloenzima*, mentre se è privo della parte prostetica è definito *apoenzima*. Si definiscono diversi livelli gerarchici nell'organizzazione strutturale e conformazionale della proteina. Si parla di *struttura primaria* quando ci si riferisce alla sequenza amminoacidica (dal residuo amminoterminale, ossia l'amminoacido a un estremo della catena proteica con l'amminogruppo non impegnato nel legame peptidico a quello carbossiterminale, amminoacido con il gruppo carbossilico non impegnato nel legame peptidico). Nella struttura primaria si riportano anche i ponti disolfuro presenti, ovvero il legame covalente che si può instaurare tra le catene laterali di cisteine presenti nella sequenza. In pratica, al primo livello si evidenziano tutti i legami covalenti dell'enzima. Si parla di *struttura secondaria* quando si passa a interazioni specifiche con legami non covalenti che si ripetono in modo regolare (ad esempio legami a idrogeno) tra amminoacidi della sequenza non distanti tra loro. Tra le strutture secondarie ve ne sono alcune, molto comuni, estremamente organizzate e ordinate, quali le α-*eliche* e i *foglietti ripiegati* β. Se le interazioni deboli intervengono tra amminoacidi distanti si parla invece di *struttura terziaria*, data dal ripiegamento della catena polipeptidica (con porzioni o no di struttura secondaria) nello spazio in modo non regolare a dare la struttura *nativa*, ossia biologicamente attiva. La *struttura quaternaria* si riferisce alle interazioni coinvolte tra diverse catene polipeptidiche che talora costituiscono un enzima, ossia una proteina oligomerica composta da più subunità, uguali o diverse tra loro. Nella complessa struttura di un enzima una parte relativamente piccola è costituita dal *sito attivo*, dove avvengono la rottura e la formazione dei legami chimici durante la reazione catalizzata dall'enzima. Il sito attivo ha una struttura tridimensionale ben definita e spesso è localizzato in una "tasca" della superficie molecolare proteica, dove diversi amminoacidi (anche lontani tra di loro, definibili quindi nella struttura terziaria) sono disposti in maniera estremamente precisa, insieme all'even-

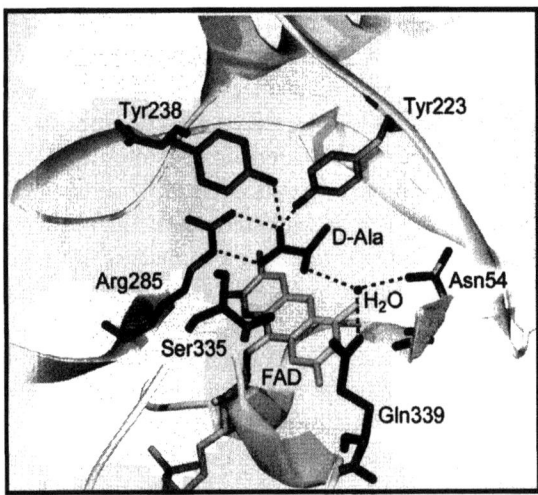

Figura 1.1 Sito attivo dell'enzima D-amminoacido ossidasi: sono rappresentati gli amminoacidi presenti nel sito e la loro interazione con il gruppo prostetico FAD e il substrato D-alanina (Brookhaven Protein Data Bank accession code 1=0p)

tuale gruppo prostetico (Fig. 1.1). Con queste caratteristiche, il sito attivo diventa selettivo in termini configurazionali con il substrato. Nella complessa struttura di un enzima una funzione importante è svolta dalle catene laterali degli amminoacidi che compongono la sequenza, in quanto determinano le zone più o meno idrofobiche della proteina, sono coinvolte nel sito attivo e condizionano la carica elettrica globale della proteina (basti ricordare la ionizzazione delle catene laterali di amminoacidi come lisina, acido aspartico o arginina). Un importante parametro è il *punto isoelettrico* dell'enzima, valore di pH al quale la carica elettrica globale della proteina è zero: tale parametro è valido anche per ogni singolo amminoacido. Con le proteine, visti i numerosi residui implicati, si parla anche di *punto isoionico*, poiché la carica può essere influenzata dalla composizione del tampone e dalla interazione con questo. Il punto isoelettrico è un parametro molto importante e utile nell'ambito di alcune tecniche di purificazione, quali la precipitazione proteica e la cromatografia a scambio ionico. La carica della proteina è di segno positivo al disotto del punto isoelettrico e negativo al disopra di questo.

1.2 Analisi enzimatica: attività e unità

Come nelle varie branche della chimica biologica, anche dal punto di vista applicativo e industriale risulta essenziale l'aspetto analitico e la quantificazione dell'enzima. In chimica generale, la pratica è quella di ricorrere a misure direttamente legate alla quantità presente del campione in questione quali ad esempio molarità, normalità, concentrazione percentuale o in grammi/litro. In linea teorica questa è possibile anche per gli enzimi, ma vi sono difficoltà oggettive che fanno evitare molarità o altro. Gli enzimi hanno infatti pesi molecolari molto elevati e per determinarli esattamente (per ricavare la mole) bisognerebbe conoscere la sequenza amminoacidica e avere a disposizione la proteina pura. Ma gli enzimi utilizzati, almeno in alcuni stadi, si trovano in miscele più o meno complesse con più proteine, il che rende estremamente ardua la quantificazione di una sola specie proteica. La soluzione sta nella definizione stessa di enzima: un catalizzatore biologico. Ciò che si quantifica è infatti la capacità catalitica dell'enzima: considerando una reazione specifica nel quale è coinvolto, maggiore è la quantità di substrato trasformato o di prodotto formato nell'unità di tempo e maggiore sarà anche la quantità di enzima presente. Una determinazione indiretta quindi, definita come "*attività enzimatica*" la cui unità di misura è l'"*unità*". Viene detta *Unità Internazionale* (U.I.) la quantità di enzima che catalizza la trasformazione di una micromole di substrato, o la formazione di una micromole di prodotto, in un minuto, in condizioni operative definite. Importante quest'ultimo punto, in quanto cambiando ad esempio la temperatura o il pH di reazione, il valore di attività corrispondente viene modificato. È non corretto perciò fornire un valore di attività senza specificare le condizioni operative, poiché non si avrebbe un'indicazione di come eventualmente ripetere o controllare il dosaggio enzimatico. Nel Sistema Internazionale SI l'unità è però il *Katal* (*Kat*, 1mole x sec^{-1}=6x10^{7}UI).

1.3 Cenni di cinetica enzimatica: V_{max} e K_M

Gli enzimi sono catalizzatori, anche se biologici, e seguono i principi dei catalizzatori in genere. Non subiscono quindi modificazioni irreversibili a causa della reazione, in quanto non partecipano in qualità di reattivi ma di "acceleratori": infatti, aumentano enormemente la velocità di una reazione permettendo di raggiungere l'equilibrio in un intervallo di tempo molto più breve rispetto a quello necessario in loro assenza. Viene alterata la cinetica, ma l'equilibrio termodinamico non viene modificato. L'aumento della velocità di reazione viene ottenuto poiché l'enzima abbassa il livello della barriera energetica da superare (energia di attivazione) affinché la reazione abbia luogo. Ciò avviene mediante la formazione di uno stato di transizione con energia minore rispetto a quella in assenza di biocatalizzatore. In pratica, il substrato si lega al sito attivo e la modificazione dei legami chimici passa attraverso la formazione di un complesso enzima-substrato, la cui esistenza è stata osservata anche direttamente con tecniche analitiche adeguate. Proprio la formazione di un intermedio di reazione enzima-substrato sta alla base del modello proposto da Michaelis e Menten per spiegare un andamento della velocità di reazione come quello riportato in Figura 1.2. In pratica, la velocità iniziale dipende dalla concentrazione di substrato fino a determinati valori, superati i quali la velocità diventa indipendente dalla concentrazione del substrato. L'equilibrio della reazione può essere rappresentato così:

$$\text{Enzima + Substrato} \underset{k_{-1}}{\overset{k_1}{\rightleftarrows}} \text{Complesso Enzima-Substrato} \overset{k_2}{\rightarrow} \text{Enzima + Prodotto}$$

Sviluppando matematicamente gli equilibri coinvolti, considerando la velocità della reazione proporzionale alla concentrazione del complesso enzima-

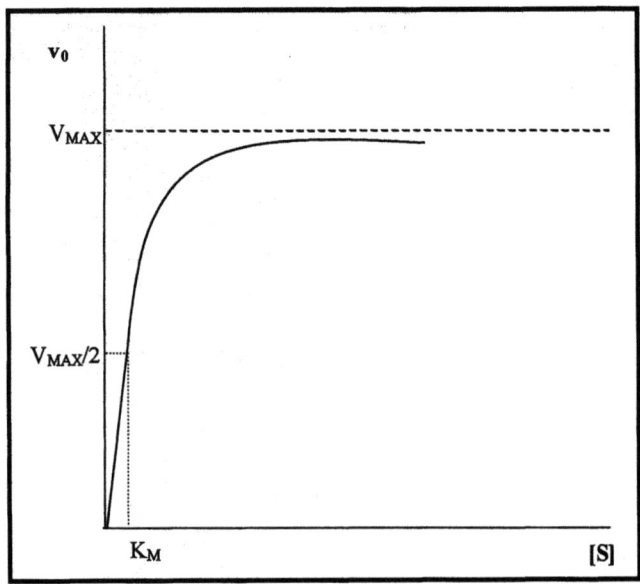

Figura 1.2 Velocità iniziale di una reazione catalizzata da un enzima in relazione alla concentrazione del substrato

substrato, si ottiene l'*equazione* di *Michaelis-Menten*, che correla la velocità iniziale di reazione della biocatalisi alla concentrazione del substrato e all'enzima:

$$v = V_{max} \cdot \frac{[S]}{[S] + K_M} \qquad (1)$$

Da questa equazione si evidenziano i due parametri cinetici dell'enzima: la V_{max}, la *velocità massima* della reazione enzimatica quando la concentrazione di substrato è saturante e rende quindi la velocità di ordine zero rispetto al substrato (indipendente qiundi dalla sua concentrazione), e la K_M, detta *costante di Michaelis* e che dall'equazione corrisponde alla concentrazione di substrato alla quale la velocità iniziale di reazione è pari alla metà della velocità massima della reazione stessa. In termini pratici la K_M è molto importante poiché dà una indicazione della forza di interazione del legame esistente nel complesso enzima-substrato, qualora la costante k_{-1} molto maggiore di k_2 (K_M diventa pari alla costante di dissociazione del complesso). Più è alto il valore di K_M, più debole sarà la forza di interazione tra enzima e substrato. Durante uno screening di enzimi che catalizzano la stessa reazione è quindi possibile determinare, nelle medesime condizioni sperimentali, quale è il biocatalizzatore che presenta la maggiore affinità per il substrato (quello con costante di Michaelis minore). Nella determinazione sperimentale di K_M e V_{max} si trasforma l'equazione di Michaelis–Menten, mediante i reciproci dei membri che compaiono, nel grafico di una retta matematicamente espressa da:

$$1/V = 1/V_{max} + K_M/V_{max} \cdot 1/[S] \qquad (2)$$

non passante per l'origine e con intercetta sull'asse delle ordinate, per una maggior semplicità d'utilizzazione.

1.3 Cenni di cinetica enzimatica: V_{max} e K_M

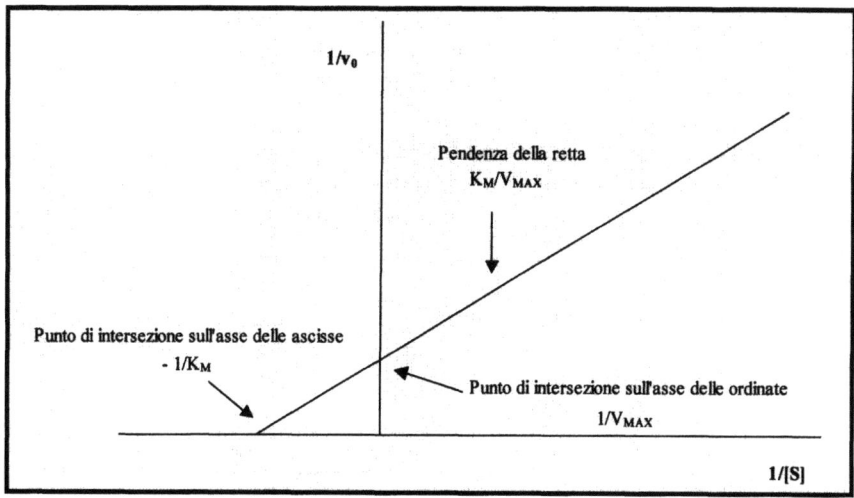

Figura 1.3 Grafico dei doppi reciproci (Lineweaver-Burk)

Nel grafico, detto di *Lineweaver-Burk* o dei doppi reciproci, sull'asse delle ascisse è riportato il reciproco della concentrazione di substrato, sulle ordinate il reciproco della velocità. Il valore di K_M e V_{max} sono rispettivamente ricavabili dalle intercette sull'asse delle x ($-1/K_M$) e delle y ($1/V_{max}$). La pendenza della retta è data, come si vede dalla equazione, dal rapporto K_M/V_{max} (Fig. 1.3).

Non tutti gli enzimi hanno però un comportamento interpretabile con l'equazione di Michaelis-Menten. Vi sono infatti dei casi dove la curva del grafico non ha un andamento iperbolico ma sigmoide. Si tratta di enzimi composti da più subunità polipeptidiche, ognuna con un sito attivo. Per tali enzimi è stata proposta l'esistenza di due diverse conformazioni, una ad alta e una a bassa affinità per il substrato, il quale si lega con fenomeno di cooperatività allosterica. Quando alla forma a bassa affinità si lega il substrato, questa si modifica nella conformazione ad alta affinità, facendo modificare in concerto anche le altre subunità: la quantità di forma ad alta affinità aumenta in maniera progressiva al crescere della concentrazione di substrato, finché tutto l'enzima sarà nella conformazione ad alta affinità.

1.4 Meccanismi di inibizione

Molte molecole, solitamente di dimensioni relativamente piccole e di diversa natura (da ioni metallici a prodotti della reazione catalizzata dall'enzima), hanno un effetto inibente sull'attività degli enzimi. Biologicamente l'inibizione è un importante mezzo di controllo dell'attività, che viene rallentata o fermata quanto è necessario, ad esempio quando la concentrazione del prodotto di reazione ha raggiunto livelli ottimali. Il caso è diverso quando l'enzima è utilizzato in una applicazione sperimentale industrializzabile. In tal caso l'enzima deve lavorare al meglio delle proprie possibilità, quindi con le performance cinetiche ottimali. Avere un rallentamento significherebbe aumentare i tempi di reazione, o avere troppo substrato non trasformato in soluzione presente insieme al prodotto. L'inibizione può essere quindi tanto utile in natura quanto scomoda in laboratorio, anche se non sempre: in taluni casi si può infatti eliminare l'effetto di un enzima interferente mediante l'aggiunta di un suo inibitore privo invece di effetto sull'enzima di interesse, che quindi potrà catalizzare la reazione senza formazione di prodotti secondari da parte dell'interferente. L'inibizione enzimatica può essere *irreversibile* o *reversibile*; nel primo caso l'inibitore forma un'interazione non reversibile con l'enzima, solitamente con un legame covalente su uno o più residui di amminoacidi. Questo porta a una drastica modifica strutturale o a un blocco irreversibile del sito attivo: l'enzima non può tornare alla propria forma originaria perciò la capacità catalitica è irrimediabilmente perduta. Meno drastica è l'inibizione reversibile, che a sua volta può essere suddivisa in *competitiva* e non *competitiva*: in entrambi i casi l'enzima è recuperabile non essendo modificato chimicamente in maniera definitiva. Nell'inibizione competitiva l'inibitore ha una struttura simile al substrato e compete con esso per il legame al sito attivo. In pratica si ha una esclusione del substrato e se l'inibitore è in alta concentrazione può saturare tutti i siti attivi disponibili. Il fenomeno di inibizione può essere eliminato aumentando la concentrazione del substrato: ad un certo valore sarà il substrato a saturare i siti attivi a scapito dell'inibitore. L'inibizione da prodotto, importante meccanismo di controllo a feed-back in natura ma sfavorevole nella pratica sperimentale, può essere considerata una inibizione competitiva, a causa della somiglianza che può esserci tra substrato e prodotto di reazione. Cineticamente, poiché nell'inibizione competitiva vi è una difficoltà di legame al sito attivo da parte del substrato, la K_M cambierà (si ha in pratica una diminuzione di affinità a causa della competizione) mentre rimarrà invariata la V_{max}. Nel grafico di Lineweaver-Burk avremo perciò una modifica della pendenza K_M / V_{max} e variazione dell'intercetta sull'asse delle ascisse (aumento della K_M) (Fig. 1.4a). Rimane invece invariato il punto di intersezione della retta con l'asse delle ordinate e di conseguenza il valore di V_{max}. Maggiore diventa la pendenza della retta, più forte sarà il legame dell'inibitore con l'enzima. Nell'inibizione reversibile non competitiva i siti di interazione dell'inibitore e del substrato sono differenti, per cui non si hanno fenomeni di esclusione reciproca. Questo permette il legame simultaneo di entrambi alla molecola proteica e l'inibitore non altera il numero di molecole di substrato che possono legarsi al sito attivo, ma piuttosto il numero di molecole di substrato trasformate in prodotto nell'unità di tempo (numero di turnover), che viene diminuito. Si ha quindi una diminuzione della velocità, e nel grafico di Lineweaver-Burk cambia l'intersezione sull'asse delle y (più alta in quanto la V_{max} diminuisce) mentre il valore di K_M non varia (stessa intercetta sull'asse delle x). L'effetto dell'inibizione sul grafico di Lineweaver-Burk è visibile nella Figura 1.4b. Nell'inibizione non competitiva, a differenza della competitiva, un aumento della concentrazione del substrato non è utile al fine di rimuovere il fenomeno di inibizione.

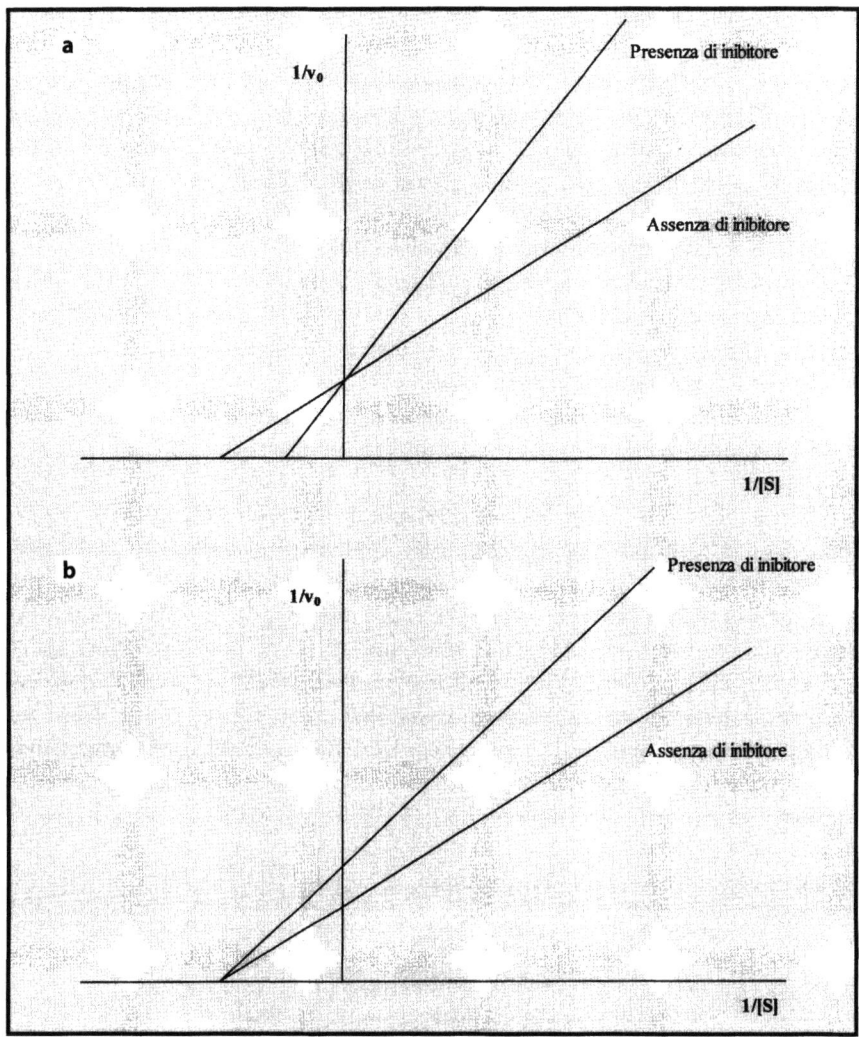

Figura 1.4 Grafici dei doppi reciproci che mostrano l'effetto dell'inibizione enzimatica competitiva (**a**) e non competitiva (**b**)

1.5 Nomenclatura e classificazione degli enzimi*

Gli enzimi vengono denominati in termini generali dall'unione del nome di un substrato rappresentativo (o un prodotto) e dal tipo di reazione catalizzata con desinenza finale –asi. Come esempi possiamo ricordare Penicillina acilasi, Piruvato chinasi, Gliceraldeide 3-fosfato deidrogenasi, Glicogeno sintetasi. Il nome può diventare più contratto, mantenendo la desinenza –asi e riferendosi alla reazione o al composto, come per Aldolasi, Enolasi, Naringinasi, Fumarasi.

* *Nota*: v. sito Internet http://prowl.rockefeller.edu/enzymes/enzymes.htm

In diversi casi si usano nomi d'uso, che trascurano la terminazione –asi risultando a sé stanti come Lisozima (che in verità è una Muramidasi) o richiamando la desinenza finale –ina tipica delle proteine, come succede negli enzimi Papaina, Ficina, Chimotripsina. Per regolamentare la nomenclatura enzimatica, l'Unione Internazionale di Biochimica ha proposto da tempo la suddivisione degli enzimi in sei classi principali, basandosi sul tipo di reazione catalizzata:

1. Ossido-reduttasi: reazioni di ossido-riduzione
2. Transferasi: trasferimento di un gruppo di atomi
3. Idrolasi: reazioni idrolitiche
4. Liasi: addizione a doppi legami o formazione di doppi legami
5. Isomerasi: reazioni di isomerizzazione
6. Ligasi: condensazione di due molecole con la contemporanea rottura di legami pirofosforici

La classificazione di un enzima viene fatta mediante una serie di quattro numeri, successivi alla sigla EC (Enzyme Commission), che indicano l'appartenenza dell'enzima a una delle classi sopra elencate (il primo numero) e a una serie di sottoclassi (numeri successivi), che indicano in maniera sempre più precisa la reazione catalizzata e i legami implicati. In tal modo si ottiene un'articolata classificazione che ordina tutte le reazioni catalizzate dagli enzimi: per capirne la complessità basta osservare solo una modesta parte di una delle classi sopra elencate, ad esempio le Idrolasi. La prima suddivisione è relativa alla classe principale di appartenenza, quindi *EC 3.-.-.-*. Per aggiungere il secondo numero occorre scegliere tra le sottoclassi a disposizione:

EC 3.1.-.-	Azione sui legami estere
EC 3.2.-.-	Glicosidasi
EC 3.3.-.-	Azione sui legami etere
EC 3.4.-.-	Azione sui legami peptidici
EC 3.5.-.-	Azione sul legame carbonio-azoto non peptidico
EC 3.6.-.-	Azione su anidridi acide
EC 3.7.-.-	Azione su legame carbonio-carbonio
EC 3.8.-.-	Azione su legame alide
EC 3.9.-.-	Azione su legame fosforo-azoto
EC 3.10.-.-	Azione sul legame zolfo-azoto
EC 3.11.-.-	Azione sul legame carbonio-fosforo
EC 3.12.-.-	Azione sul legame disolfuro

Tra queste, analizziamo l'ulteriore livello della prima sottoclasse E.C. 3.1.-.-, per scrivere il terzo numero:

EC 3.1.1.-	Idrolasi di esteri carbossilici
EC 3.1.2.-	Idrolasi di tioesteri
EC 3.1.3.-	Idrolasi di monoesteri fosforici

1.5 Nomenclatura e classificazione degli enzimi

EC 3.1.4.-   Idrolasi di diesteri fosforici
EC 3.1.5.-   Idrolasi di monoesteri trifosforici
EC 3.1.6.-   Idrolasi di esteri solforici
EC 3.1.7.-   Idrolasi di monoesteri difosforici
EC 3.1.8.-   Idrolasi di triesteri fosforici
EC 3.1.11.-   Esodeossiribonucleasi con produzione di 5′-fosfomonoesteri
EC 3.1.13.-   Esoribonucleasi con produzione di 5′-fosfomonoesteri
EC 3.1.14.-   Esoribonucleasi con produzione diversa dai 5′-fosfomonoesteri
EC 3.1.15.-   Esonucleasi attiva su acidi sia ribo- che deossiribonucleici con produzione di 5′-fosfomonoesteri
EC 3.1.16.-   Esonucleasi attiva su acidi sia ribo- che deossiribonucleici con produzione diversa dai 5′-fosfomonoesteri
EC 3.1.21.-   Endodeossiribonucleasi con produzione di 5′-fosfomonoesteri
EC 3.1.22.-   Endodeossiribonucleasi con produzione diversa dai 5′-fosfomonoesteri
EC 3.1.25.-   Endodeossiribonucleasi sitospecifica per basi alterate
EC 3.1.26.-   Endoribonucleasi con produzione di 5′-fosfomonoesteri
EC 3.1.27.-   Endoribonucleasi con produzione diversa dai 5′-fosfomonoesteri
EC 3.1.30.-   Endonucleasi attiva su acidi sia ribo- che deossiribonucleici con produzione di 5′-fosfomonoesteri
EC 3.1.31.-   Endonucleasi attiva su acidi sia ribo- che deossiribonucleici con produzione diversa dai 5′-fosfomonoesteri

Concludendo con la collocazione dell'ultimo numero, scegliamo la prima sottoclasse E.C. 3.1.1.-, quella delle carbossil esterasi dove esemplifichiamo alcune delle numerazioni a disposizione:

EC 3.1.1.1   Carbossilesterasi
EC 3.1.1.2   Arilesterasi
EC 3.1.1.3   Triacilglicerolo lipasi
EC 3.1.1.4   Fosfolipasi A2
EC 3.1.1.5   Lisofosfolipasi
EC 3.1.1.6   Acetilesterasi
EC 3.1.1.7   Acetilcolinesterasi
EC 3.1.1.8   Colinesterasi
EC 3.1.1.10   Tropinesterasi
EC 3.1.1.11   Pectinesterasi
EC 3.1.1.13   Sterolo esterasi
EC 3.1.1.14   Clorofillasi
EC 3.1.1.15   L-Arabinonol Lattonasi
EC 3.1.1.17   Gluconolattonasi
EC 3.1.1.19   Uronolattonasi
EC 3.1.1.20   Tannasi
EC 3.1.1.21   Retinil-palmitato esterasi
EC 3.1.1.22   Idrossibutirrato dimero idrolasi

EC 3.1.1.23	Acilglicerolo lipasi
EC 3.1.1.24	3-Ossiadipato enol-lattonasi
EC 3.1.1.25	1,4-Lattonasi
EC 3.1.1.26	Galattolipasi
EC 3.1.1.27	4-Piridossal lattonasi
EC 3.1.1.28	Acilcarnitina idrolasi
EC 3.1.1.29	Aminoacil-tRNA idrolasi
EC 3.1.1.30	D-Arabinono lattonasi
EC 3.1.1.31	6-Fosfogluconolattonasi
EC 3.1.1.32	Fosfolipasi A1
EC 3.1.1.33	6-Acetilglucosio deacilasi
EC 3.1.1.34	Lipoproteina lipasi
EC 3.1.1.35	Diidrossicumarina lipasi
EC 3.1.1.36	Limonina lattonasi (anello D)
EC 3.1.1.37	Steroide lattonasi
EC 3.1.1.38	Triacetato lattonasi
EC 3.1.1.39	Actinomicina lattonasi
EC 3.1.1.40	Orsellinato-depside idrolasi
EC 3.1.1.41	Cefalosporina C deacetilasi
EC 3.1.1.42	Clorogenato idrolasi
EC 3.1.1.43	α-Amminoacido esterasi
EC 3.1.1.44	4-Metilossalacetato esterasi
EC 3.1.1.45	Carbossimetilenbutenolidasi
EC 3.1.1.46	Deossilimonato lattonasi (anello A)
EC 3.1.1.47	2-Acetil-1-alchilglicerofosfocolina esterasi
EC 3.1.1.48	Fusarinina-C ornitinesterasi
EC 3.1.1.49	Sinapina esterasi
EC 3.1.1.50	Esteri della cera idrolasi
EC 3.1.1.51	Forbol-diestere idrolasi
EC 3.1.1.52	Fosfatidilinositolo deacilasi
EC 3.1.1.53	Sialato O-acetilesterasi
EC 3.1.1.54	Acetossibutinilbitiofene deacetilasi
EC 3.1.1.55	Acetilsalicilato deacetilasi
EC 3.1.1.56	Metilumbelliferil-acetato deacetilasi
EC 3.1.1.57	2-Pirone-4,6-dicarbossilato lattonasi
EC 3.1.1.58	N-Acetilgalattosaminoglicano deacetilasi
EC 3.1.1.59	Juvenil-ormone esterasi
EC 3.1.1.60	Bis(2-etilesil)ftalato esterasi
EC 3.1.1.61	Proteina-glutammato metilesterasi
EC 3.1.1.63	11-Cis-retinil-palmitato idrolasi
EC 3.1.1.64	Trans-retinil-palmitato idrolasi
EC 3.1.1.65	L-Ramnono-1,4-lattonasi
EC 3.1.1.66	5-(3,4-Diacetossibut-1-inil)-2,2'-bitiofene deacetilasi
EC 3.1.1.67	Aciletilestere (acido grasso) sintasi
EC 3.1.1.68	Xilono-1,4-lattonasi

EC 3.1.1.69   N-Acetilglucosaminilfosfatidilinositolo deacetilasi
EC 3.1.1.70   Cetraxato benzilesterasi
EC 3.1.1.71   Acetilalchilglicerolo acetilidrolasi
EC 3.1.1.72   Acetilxilano esterasi

Possiamo immaginare quindi l'ampiezza e l'organizzazione di questa classificazione, dove la nomenclatura di uso comune è stata suddivisa in classi organizzate. Non tutte le sottoclassi sono però così affollate come quelle esemplificate!

1.6 Gli enzimi come biocatalizzatori industriali

I richiami di biochimica generale fatti finora non sono semplicemente un ripasso dei principii essenziali, ma anche dei mezzi di lavoro indispensabili nel settore operativo dell'enzimologia, dove spiccano le reazioni industriali catalizzate da enzimi. Per ottimizzare tali reazioni non è possibile non rifarsi agli aspetti di base che regolano l'attività dei biocatalizzatori proteici, la loro struttura, il meccanismo d'azione, gli agenti con potere inibente, ecc. Ad esempio, la determinazione dei parametri cinetici quali la K_M permettono la scelta dell'enzima più adatto, che può essere analizzato utilizzando un dosaggio e valutandone l'attività. Conoscere il meccanismo d'azione, gli inibitori, le condizioni operative e di stabilità permette di stabilire i limiti entro i quali operare per studiare e mettere a punto le condizioni finali della reazione che l'enzima dovrà catalizzare. Ma cosa ha fatto diffondere l'uso degli enzimi nell'industria? I vantaggi più evidenti sono correlati alle caratteristiche degli enzimi. La loro capacità catalitica, estremamente efficiente e veloce, e soprattutto la loro selettività, che permette il riconoscimento del substrato in maniera precisa anche in miscele complesse e fino al punto di discriminare tra diversi strereoisomeri di uno stesso composto. Altri vantaggi strategici sono la diminuzione dell'impatto ambientale e l'assenza di prodotti secondari indesiderati.

Capitolo 2
Fonti disponibili per l'estrazione di proteine

Considerare un enzima per una applicazione industriale presuppone subito una prima importante scelta: da quale fonte è possibile estrarre in maniera vantaggiosa l'enzima necessario? A disposizione vi sono diverse fonti di origine biologica, che è possibile distinguere, in termini generali, in tre categorie (Tab. 2.1):

- materiale di origine animale
- materiale di origine vegetale
- microrganismi

La scelta può essere fatta dopo una serie di considerazioni, che possono permettere la selezione di poche specie in grado di fornire la proteina di interesse in condizioni tali da soddisfare le condizioni richieste, in termini qualitativi e quantitativi. Dapprima è necessario valutare se l'enzima in considerazione ha una distribuzione ubiquitaria o se è presente solo in poche specie. In quest'ultimo caso, la scelta è quasi obbligata; in caso contrario occorre individuare le fonti che presentano contenuti più alti di enzima, il quale a sua volta deve avere parametri cinetici adeguati alla reazione che dovrà catalizzare. Questo è un punto critico per la selezione, specialmente se l'obiettivo è quello di eseguire una reazione di interesse industriale con un substrato non naturale. Sarà infat-

Tabella 2.1 Alcuni enzimi di interesse industriale e principali fonti dalle quali vengono estratti

Enzima	Fonte produttiva	Origine della fonte
α-amilasi	*Bacillus subtilis*	batterio
bromelaina	fusti e frutti di ananas	vegetale
esperidinasi	*Penicillium decumbens*	fungo
α-glucosidasi	*Saccharomyces carlsbergensis*	lievito
glucosio ossidasi	*Aspergillus niger*	fungo
glutamato deidrogenasi	fegato di manzo	animale
glutaminasi	*Bacillus subtilis*	batterio
lipasi	*Candida antarctica*	lievito
naringinasi	*Penicillium decumbens*	fungo
papaina	lattice di papaia	vegetale
peptidasi	*Rhizopus oryzae*	fungo
pullulanasi	*Bacillus sp.*	batterio
ureasi	*Canavalia ensiformis*	vegetale

ti necessario uno screening per scegliere il biocatalizzatore migliore, e tale aspetto diventa ancora più impegnativo quando non si conosca con esattezza quale enzima catalizzi la reazione prescelta, o addirittura se questo enzima esista. Cercare nuovi enzimi che catalizzino reazioni innovative è ormai largamente diffuso, specialmente in particolari settori, quali il farmaceutico. Ma andiamo per gradi: verificare se una reazione di interesse sia suscettibile di catalisi enzimatica è senz'altro il grado di maggiore complessità e difficoltà, soprattutto se non esistono riferimenti e indicazioni bibliografiche. In tal caso occorre verificare se la reazione chimica coinvolta possa rientrare nel meccanismo di reazione di qualche categoria enzimatica. In caso affermativo, il modo migliore per localizzare il possibile enzima candidato è quello di eseguire screening ampi, su un gran numero di fonti, e in tal caso i microrganismi sono la scelta vincente. Naturalmente un simile approccio è impegnativo, presuppone un ampio lavoro di fermentazione, individuazione del ceppo con l'enzima cercato e l'eventuale progetto di modificazione genetica su ciò che si è selezionato per eventuali migliorie. Un gran lavoro quindi, con possibilità di successo non assicurata; nel caso di esito positivo, i vantaggi possono essere notevoli, in quanto si ha a disposizione un metodo innovativo, lo sviluppo del quale potrebbe rendere estremamente competitivo il metodo stesso. Anche quando si conosce senza problemi in quale classe enzimatica si colloca la reazione e si è supportati da conferme bibliografiche, la scelta non è sempre scontata. Immaginiamo di considerare una reazione potenzialmente industrializzabile che comporta l'idrolisi di un estere acetico. L'attenzione sarà senz'altro rivolta a esterasi e anche lipasi, ma il tipo di substrato condizionerà il grado di difficoltà. Piuttosto semplice se si tratta di un substrato naturale per l'enzima, più complicato se non lo è. Tra gli enzimi a disposizione, sarà necessario scegliere qual è il migliore sulla base di affinità verso il substrato, parametri cinetici e stabilità. È bene ricordare che molti enzimi strategicamente importanti nell'industria sono a disposizione in commercio, sotto varie forme (spesso liofilizzati) e anche in grandi quantitativi. Basti ricordare lipasi, proteasi, catalasi, glucosio ossidasi, ecc. Se il tipo di enzima che serve influenza la scelta della fonte di origine, è importante fare due considerazioni: esiste la possibilità di "modificare" la fonte di origine clonando il gene corrispettivo ad esempio in qualche microrganismo ben conosciuto (non è ovviamente un lavoro banale, ma frequentemente eseguito) e, secondo punto, fonti diverse presuppongono strategie di lavoro e di estrazione-purificazione differenti, di cui occorre tenere conto. Se scegliere l'enzima è essenzialmente di tipo qualitativo, l'aspetto correlato di grande importanza industriale è quello quantitativo. Quanto enzima contiene la fonte biologica possibile? È sufficiente per soddisfare le richieste? Qual è l'impegno di approvvigionamento per soddisfare le necessità? Tali aspetti sono importanti e vanno considerati al momento della scelta; basti pensare a un microrganismo "wild type", ovvero un ceppo naturale non modificato geneticamente, che può contenere un enzima in quantità modeste. Medesima situazione possiamo incontrare in una estrazione da vegetali, dove le proteine possono essere piuttosto diluite, con conseguente necessità di grandi quantità di biomassa in entrambi i casi (con fermentazioni nel primo caso e reperimento materiale vegetale nel secondo). Per meglio capire vantaggi e svantaggi nella scelta delle varie fonti possibili, vediamoli di seguito in maniera più dettagliata, partendo dalla fonte più versatile e diffusa: i microrganismi.

2.1 Importanza dei microrganismi nell'industria

I microrganismi sono una fonte di enzimi estremamente diversificata e intensamente impiegata nell'industria, con prevalenza di batteri e lieviti. Ma quali sono i vantaggi che hanno portato a un così diffuso impiego? Ricordiamone alcuni.

Variabilità e versatilità. È scontato ricordare l'innumerevole varietà di microrganismi a disposizione: basta guardare gli elenchi di una delle tante ceppoteche internazionali, da cui è possibile acquistare i vari ceppi. Per ogni genere vi è una quantità impressionante di specie e varietà, molte note nell'ambito industriale. Basti ricordare lieviti come *Saccharomyces cerevisiae, Aspergillus niger, Candida utilis, Candida antartica,* o batteri quali *Escherichia coli, Bacillus subtilis, Bacillus stearothermophilus* e *Pseudomonas fluorescens.* Diffusi in qualsiasi tipo di ambiente, i microrganismi presentano una straordinaria varietà nel loro corredo enzimatico, anche all'interno di un solo tipo di enzima esistono infatti numerose variazioni, inerenti a differenze di struttura, affinità, stabilità, pur catalizzando la medesima reazione. Basti ricordare, come esempio, come varie specie di *Pseudomonas* siano in grado di utilizzare parecchie decine di fonti di carbonio per il proprio metabolismo, compresi composti aromatici quali benzene e toluene. Tale adattabilità viene portata agli estremi in microrganismi denominati *estremofili*. Questi sono in grado di prosperare in ambienti a prima vista improponibili, quali le profondità oceaniche, le pozze calde sulfuree, i territori antartici, le profondità terrestri. Scientificamente queste scoperte hanno permesso di ampliare parecchio i limiti delle condizioni necessarie affinché ci sia vita, ma anche industrialmente sono arrivati dei vantaggi. Gli estremofili possono fornire enzimi in grado di operare in condizioni non permesse ad altri e quindi più ampie. Può aumentare ad esempio la resistenza ai solventi organici, la stabilità a temperature di 60-80°C o viceversa a basse temperature (proteasi che possano lavorare velocemente a 25°C invece che a 40°C, come esempio, potrebbe portare molti risparmi energetici nel loro utilizzo nei detersivi), ecc. Non dimentichiamo però che un limite possono essere le condizioni abbastanza drastiche di fermentazione, come alte pressioni o ambiente anaerobio.

Disponibilità e passaggio di scala (scaling-up). I microrganismi hanno una velocità di crescita esponenziale, avendo cicli di duplicazione cellulare rapidi e non paragonabili con le strutture più complesse degli organismi pluricellulari. È per questo possibile ottenere una quantità apprezzabile di cellule da un fermentatore entro pochi giorni, tenendo conto delle possibilità di scaling-up: da beute con alcune decine di millilitri fino a fermentatori di centinaia di migliaia di litri. Naturalmente i passaggi tra una scala e l'altra non sono immediati e necessitano di un periodo di ottimizzazione, in quanto le variabili da considerare sono molte. Una volta messa a punto, si ha però a disposizione una fonte della proteina in quantità adeguate, diminuibili o aumentabili a seconda delle necessità e, soprattutto, in tempi brevi e facilmente programmabili.

Modificazioni genetiche. Le tecniche di manipolazione e introduzione di geni veicolati da vettori quali fagi e plasmidi sono in continua evoluzione e permettono migliorie produttive impensabili fino a diversi anni fa. La possibilità di localizzare il gene espresso dell'enzima di interesse, di isolarlo, sequenziarlo e clonarlo permette di potenziarne la disponibilità introducendone più copie in un altro microrganismo ospite, ben conosciuto dal punto di vista genetico. Ve ne sono diversi a disposizione, basti ricordare *Escherichia coli*, *Bacillus subtilis*, *Saccharomyces cerevisiae* e *Hansenula*. Avere il gene clonato in un ospite ben conosciuto può agevolare anche la fermentazione e la purificazione dell'enzima, in quanto si conoscono anche le condizioni di crescita del microrganismo e l'andamento in fase di lisi, chiarificazione, ecc. Proprio per questo spesso si eseguono clonaggi per avere l'enzima in un ceppo selezionato e privo di attività interferenti, presenti invece nell'organismo originario, e con possibilità di sovraesprimere la proteina stessa. La struttura unicellulare, la conoscenza genetica e la velocità di riproduzione rendono i microrganismi un sistema sperimentale altamente manipolabile.

Le potenzialità dei microrganismi sono senz'altro notevoli, ma per poter avere a disposizione questa fonte occorre avere la possibilità di eseguire fermentazioni su scala adeguata: per le prove di laboratorio e per lo scaling-up, fino ai fermentatori di volumetria adatta. In questo testo non si esamina specificamente la fermentazione industriale, ma è necessario fare qualche accenno alle strutture e agli investimenti richiesti per eseguirle. La microbiologia industriale è una branca tecnica estremamente consolidata e duttile, che permette di ottenere su grande scala numerosi prodotti: amminoacidi, antibiotici, antitumorali, biomasse lipidiche, etanolo, oligosaccaridi, vitamine e altro, compresi ovviamente gli enzimi, normali componenti implicati nel metabolismo microbico. Proprio la vastità di applicazioni e di tecniche non permettono qui il dettaglio di tale tecnologia, ma è proprio a questo livello che si situa il primo passo strategico per ottenere un processo vincente di estrazione, purificazione e applicazione dell'enzima, ossia la scelta del microrganismo più adatto. Si deve affrontare un iter simile a quanto si dovrà fare per l'industrializzazione dell'enzima: studiare le caratteristiche del microrganismo, valutarne crescita e produttività enzimatica in diverse condizioni (differenti composizioni del medium di coltura, pH, temperatura, agitazione e aerazione, percentuale di inoculo, ecc.) e su piccola scala, in beute. Subentra poi la parte di scaling-up, passando a fermentatori di piccola o media volumetria (ad esempio 1-20 litri) e in seguito a quelli veramente produttivi, da 70-100 litri fino a diverse centinaia di metri cubi, gradualmente. Come per qualsiasi passaggio di scala anche in tal caso si opera in modo integrato, con aspetti scientifici, tecnologici, logistici ed economici strettamente correlati. La gestione di un fermentatore, a parte il suo valore economico, è complessa: occorre mantenere condizioni di sterilità durante le varie fasi, agitare e aerare in maniera ottimale senza trascurare aspetti apparentemente secondari quali il tipo di agitatore, la sua geometria, l'altezza alla quale sistemare le pale ed eventuali frangiflutti. È necessario termostatare il fermentatore, per avere la temperatura ottimale di crescita, monitorare l'andamento di pH, crescita cellulare e concentrazione di alcuni metaboliti, per evitare carenze durante la crescita (da considerare eventuali aggiunte durante la fermentazione). Il monitoraggio è necessario anche per diagnosticare un eventuale inquinamento da parte di microrganismi estranei. Occorre avere qualche attenzione in più nell'utilizzo di microrganismi modificati geneticamente sia perché è importante seguire la ripetibilità produttiva del ceppo sia a causa delle normative abbastanza complesse e attente verso organismi geneticamente modificati. Seguendo la curva di crescita microbica, dove sono evidenziabili una fase esponenziale e una stazionaria, è necessario valutare il momento migliore per terminare la fermentazione e raccogliere le cellule. Questo perché la produttività dell'enzima non segue obbligatoriamente la curva di crescita microbica, e nelle varie fasi vi possono essere delle differenze strutturali e morfologiche che influenzano il processo di recupero e purificazione. Come esempio, la struttura della parete cellulare, e le sue caratteristiche meccaniche, può essere diversa nel corso delle varie fasi di crescita, rendendo più agevole o meno un processo di lisi.

2.2 Proteine da fonti animali e vegetali

Gli eucarioti superiori sono una fonte alternativa ai microrganismi, che però non possiede come questi una capacità di crescita e scaling-up così efficiente. Peraltro, animali e piante sono ancora l'unica fonte, o comunque la migliore, per estrarre varie categorie di biomolecole di natura proteica e non: alcaloidi, ormoni, emoderivati, enzimi, ecc. Relativamente agli animali, uomo compreso, la quantità di enzima richiesta condiziona la loro possibilità di utilizzo; non è difficoltoso soddisfare le richieste di enzimi per uso diagnostico o un kit analitico, in quantità contenuta e di ottima qualità e purezza, ma possono esserci problemi per richieste superiori. In tal caso è necessario calibrare la capacità di reperimento avendo a disposizione una fonte di materiale animale adeguata. Ad esempio, l'estrazione delle proteine necessarie alla produzione del caglio è ancora eseguita partendo da stomaci di ruminanti, fonte che soddisfa senza difficoltà le richieste attuali. La difficoltà può subentrare quando l'enzima è presente in basse concentrazioni nel tessuto: bisogna ricordare che si ha a che fare con materiale deperibile, che deve essere lavorato in tempi brevi o, alternativamente, conservato a basse temperature. Molto spesso le proteine animali sono endocellulari, e ciò rende necessaria una lisi, a partire da tessuti e organi uniti da connettivo. Naturalmente, limiti quantitativi ben immaginabili vi sono quando si fa riferimento a prodotti di origine umana, anche con fonti che potrebbero essere definite rinnovabili come il sangue. Esiste anche la possibilità di colture cellulari. La tecnica, applicata in svariati casi, è comunque più complessa rispetto alla fermentazione microbica, in quanto sono presenti in queste colture fenomeni peculiari quali ad esempio la regressione a cellule indifferenziate durante la moltiplicazione, la lentezza o l'arresto di crescita a causa dell'inibizione da contatto, la necessità di terreni con composizione complessa. Alcuni di questi aspetti sono stati attualmente migliorati con tecniche di fusione cellulare, fermentatori in continuo, ecc. ma è chiaro che il valore del prodotto condiziona il livello tecnologico da impiegare e quindi la necessità o meno di ricorrere alle suddette colture cellulari. L'espressione di geni eucarioti può anche essere ottenuta in microrganismi, quali *Escherichia coli*, mediante le tecniche di biologia molecolare. In tal modo si ottengono grandi quantità di prodotto sfruttando la veloce crescita microbica, ma spesso l'espressione di geni eucarioti in microrganismo può portare alla produzione e all'accumulo della proteina ricombinante nel citoplasma, frequentemente sotto forma di aggregati insolubili chiamati *corpi di inclusione*. Questi possono essere semplicemente separati e recuperati dopo la fase di lisi cellulare. La forma proteica insolubile viene in genere solubilizzata con soluzioni denaturanti quali guanidina cloruro 6M o urea 8M. In seguito viene effettuata la rinaturazione della proteina (*refolding*) con diverse tecniche disponibili, le più semplici delle quali sono costituite da lente dialisi o diluizioni a pH circa neutro. In tal modo si ha la ricostituzione della proteina nella propria forma nativa e attiva. Le molecole che non riacquistano la struttura nativa tendono a diventare di nuovo insolubili, facilitandone l'eliminazione. Un discorso analogo a quello della fonte animale può essere esteso al campo vegetale: anche qui possiamo considerare materiale integro o colture cellulari, queste ultime tecnicamente più complesse ma utilizzate per l'estrazione di alcuni prodotti ad alto valore, come gli antitumorali. Rimane comunque diffusa l'estrazione di componenti da parti vegetali, solitamente più facilmente reperibili e a minor costo. Va considerato che la materia prima può essere differente a seconda dell'ubicazione dell'enzima: piante integre, radici, foglie, semi, frutti. Diverse parti sono fonti proteiche interessanti: basti ricordare le leguminose, dove possiamo trovare semi (fagioli) ricchi di proteasi (necessarie nella fase di germinazione) o, come nel caso del jack bean (leguminosa del genere *Canavalia*), grandi quantità di ureasi e presenza di idantoinasi. Quest'ultimo enzima è interessante per sintesi asimmetriche con produzione di N-carbamil-D-amminoacidi da miscele racemiche di idantoina e diidropirimidine. Le cellule vegetali si differenziano da quelle microbiche e animali per le loro dimensioni e la loro struttura, con una robusta parete cellulare di cellulosa e la presenza, spesso, di un enorme vacuolo che può occupare anche il 90% dello spazio cellulare.

Capitolo 3
Impostazione di una strategia di purificazione

Per elaborare un metodo di preparazione di una data proteina e un conseguente passaggio di scala, una prima metodologia da mettere a punto è sicuramente quella della purificazione. Senz'altro è da definire se la proteina sarà un "prodotto finito", direttamente destinato alla vendita, o se invece un biocatalizzatore, con l'utilizzo delle sue proprietà catalitiche. Nel primo caso la proteina stessa rappresenta il prodotto finale, quello che entrerà sul mercato; nel secondo caso invece la molecola proteica rappresenta un mezzo per ottenere mediante biocatalisi il vero prodotto finale. In entrambi i casi il prodotto finito sarà il risultato della biotrasformazione, ad esempio un idrolizzato proteico con una proteasi, un intermedio per antibiotici semisintetici con una acilasi, un succo di pompelmo non troppo amaro con la naringinasi.

Ma perché l'impiego finale della proteina influenza la strategia di purificazione? Se si ha a che fare con una proteina "prodotto finito", come detto sopra, spesso può essere necessaria una purificazione piuttosto complessa, con elevata purezza del prodotto e un protocollo ripetibile. Ciò non è strettamente necessario con i biocatalizzatori: un enzima, come si vedrà nella sezione delle bioconversioni, può essere utilizzato in molte forme, quali le cellule stesse, come enzima libero o immobilizzato. La purificazione può ridursi a un semplice recupero e stoccaggio delle cellule contenenti l'attività voluta, considerare pochi passaggi per una parziale purificazione o avere una sequenza piuttosto complessa, ad esempio con una o più cromatografie. In ogni caso è cruciale la scelta di una strategia che fornisca un processo affidabile, ripetibile, economicamente vantaggioso, con un enzima avente purezza e stabilità operativa adatte. Definire la strategia più adatta significa prendere in considerazione diversi parametri in grado di permettere la scelta delle tecniche più adeguate, con anche un consolidato supporto analitico. I passaggi di purificazione sono necessari quando l'utilizzo di cellule intere non risulti praticabile. Spesso un enzima da impiegare in reazioni di biocatalisi non richiede una purezza elevatissima, in quanto vi sono svantaggi legati all'alto costo di produzione o alla instabilità operativa dell'enzima purificato. Possono invece risultare adeguati campioni con una minore attività specifica, purché vengano eliminate tutte le attività enzimatiche che possano interferire nella biocatalisi, dando prodotti secondari non desiderati.

3.1 Soluzioni tampone e cofattori necessari

Qualsiasi sia la fonte biologica di provenienza e il metodo di estrazione, per portare la proteina in soluzione è necessario scegliere il medium da utilizzare.

Di qualsiasi natura siano le cellule o i tessuti utilizzati, romperne l'integrità significa anche alterare tutte le interazioni e i controlli della struttura originaria, compreso il pH, non più tamponato. Il controllo del pH durante la lisi cellulare, e il suo mantenimento entro valori adatti per la stabilità della proteina, rappresenta la prima scelta da fare tra i numerosi sistemi tampone disponibili.

Richiamando i concetti di chimica generale, le soluzioni tampone hanno la proprietà di far variare molto poco il pH della soluzione stessa qualora si aggiunga un acido o una base, anche forte. La capacità tampone è massima in un intervallo di pH ± 1 il valore di pK. Queste ultime sono composte da soluzioni acquose di un acido debole con un sale contenente la sua base coniugata oppure da una base debole con un sale contenente il suo acido coniugato. Esempi classici sono CH_3COOH/CH_3COONa per il primo caso e NH_3/NH_4Cl per il secondo caso. In biochimica vengono spesso usati anche tamponi ottenuti da miscele di sali del medesimo acido poliprotico: basti ricordare K_2HPO_4/KH_2PO_4 oppure $NaHCO_3/Na_2CO_3$. Riferendoci a un tampone bicarbonato/carbonato, HCO_3^- è l'acido debole in presenza della propria base coniugata CO_3^{2-}. Le miscele di sali risultano spesso utili anche perché permettono la preparazione di un tampone al momento dell'uso, anche direttamente nella soluzione enzimatica, aggiungendo e sciogliendo pesate predeterminate dei sali solidi. Vi sono sistemi tampone per diversi intervalli di pH, acidi (ad esempio CH_3COOH/CH_3COONa) o basici (come $NaHCO_3/Na_2CO_3$). Ad esempio per il tampone acido acetico/acetato di sodio, in soluzione acquosa avremo:

$$CH_3COOH + H_2O \leftrightarrows CH_3COO^- + H_3O^+$$
$$CH_3COO^- + H_2O \leftrightarrows CH_3COOH + OH^-$$

Essendoci in soluzione specie comuni, e sostituendo per semplicità lo ione idrossonio H_3O^+ con H^+, i due equilibri devono soddisfare l'espressione:

$$K_a = \frac{[CH_3COO^-][H^+]}{[CH_3COOH]}$$

Da cui:

$$[H^+] = K_a \frac{[CH_3COOH]}{[CH_3COO^-]}$$

dalla quale possiamo ricavare l'utile equazione di *Henderson Hasselbach*:

$$pH = pK_a - \log \frac{[CH_3COOH]}{[CH_3COO^-]}$$

che correla il pH al pK_a e alla concentrazione delle specie dissociate e indissociate presenti. L'acido e la base presenti in soluzione, come dall'equazione di Henderson-Hasselbach, neutralizzano l'aggiunta di una base o un acido non facendo variare il pH, se non in termini minimi. Nelle soluzioni o sospensioni derivate da lisi o purificazioni proteiche, sono i componenti biologici presenti a rappresentare possibili basi e acidi da tamponare.

3.1 Soluzione tampone e cofattori necessari

La soluzione tampone deve essere compatibile con la proteina da purificare; per questo occorre valutare preliminarmente l'intervallo di stabilità al pH e se vi siano componenti della soluzione tampone che possano nuocere alla proteina, inibendola oppure diminuendone in qualche modo la stabilità. Basti ricordare l'effetto inibente che possono avere gli ioni fosfato su alcuni enzimi come ureasi e diverse deidrogenasi, o il TRIS che, se presente in una soluzione enzimatica destinata a essere immobilizzata covalentemente, può interagire con aldeidi presenti sulla matrice a scapito dei gruppi amminici proteici. Scelto il tampone, occorre anche ricordare un aspetto che in un'ottica industriale diventa spesso importante. Si può avere a che fare con volumi di soluzione rilevanti, che dovranno essere almeno in parte smaltiti. Avere in questi reflui composti quali TRIS-HCl, o alte concentrazioni di fosfati, può renderne oneroso lo smaltimento. La soluzione tampone deve inoltre essere stabile e mantenere il proprio pH per il tempo richiesto dal processo industriale, senza mostrare fenomeni di inquinamento o precipitazione di sali (importante a tal riguardo anche la temperatura di stoccaggio). Spesso è necessaria la presenza d'altri agenti per mantenere l'integrità e la stabilità della proteina. Quali:

Inibitori di proteasi. La perdita di integrità cellulare può liberare proteasi in grado di idrolizzare la miscela proteica del lisato, e quindi anche la proteina che si vorrebbe recuperare. Il tampone può contenere degli inibitori di proteasi, quali PMSF (fenilmetilsulfonil fluoruro), benzamidina, pepstatina A e leupeptina; in tal modo sono minimizzate le perdite di attività per idrolisi.

Ioni metallici. Sali di metalli quali magnesio, ferro, cobalto o altro possono essere addizionati al tampone (facendo attenzione alla loro solubilità al pH prescelto) nel caso siano necessari per stabilizzare la proteina: i metalli sono gruppi prostetici di diversi enzimi.

Tensioattivi. Vi è a disposizione una vasta gamma di tensioattivi, sia ionici che non ionici, e derivati di sali d'ammonio quaternario, quali Triton X100, Nonidet P40, Cetilpiridinio bromuro o cloruro, Adekatol, ecc. L'aggiunta di questi prodotti può agevolare l'estrazione di alcune proteine, quali quelle di membrana. Grandi volumi possono causare problemi nel trattamento durante lo smaltimento delle acque reflue, sia per la schiuma generata sia perché, in particolar modo i sali quaternari, possono essere dannosi o letali per i microrganismi utilizzati negli impianti di trattamento reflui.

Agenti riducenti. Vengono utilizzati per stabilizzare diversi enzimi, quali le ossido reduttasi, o proteine che contengono cisteine. Vi sono diversi composti, inorganici come solfiti o metabisolfiti, od organici quali β-mercaptoetanolo o ditiotreitolo. Nell'aggiunta di riducenti occorre essere piuttosto cauti, per evitare fenomeni di inibizione, come per le ossidasi in presenza di solfiti o metabisolfiti, o qualche problema ambientale. I mercaptani e derivati non sono particolarmente nocivi ma generano spesso odori sgradevoli.

La composizione del tampone spesso cambia a seconda del passaggio di purificazione considerato. Alcuni composti possono essere eliminati e altri aggiunti, il pH può variare e tutto questo a seconda se ci si propone di concentrare, eseguire una precipitazione con sali, fare una cromatografia o altro.

3.2 Scelta e messa punto dei dosaggi analitici

Mettere a punto il processo di purificazione comporta la ricerca preliminare dei metodi di dosaggio adeguati. È opportuno quindi anticipare alcune considerazioni preliminari, rimandando ai paragrafi specifici successivi per gli aspetti più tecnici. Avere un buon metodo di estrazione e purificazione è indissolubilmente legato a una buona analisi del processo. Occorre essere in grado di sapere dove si trova l'enzima e di quantificarlo, per monitorare qualità e quantità del prodotto e controllare l'andamento dei passaggi di purificazione. Vi sono delle linee guida da seguire sempre. Considerando un enzima, il metodo di dosaggio dell'attività, oltre a essere preciso, sensibile e ripetibile, deve dimostrarsi soprattutto selettivo. Il metodo deve essere in grado di rilevare e quantificare un enzima in un sistema complesso, dove esistono molte altre molecole di natura proteica e non. Altro punto importante è la possibilità di dosare un dato enzima in ogni passaggio di purificazione, in un lisato come in un eluato cromatografico: quindi può essere necessaria una opportuna preparazione dei campioni (diluizione appropriata, filtrazione, centrifugazione, ecc.). Qualunque sia il metodo prescelto, importante è il substrato, soprattutto quando occorre utilizzare l'enzima in reazioni industriali come biocatalizzatore, dove spesso catalizza reazioni dove non compare il suo substrato naturale. Basti ricordare le innumerevoli reazioni in cui attualmente sono utilizzate le lipasi: non solo idrolisi di trigliceridi, ma anche transesterificazioni e idrolisi di esteri spesso stereoselettive, su diversi substrati frequentemente di interesse farmacologico. Per un metodo analitico affidabile, la scelta migliore è data dall'utilizzo nel dosaggio dello stesso substrato dell'applicazione industriale. Non sempre però è possibile, per cui è necessario usare un substrato diverso da quello della futura bioconversione industriale. Ad esempio, una esterasi può catalizzare l'idrolisi di un estere in una molecola di interesse economico, quale un intermedio per sintesi industriali di antibiotici, ma essere dosata con un metodo in cui il substrato sia del tutto differente, quale triacetina o *p*-nitrofenil acetato. Come già ricordato, un biocatalizzatore industriale non deve presentare attività interferenti che possano ad esempio dare prodotti secondari indesiderati. Nel caso della presenza di attività interferenti, è necessario avere a disposizione o mettere a punto metodi per dosare ognuna di queste attività, sia per quantificarle sia per valutare l'efficacia dei vari passaggi per eliminarli.

3.3 Scelta dei passaggi di purificazione

Le tecniche di estrazione e purificazione sono molteplici, ma possono essere raggruppate in alcune categorie, come descritto nei paragrafi seguenti. Riportiamo la strategia generale per la loro scelta. Le prime considerazioni riguardano per un enzima questi aspetti:

- da quale fonte proviene, se animale, vegetale o microbica
- enzima endo o esocellulare, soprattutto nel caso di fonte microbica
- qualora l'enzima sia endocellulare, valutare se è sufficiente una estrazione in condizioni blande o se è necessaria una lisi più drastica, meccanica.

In generale, la fonte di origine condiziona la scelta del metodo di estrazione, e se si ritiene necessaria una lisi meccanica, con pressa o mulino, va anche considerato il costo di queste apparecchiature. Relativamente alle tecniche successive di purificazione, parametri critici sono l'aspetto delle soluzioni ottenute, la purezza richiesta, ovvero l'attività specifica, e la presenza o meno di interferenti da eliminare.

Aspetto delle soluzioni. Inizialmente, se è stata necessaria una lisi o estrazione, la proteina richiesta si trova in una sospensione complessa insieme con specie chimiche differenti e frammenti cellulari solidi di diversa grandezza. La formulazione finale condiziona la qualità e l'aspetto delle soluzioni. Che si voglia una sospensione con stabilizzanti, un liofilizzato, un enzima immobilizzato o altro, è spesso richiesta una soluzione di partenza limpida o almeno priva di corpuscoli e detriti cellulari, con concentrazione proteica adeguata.

Attività specifica. Il numero e la complessità dei passaggi di purificazione saranno tanto minori quanto meno elevata sarà l'attività specifica richiesta. Se una soluzione grezza è sufficiente, la purificazione può comporsi solo di uno o pochi passaggi preliminari, senza cromatografie. Queste ultime saranno invece irrinunciabili nel caso venga richiesto un alto valore di attività specifica o una purezza pressoché totale dell'enzima. Schemi di purificazione più articolati e complessi comportano minori rese e costi più alti, aumentando anche la tecnologia impiantistica necessaria.

Presenza di interferenti. L'eliminazione di interferenti presenti, quali enzimi che possono degradare l'enzima scelto, o interferire nella reazione che catalizza, è prioritaria nella strategia di purificazione. L'avere una soluzione limpida e un'alta attività specifica può passare in secondo ordine se un altro enzima indesiderato è comunque presente ed è magari stato involontariamente purificato. In ogni caso è estremamente importante che ogni interferente venga eliminato o almeno minimizzato o inibito irreversibilmente.

Dopo l'adatta lisi cellulare, in genere la sequenza successiva di passaggi può consistere in uno schema di questo tipo:

- passaggi di chiarificazione
- passaggi preliminari a bassa efficienza
- passaggi di purificazione ad alta efficienza

Le varie metodiche di chiarificazione hanno lo scopo primario di eliminare la parte corpuscolata dei lisati cellulari, in modo da ottenere una vera e propria soluzione in cui l'enzima target è in soluzione e non più associato a strutture cellulari. In genere durante questi passaggi non si ottengono significativi incrementi di attività specifica. I passaggi preliminari, definiti a bassa efficienza, sono relativamente semplici, con incrementi contenuti di attività specifica ma buone rese. Sono spesso usati anche per eliminare frazioni non proteiche, quali acidi nucleici o colloidi, o, nel caso di microrganismi, anche da metaboliti secondari rilasciati nel brodo di fermentazione esausto. Solitamente tali metodiche non comportano strutture complesse o reattivi costosi e, come già accennato, possono essere gli unici passaggi richiesti per ottenere un enzima parzialmente purificato per catalisi industriale.

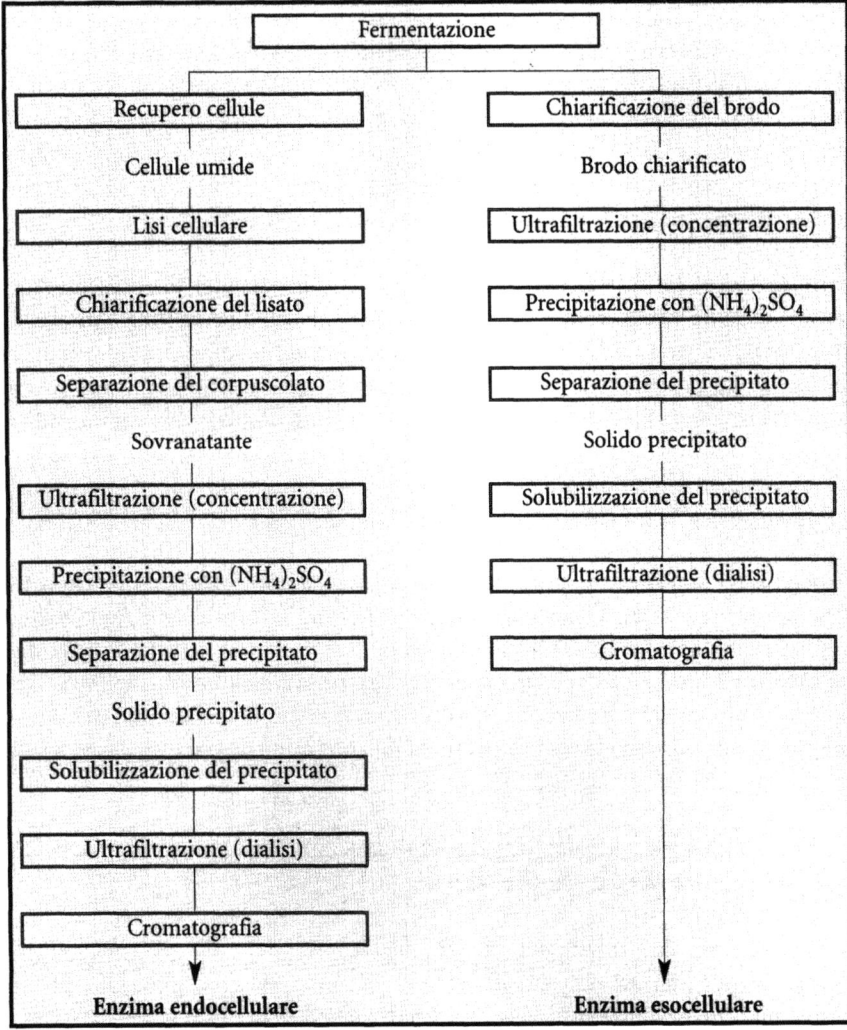

Figura 3.1 Esempi di sequenze di passaggi di estrazione e purificazione enzimatica, considerando una coltura di microrganismi come fonte di partenza e due possibili casi, un enzima esocellulare e uno endocellulare

Nei passaggi ad alta efficienza il riferimento è soprattutto diretto alla cromatografia. Tale tecnica è infatti molto diversificata e permette di incrementare notevolmente l'attività specifica fino all'omogeneità, con più colonne sequenziali: questo può comunque andare a scapito delle rese. Attualmente la maggioranza delle tecniche cromatografiche è industrializzabile: ormai molti impianti, oltre allo "storico" scambio ionico, presentano applicazioni su grande scala di cromatografie di interazione idrofobica, affinità o gel filtration (Figg. 3.1 e 3.2).

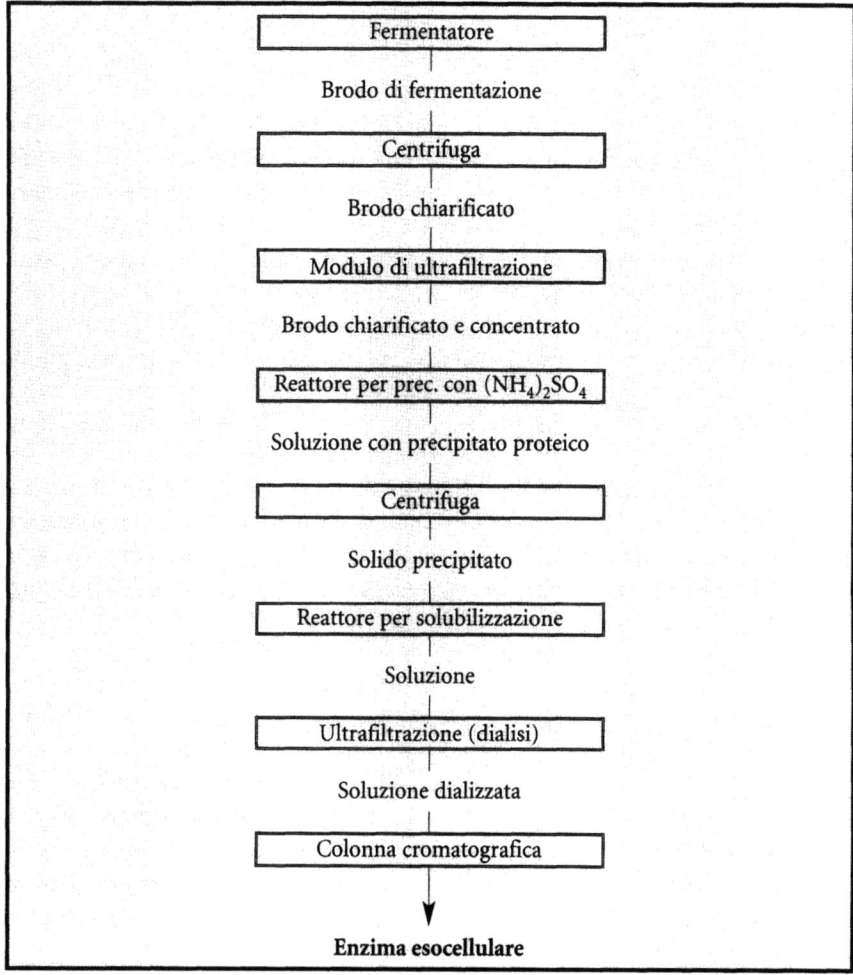

Figura 3.2 In ambito industriale, la sequenza operativa del processo è spesso elencata in funzione del mezzo tecnologico in cui avviene il passaggio (reattore, centrifuga, ecc.). In tal modo viene evidenziata meglio la struttura dell'impianto e la sequenza di lavorazione del materiale biologico. La figura è estremamente semplificata, in quanto lo schema a blocchi di un processo presenta in genere molte informazioni aggiuntive: materie prime e reattivi impiegati, reflui, tempo necessario per ogni passaggio, ecc. L'esempio mostrato si riferisce alla purificazione dell'enzima esocellulare mostrato in figura 3.1

3.4 Implicazioni tecniche ed economiche della strategia di purificazione

I paragrafi precedenti danno un'idea della complessità tecnica di un processo di purificazione. Mettere a punto una metodologia non vuol dire però aver completato il lavoro; industrializzare significa infatti trasferirla in maniera idonea fino alla scala produttiva necessaria. Ogni passaggio ritenuto adatto deve essere di conseguenza in grado di affrontare uno scaling-up. La mancanza di tale requisito può rendere inapplicabile il metodo di purificazione prescelto e obbligare ad adottare scelte alternative. Immaginiamo di avere, in un processo da mettere a punto, una lisi iniziale mediante congelamento e scongelamento delle cellule: risultati apprezzabili, buone rese e ottima ripetibilità. Nessun problema in laboratorio, ma supponiamo che il processo industriale finale, a pieno regime, abbia bisogno di alcune tonnellate di cellule, suddivise in varie aliquote. È ancora considerabile una lisi con congelamento con quantità così grandi? Ci vorrebbe probabilmente troppo tempo e l'energia consumata potrebbe diventare insostenibile economicamente. Esempi potrebbero essere fatti per qualsiasi passaggio, non solo di purificazione: una resina per cromatografia di affinità, attivabile per il legame del braccio spaziatore con un reattivo estremamente tossico o un'altra resina per immobilizzazione di enzimi con granulometria molto piccola e conseguenti problemi in colonna o in batch. Qualora ogni passaggio sia compatibile con un possibile aumento di scala, rimane comunque da considerare nuove problematiche, quali le apparecchiature necessarie, la ripetibilità del metodo e la qualità del prodotto durante lo scaling-up. Occorre quindi una pianificazione del metodo in relazione anche alle richieste finali, alle risorse umane e tecniche, ai tempi e ai conseguenti costi. L'industrializzazione diventa quindi un lavoro complesso, dove diverse competenze sono messe in gioco, da ricerca e sviluppo ad ingegneria, dal monitoraggio analitico al controllo di gestione. Rimangono strategici, nell'ambito industriale, due parametri che sono solitamente non rilevanti in un testo di biochimica: i tempi e i costi. Pensiamo all'importanza del valore economico di ciò che si intende produrre: per enzimi grezzi, o che catalizzano la produzione di composti a valore economico medio-basso, ovviamente il costo di produzione dell'enzima in questione deve essere contenuto. Da qui la necessità di avere un processo di purificazione semplice e con pochi passaggi. Un approccio opposto può verificarsi con prodotti ad alto valore aggiunto, quali antitumorali o proteine per uso terapeutico. In tal caso conta la qualità del prodotto, per cui se anche una purezza elevata viene raggiunta con purificazioni più complesse e tecniche più innovative e costose, l'approccio può rivelarsi vincente comunque.

Capitolo 4
Estrazione degli enzimi

La rottura cellulare e la conseguente estrazione sono passaggi critici in tutte le purificazioni dove il biocatalizzatore da recuperare è un enzima o una frazione cellulare, quando sia un enzima endocellulare. Poiché l'estrazione è uno dei primi passaggi, essa condiziona l'andamento dei passaggi successivi, relativamente alla quantità di enzima che si riesce ad estrarre e all'aspetto del lisato, diverso a seconda della fonte utilizzata.

4.1 Enzimi esocellulari ed endocellulari

Scelto il tipo di enzima e la miglior fonte biologica di approvvigionamento, il fattore senz'altro critico per decidere quale strategia seguirà la purificazione è l'ubicazione dell'enzima. Si parla di enzimi endocellulari quando si trovano all'interno della struttura cellulare, di enzimi esocellulari quando vengono secreti all'esterno della cellula, nell'ambiente circostante. Quest'ultima categoria è spesso costituita da enzimi che assolvono compiti di difesa dell'integrità cellulare o utili per effettuare una prima idrolisi e trasformazione di fonti nutritive per la cellula che necessitano di una prima modifica per poter essere permeabili attraverso la membrana. Sono solitamente delle particolari sequenze geniche, espresse come una breve sequenza amminoacidica iniziale o anche terminale, a "indirizzare" una proteina all'esterno o all'interno della cellula. Questa caratteristica viene a volte utilizzata per far si, con manipolazione genetica, che una particolare proteina abbia la sequenza adatta per poter essere secreta all'esterno invece che all'interno alla cellula, con vantaggi nella fase di recupero. Gli enzimi esocellulari sono disponibili soprattutto con microrganismi: nel brodo di fermentazione è presente la proteina secreta e la lisi cellulare non diventa più un passaggio necessario. Anzi, avere anche solo una parziale rottura cellulare può diventare un effetto indesiderato, in quanto si avrebbe un rilascio di proteine contaminanti. Separare le cellule spesso non è di per sé comunque sufficiente: i brodi di fermentazione hanno frequentemente una composizione complessa e possono essere presenti anche metaboliti secondari formatisi durante la crescita microbica. Alcune sostanze possono essere dannose o interferire nel processo, oppure potrebbe essere necessario variare il pH o cambiare il medium. Altro fattore da considerare è la concentrazione dell'enzima. Il volume della fermentazione è piuttosto grande rispetto alle cellule, per cui la proteina può essere molto diluita: può essere necessaria una concentrazione, per un enzima più stabile e volumi più accessibili e lavorabili. Se però lisi ed estrazione sono evitate, la stessa cosa non è sempre tale per i passaggi successivi: può essere necessaria un'ultrafiltrazione, una dialisi o una cromatografia. La maggior parte degli enzimi è comunque endocellulare con diversa localizzazione all'interno della cellula, specie negli organismi eucarioti, dove troviamo enzimi nel citosol, negli organelli citoplasmatici o nella membrana cellulare. In quest'ultimo caso particolare l'enzima è spesso dosabile anche su cellule integre, che potrebbero essere usate direttamente come biocatalizzatori. L'estrazione di un enzima di membrana incontra spesso qualche difficoltà a causa dell'interazione proteina-membrana. Infatti è necessario adottare un tampone con forza ionica adatta (medio-alta) e un detergente adatto in grado di estrarre l'enzima dalla membrana in forma solubile. Difficoltà simili si incontrano quando l'enzima è associato a sistemi di membrane di organelli cellulari. Il recupero degli enzimi endocellulari è legato soprattutto all'eliminazione della barriera fisica che ne ostacola la solubilizzazione, ovvero la parete e la membrana cellulare, preservando l'enzima nella sua forma biologicamente attiva.

4.2 Rottura cellulare e tecniche utilizzabili

La rottura della parete cellulare per ottenere l'enzima in un lisato o omogenato* complesso, è un primo passo il cui successo può essere condizionato da diverse variabili. La scelta della tecnica migliore, l'ottimizzazione delle condizioni e il controllo delle variabili sono comunque legate al tipo di cellule. Procarioti, lieviti, cellule vegetali ed eucarioti superiori hanno caratteristiche molto diverse, e tecniche adatte per una categoria non è detto che lo siano per un'altra. Occorre ricordare che vi sono variabili in ogni caso da considerare e che se sottovalutate possono essere responsabili di un eventuale insuccesso. Ad esempio con i microrganismi condizioni diverse di crescita (composizione del brodo, aerazione, ecc.) danno cellule con differenti caratteristiche e anche durante le varie fasi di crescita microbica (ad esempio in fase di crescita esponenziale o in prossimità della fase stazionaria) vi sono variazioni nella composizione della parete cellulare. Per quanto riguarda il tampone, la sua composizione è cruciale in fase di lisi, e richiede spesso l'aggiunta di alcuni reagenti particolari. Immaginiamo di ottenere un'ottima rottura cellulare ma di avere un enzima di membrana: se si omettesse l'aggiunta di un detergente, in grado di estrarre l'enzima dalla componente lipidica, la lisi cellulare verrebbe vanificata. È quindi importante sempre essere sicuri che l'enzima sia stato estratto, e che non venga perso a causa di un incompleto rilascio. Parametri importanti del mezzo di risospensione sono perciò la sua composizione e la presenza dei composti necessari all'estrazione e alla stabilizzazione dell'enzima, la forza ionica, il pH, ai quali si aggiungono i parametri operativi quali la temperatura, la concentrazione di cellule

---

*Nota: Anche se omogenato è il termine più generale e la lisi più propriamente definisce il rilascio del contenuto cellulare mediante un'azione chimico-enzimatica, ci si riferisce per semplicità descrittiva nel testo al termine lisato come al campione ottenuto con qualsi voglia tecnica dalla rottura della membrana e/o parete cellulare.

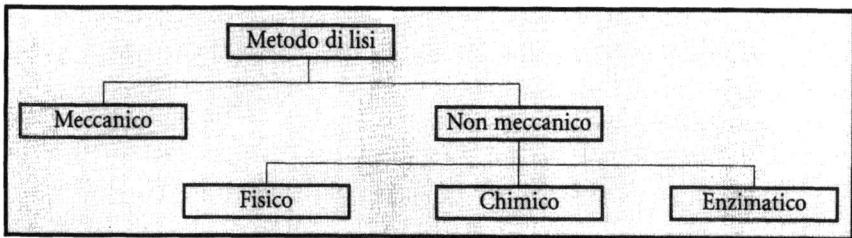

Figura 4.1 Schema sintetico dei principali metodi di rottura di cellule o tessuti

della risospensione, il tempo di permanenza in lisi. L'aspetto dell'omogenato ottenuto varia perciò in relazione a tipo ed età delle cellule e alle condizioni adottate. La lisi può essere blanda, quando ad esempio si usano metodi chimici o enzimatici, o più drastica considerando mezzi meccanici, dove si ottengono frammenti cellulari più piccoli e dispersi. Lisi più o meno "spinte" condizionano i passaggi successivi, soprattutto quelli legati alla chiarificazione. Oltre alla parte corpuscolata, infatti, occorre considerare che con lisi più marcate si ha un maggiore rilascio dei componenti cellulari interni, che abbassano il valore di attività specifica, possono liberare proteasi e, in particolar modo, acidi nucleici. Questi ultimi, in diversi casi danno lisati molto densi e viscosi, a causa della presenza di DNA. Le tecniche di lisi a disposizione sono numerose, ma risultano di maggiore interesse quelle suscettibili di uno sviluppo su scala applicativa. Vi sono infatti metodiche di rottura che, malgrado permettano di ottenere ottimi risultati, non risultano però in grado di superare la scala laboratorio, per vari motivi quali il costo, la complessità operativa, la mancanza di apparecchiature di dimensioni industriali o la difficoltà ad avere buone ripetibilità variando la scala. Una classificazione dei principali metodi è riportata in Figura 4.1.

4.3 Metodi non meccanici

4.3.1 Metodi fisici

La lisi viene ottenuta mediante la variazione di un parametro fisico, che riesce ad alterare l'integrità delle cellule permettendo la fuoriuscita del materiale citoplasmatico. Vi sono due metodiche che in diverse applicazioni raggiungono buoni risultati:

- trattamento al calore;
- congelamento e scongelamento.

L'innalzamento di temperatura è una condizione solitamente denaturante, ma in diversi casi l'enzima resiste al trattamento termico, che raggiunge spesso temperature di 50-70° C. La termostabilità è migliore in sistemi grezzi ed eterogenei come le sospensioni cellulari e i lisati, e in taluni casi può essere aumentata, ad esempio con l'aggiunta di un inibitore competitivo, che con il suo legame reversibile protegge il sito attivo dell'enzima da una modifica strutturale.

Alternativamente al riscaldamento è possibile usare basse temperature, con cicli successivi di congelamento e scongelamento delle cellule. Questi danneggiano la struttura cellulare, grazie al fatto che l'acqua intracellulare, solidificando, forma cristalli di ghiaccio che danneggiano meccanicamente l'integrità delle membrane. Un vantaggio della lisi mediante variazione della temperatura è senz'altro la semplicità. Sia aumentando o abbassando la temperatura, la metodica operativa è facile e non necessita di strumentazioni particolari o di aggiunte di reattivi e additivi. Basta infatti semplicemente scaldare o congelare la massa cellulare, permettendo almeno con il riscaldamento un facile passaggio di scala: variare la temperatura di quantità crescenti di cellule richiede un maggior quantitativo energetico, ma la riproducibilità è buona. L'incremento di scala evidenzia però il principale svantaggio, che è proprio dovuto al consumo energetico, particolarmente evidente quando si esegue un congelamento. In questo caso, oltre al maggiore apporto di energia dovuto all'aumento della massa cellulare, occorre considerare che il tempo necessario per scongelare è piuttosto lungo e va moltiplicato per i diversi cicli di congelamento e successivo scongelamento. Inoltre, con masse grandi lo scongelamento è disomogeneo, in quanto la parte centrale della massa tenderà a disciogliersi molto più tardi rispetto alla parte più esterna: una parte delle cellule avrà quindi un tempo di scongelamento più lungo rispetto alle altre. Questo fa sì che l'uso delle basse temperature non sia particolarmente adatto a uno scaling-up industriale, ma piuttosto al laboratorio. Un innalzamento della temperatura risulta invece più adatto per una applicazione industriale; una opportuna agitazione in reattore termostatato permette l'applicazione della metodica su grande scala con apprezzabili risultati. I tempi operativi sono solitamente più lunghi se paragonati ai metodi meccanici, ricordando che vanno considerati anche gli intervalli di tempo necessari per portare inizialmente la massa alla temperatura desiderata e, al termine del trattamento, per raffreddare almeno alla temperatura ambiente. Appare evidente che, considerati i valori di temperatura relativamente elevati e i tempi anche di ore, la buona riuscita della lisi è anche condizionata dalla termostabilità della proteina.

4.3.2 Metodi enzimatici e chimici

In diversi casi la lisi cellulare, o almeno il danneggiamento della membrana per permettere la fuoriuscita dell'enzima, è eseguita con l'ausilio di agenti chimici o enzimatici. Generalmente la lisi viene ottenuta in maniera blanda in quanto la cellula non viene sottoposta a cambiamenti drastici dei parametri fisici, quali forti agitazioni e brusche variazioni di pressione, ma tramite l'agente chimico o enzimatico aggiunto sotto agitazione. I reagenti utilizzabili sono diversi, tra i quali ricordiamo detergenti, solventi organici ed enzimi idrolitici delle pareti cellulari. La digestione della parete cellulare con enzimi dà buoni risultati in diversi casi, in particolar modo con cellule procariote. Tra queste i Gram positivi sono in genere più sensibili dei Gram negativi, in quanto la struttura della parete di questi ultimi, a doppio strato e con spazio periplasmatico, svolge un effetto protettivo. Tra gli enzimi utilizzabili uno dei più noti è il lisozima, che essendo una muramidasi è in grado di idrolizzare i legami di *N*-acetilmuramide della parete batterica, degradandola. Il lisozima è di facile reperibilità e le condizioni operative per il suo impiego non sono particolarmente complesse, con un ampio intervallo di utilizzazione. Ad esempio, può essere usato in un intervallo piuttosto ampio di pH, anche se i valori di 6,5-8,0 sono i più usati. Altri enzimi utilizzati possono essere glucanasi, mannasi, cellulasi e pectinasi, che permettono di intaccare la parete di tipi differenti di cellule. La parete dei lieviti può essere degradata da glucanasi e mannasi, mentre le cellule vegetali sono sensibili all'azione di cellulasi e pectinasi. Se si utilizzano più enzimi litici, in taluni casi si associa anche l'azione di proteasi, che possono permettere l'idrolisi di proteine costitutive di parete o membrana. L'uso di questa classe di enzimi deve comunque essere valutato con attenzione, in quanto potrebbero danneggiare anche l'enzima obiettivo della purificazione. Oltre alle adatte condizioni di temperatura e pH, l'enzima usato per la lisi ed estrazione deve essere in un medium adatto, ottimale per l'estrazione ma anche per la reazione litica. Infatti il tampone non deve inibire l'azione dell'enzima scelto, lisozima o altro. Può essere richiesta la presenza di EDTA, in grado di sequestrare ioni metallici altrimenti dannosi per l'attività litica, o può essere necessario evitare la presenza di taluni sali. Da qui risulta ovvio che il passaggio deve essere impostato in maniera tale da ottimizzare la reazione enzimatica, adottando i migliori parametri operativi: tampone, cofattori, temperatura, pH, forza ionica, tempo di incubazione e concentrazione cellulare. Se qualche parametro non è compatibile con la stabilità del prodotto da estrarre, la lisi enzimatica potrebbe non essere praticabile per il processo considerato. Oltre a questo vanno considerate anche le rese ottenibili con un enzima litico: in linea teorica possono essere elevate, ma nella pratica è spesso pari a non più del 70-80%. L'uso degli enzimi litici può essere seguita anche dall'azione di un detergente o di un altro reagente per intaccare la membrana cellulare, che diventa gradualmente accessibile a causa della digestione progressiva (enzimatica) della parete cellulare. I vantaggi dell'utilizzo di enzimi litici sono legati soprattutto alla condizione blanda di lisi e al controllo del rilascio proteico dipendente dalla percentuale di idrolisi, alla non necessità di apparecchiature meccaniche quali presse e mulini, e il facile scaling-up. Vi sono ovviamente anche degli aspetti meno positivi, tra i quali il costo dell'enzima, che diventa non trascurabile quando i volumi industriali sono elevati, la possibilità di usarlo una sola volta senza riutilizzo, l'uso non estensibile a tutti i tipi di cellule, tempi operativi più lunghi rispetto ad una rottura meccanica. Malgrado lo scaling-up non particolarmente complesso, la lisi con enzimi rimane comunque una tecnica adatta per processi industriali con scala applicativa contenuta. Il rilascio di proteine dalle cellule diventa comunque più apprezzabile considerando altri agenti estrattivi, come già accennato, tra i quali hanno spesso un ottimo effetto i solventi organici e i detergenti. Tra questi possiamo ricordare il toluene, l'acetone, i detergenti ionici (contenenti spesso sali di ammonio quaternario) o non ionici come Triton X-100. Il toluene è stato usato per molto tempo nell'autolisi dei lieviti, processo piuttosto lento ma con buoni risultati. I solventi organici, in bassa concentrazione, determinano una permeabilità della membrana cellulare, con due possibilità: l'enzima può uscire dalla cellula, e quindi essere recuperato, o altrimenti la cellula può rimanere permeabile, con l'enzima che rimane all'interno. Se nel primo caso si recupera l'enzima solubile, nel secondo si ha a che fare con la preparazione di cellule utilizzabili come biocatalizzatori, dove l'enzima rimane nel suo ambiente naturale, con una membrana cellulare alterata e resa permeabile dai solventi all'entrata dei substrati di reazione e alla fuoriuscita dei prodotti. Durante la loro azione i solventi permettono una protezione nei riguardi di inquinamenti batterici, e lo scaling-up è relativamente semplice. Tra gli svantaggi occorre ricordare la pericolosità dei solventi, che oltre a richiedere cautela nell'utilizzo, possono anche incrementare il costo tecnologico, soprattutto per prevenire l'infiammabilità. Infatti, malgrado si usino miscele acquose, la presenza di solventi può comportare l'utilizzo di impianti antideflagranti, con costi elevati. Da aggiungere anche la necessità di recuperare il solvente dalle miscele o di smaltirlo adeguatamente. Non sempre sono necessari solventi o altro per estrarre l'enzima: spesso il tampone o le condizioni operative adatte possono essere sufficienti. I tamponi con Tris possono avere un effetto estrattivo su alcuni microrganismi Gram negativi, così come per alcuni lieviti EDTA a concentrazione almeno 0,1 M. I risultati migliori si ottengono con variazioni di concentrazione ionica del sale contenuto nel tampone abbinate alla modifica di parametri quali pH e temperatura.

4.4 Metodi meccanici

In questa categoria di metodi la rottura cellulare viene raggiunta mediante delle forze meccaniche applicate. Solitamente queste sono forti agitazioni, brusche variazioni di pressione o trattamenti con materiali abrasivi. Malgrado esistano molteplici strumentazioni, non tutte sono adatte per uno scaling-up industriale. Vengono quindi considerate di maggior interesse quelle metodiche che impiegano apparecchiature in grado di lavorare anche grandi quantità di masse cellulari. Elenchiamo le categorie più note menzionando l'apparecchiatura implicata:

- sonicatori con ultrasuoni
- dispersori meccanici
- mulini con sfere abrasive ("Ball Mill") e mortai
- presse o estrusori

È da ricordare che in diversi casi non si conosce con esattezza quale sia il fenomeno che provoca la rottura, per cui la messa a punto di una procedura di lisi cellulare è spesso frutto di tentativi sperimentali, scegliendo in base ai risultati ottenuti la strategia migliore.

4.4.1 Sonicatori

La sonicazione si riferisce espressamente all'utilizzo di ultrasuoni come agenti responsabili della lisi di una sospensione cellulare. In genere l'apparecchiatura è composta da un sonicatore, che genera gli ultrasuoni, e una sonda che, immersa nella sospensione, trasmette a questa le onde a ultrasuoni generate. L'energia delle onde formate è tanto maggiore quanto più sottile è la sonda, e questo obbliga a usare volumi di campione piuttosto piccoli. Grandi volumi con grosse sonde non permetterebbero di ottenere energie sufficienti per avere una buona lisi. Questa è una prima importante limitazione allo scaling-up; si può ovviare in parte con una alimentazione continua di campione, in una camera di lisi che permette comunque di mantenere sempre un piccolo volume a contatto con la sonda. L'energia trasmessa genera calore nella sospensione, che tende quindi a scaldarsi velocemente. La trasmissione di ultrasuoni non può quindi essere continua; solitamente viene eseguita a cicli spesso non superiori al minuto intervallati da periodi di riposo. Il campione è refrigerato, ad esempio in ghiaccio, per tutta la durata del trattamento. I cicli di ultrasuoni sono relativamente brevi per evitare che il riscaldamento raggiunga temperature tali da danneggiare irreversibilmente l'enzima o richiedere lunghi periodi di raffreddamento. L'efficienza del processo con ultrasuoni varia a seconda delle cellule utilizzate, solitamente microrganismi. Le difficoltà maggiori si hanno con pareti resistenti come in molti lieviti e batteri Gram positivi. Rimane comunque il fatto che tale tecnica è considerata valida solo in piccola scala; la difficoltà di avere sonde adatte per grandi volumi, la grande quantità di calore generata e il fastidio provocato dagli ultrasuoni, che comporta opportune precauzioni e schermature, non la rendono una tecnica industriale adeguata.

4.4.2 Dispersori meccanici e frullatori

Una vigorosa azione di agitazione e dispersione può in diversi casi essere efficace per l'estrazione di un enzima. In genere, un dispersore è costituito da un agitatore, con lame di differenti tipi, sistemati all'interno di una struttura statica. Un esempio di questa struttura è l'*Ultra-Turrax* (Janke & Kunkel), dove la parte statica è costituita da una struttura di acciaio, immersa nel campione, collegato a un motore che permette la rotazione delle lame contenute all'estremo dello stativo di acciaio in una camera fenestrata (Fig. 4.2). La veloce agitazione del rotore con le lame, grazie all'ampia fenestratura, crea una forte turbolenza e un mescolamento vorticoso. In questo modo si ottiene una dispersione della parte corpuscolata che subisce anche un'abrasione. Un procedimento questo usato anche in ambiti completamente diversi, ad esempio in cucina dove dei piccoli elettrodomestici ad immersione hanno un funzionamento simile. Ritornando dal "gastronomico" alla biochimica, questa metodica non ha solitamente successo con lieviti o altri microrganismi con parete cellulare resistente. Maggior successo si può avere con cellule più fragili, con l'ausilio spesso di agenti chimici per agevolare l'estrazione. Ha buona riuscita anche la dispersione e omogenizzazione di campioni vegetali, soprattutto con tessuti freschi o comunque non troppo rigidi, quali le parti verdi, i frutti e i semi. Il rilascio degli enzimi può infatti essere ottenuto riducendo queste parti a un omogenato con parti solide di piccola taglia. Alcune struttu-

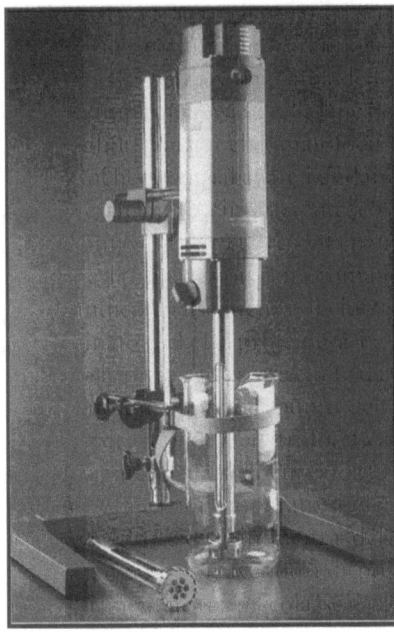

Figura 4.2 Ultra-Turrax: è visibile la camera fenestrata all'estremo dello stativo d'acciaio in cui sono posizionate le lame (per gentile concessione Carlo Erba Reagenti)

re vegetali relativamente tenere possono infatti essere fonti di enzimi, quali le bucce di alcuni frutti e diversi legumi (eventualmente dopo un periodo di imbibizione in acqua o tampone): interessanti alcune di questi ultimi per il contenuto di sostanze quali idantoinasi, proteasi, ureasi e inibitori di proteasi. Anche con i dispersori tipo Ultra-Turrax non si riesce a sopperire il fabbisogno di grandi volumi industriali. Si rimane quindi su scala di laboratorio o su produzioni relativamente contenute. Anche nei casi in cui la lisi non abbia successo, un Ultra-turrax può comunque essere utilizzato preliminarmente per avere una sospensione omogenea o già parzialmente soggetta ad abrasione da sottoporre alla lisi. Pur non essendo catalogabili come dispersori, anche i comuni frullatori danno buoni risultati per la presenza di lame e l'alta velocità di rotazione. Adatti per la piccola scala, risultano molto utili per sminuzzare materiali complessi quali organi o tessuti animali, con presenza di connettivo e strutture complesse, o vegetali di varia natura. In diversi casi, la frullatura può dare un campione già adatto all'estrazione con soluzioni adeguate, ad esempio tamponi con alta forza ionica o presenza di tensioattivi. Tipicamente usati in laboratorio, i frullatori sono comunque almeno parzialmente copiati in alcune apparecchiature con lame rotanti che possono permettere un notevole passaggio di scala.

4.4.3 Mulini con sfere abrasive ("Ball Mill") e mortai

Con questa categoria e la seguente, delle presse, descritta nel successivo paragrafo, si considerano delle strumentazioni meccaniche che, a differenza di sonicatori e dispersori, hanno buone percentuali di successo e possono essere utilizzate in un passaggio di scala. Infatti, in commercio esistono apparecchiature adatte sia per il laboratorio come per l'impianto industriale. Questa versatilità è propria del mulino denominato *Dyno Mill*, composto da un sistema meccanico capace di imprimere una veloce rotazione a un rotore in presenza di sfere di vetro (Fig. 4.3). Sinteticamente, la struttura principale del Dyno Mill è la camera di lisi, in vetro nei modelli da laboratorio e in acciaio in quelli industriali. Al centro della camera, lungo l'asse centrale, vi è il rotore su cui sono montati gli agitatori, solitamente in poliuretano (sono disponibili anche modelli in acciaio). Il rotore è collegato al corpo dell'apparecchio, dove il motore trasmette l'agitazione al rotore e la cui velocità può essere variata a seconda della necessità. La camera di lisi presenta uno o più punti di caricamento, utilizzati per l'aggiunta delle sfere di vetro e del campione da lisare. La caratteristica di grande importanza e che aumenta la capacità volumetrica del Dyno Mill, è la possibilità di caricare in continuo il campione, mediante una pompa, nella camera di lisi. In tal modo, anche un modello da laboratorio, con una camera di lisi di 0,6 litri, può lisare decine di litri di sospensione cellulare senza problemi, regolando in maniera opportuna la velocità di caricamento e di conseguenza il tempo di permanenza. Il caricamento in continuo è possibile grazie al fatto che la camera di lisi è in contatto con un componente dell'apparecchio che funge da separatore, in grado di trattenere le sfere di vetro all'interno della camera di lisi lasciando passare il liquido e i frammenti cellulari, che possono essere raccolti in uscita in un opportuno contenitore. Durante tutta la durata della lisi il rotore nella sua rapida rotazione trasferisce un'alta energia cinetica alle sfere di vetro aggiunte precedentemente nella camera (anche il 70-85% del volume) che collidono violentemente sia le une contro le altre sia con le cellule, creando in queste ultime abrasioni e rotture. La camera di lisi ha una camicia esterna in cui si può far circolare un liquido refrigerante come acqua fredda o glicole. Naturalmente, nel caso il volume da lisare sia ridotto, il mulino può essere usato anche a camera chiusa, introducendo la sospensione e le palline di vetro, agitando per un tempo prefissato (anche con più passaggi di lisi, per verificarne l'efficienza) e recuperando l'omogenato. Le sequenze operative possono essere così riassunte:

- caricamento delle sfere di vetro nella camera di lisi
- inizio della circolazione di liquido refrigerante
- caricamento di acqua, tampone o sospensione cellulare, per riempire la camera
- accensione dello strumento con rotazione del rotore nella camera
- controllo di eventuali perdite e del flusso di caricamento
- caricamento continuo della sospensione al flusso predeterminato e raccolta dell'omogenato in uscita
- termine del caricamento di campione con lavaggio in coda (con acqua o tampone)

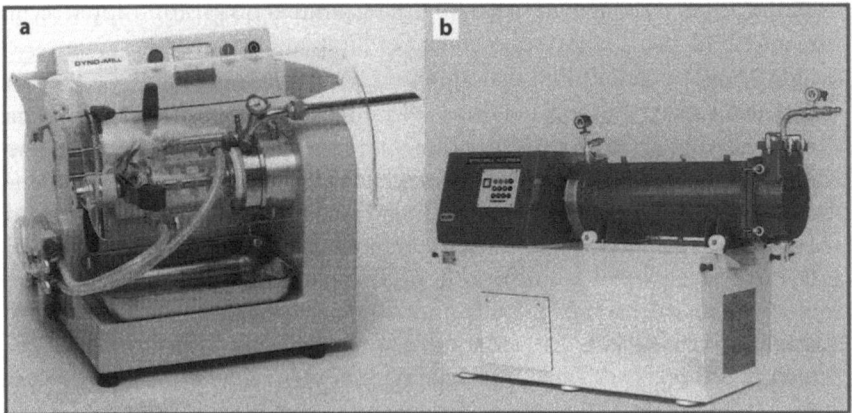

Figura 4.3 Mulini per lisi cellulare del tipo Dyno Mill serie KD. **a** modelli per laboratorio **b** per scala maggiore (per gentile concessione Willy A. Bachofen AG)

La forte agitazione e gli urti delle sfere di vetro rendono il Dyno Mill efficiente per la rottura di molti tipi di cellule, dai batteri (Gram positivi o negativi) ai lieviti, dai funghi alle alghe. Per ottimizzare un passaggio con Dyno Mill è necessario considerare i principali parametri operativi che possono influenzarne la buona riuscita del processo di rottura:

- grandezza delle palline di vetro
- velocità di agitazione e tipo di agitatore
- flusso di caricamento del campione
- concentrazione cellulare del campione

Le palline di vetro utilizzate hanno solitamente un diametro non inferiore a 0,25-0,3 millimetri, fino ad arrivare a 0,45-0,5 millimetri. Malgrado dati sperimentali sembrino dimostrare una maggiore efficacia con sfere piccole, operativamente non si scende al disotto delle misure dette in quanto sarebbe difficile l'utilizzo di palline molto piccole durante il recupero del lisato. In relazione al materiale di partenza, sia la velocità di rotazione che il flusso di caricamento vanno ottimizzati sperimentalmente. Maggiore sarà il flusso di caricamento della sospensione cellulare, minore sarà il tempo di permanenza nella camera di lisi, per cui diminuendo gradualmente il flusso si può sperimentalmente determinare la resa di lisi: verrà così individuato il limite operativo al di sopra del quale non si hanno incrementi di resa (l'ottimizzazione può portare a rese >90% con un singolo passaggio). Ma a parità di resa va considerato anche il lisato ottenuto: lunghi periodi di permanenza in camera di lisi possono provocare alti livelli di abrasione e rottura, con molti frammenti di piccole dimensioni ed elevata torbidità. Quindi, anche se la resa sembra non variare in un certo intervallo di flussi di caricamento, in verità si potrebbero avere maggiori difficoltà nelle fasi di recupero e chiarificazione successive. Condizioni più drastiche

4.4 Metodi meccanici

si hanno anche aumentando la velocità di rotazione e di conseguenza l'energia cinetica trasferita. Per quanto riguarda la concentrazione cellulare del campione, nella pratica si usano spesso sospensioni in cui le cellule umide sono diluite da tre a cinque volte (4-7% riferito al peso secco), ma la sperimentazione diretta può far variare questo rapporto. Si evitano solitamente sospensioni molto diluite o esageratamente viscose. In tutte le condizioni, la temperatura deve essere attentamente monitorata. Durante la lisi vi è sviluppo di calore, che deve essere controllato (mediante la camicia termica) per evitare una possibile denaturazione dell'enzima da estrarre. Il limite della temperatura è quindi dettato dalla stabilità termica dell'enzima in questione; l'uso di refrigeranti, ad almeno 5-8°C, minimizza comunque il problema dell'innalzamento della temperatura, soprattutto se la sospensione del campione viene preventivamente raffreddata (controllando che l'aumento di viscosità non crei problemi in fase di pompaggio nel Dyno Mill). Quanto detto permette di evidenziare i principali vantaggi del mulino: scaling-up piuttosto agevole con disponibilità di adeguate apparecchiature, possibilità di eseguire la lisi con caricamento continuo del campione, modalità operative senza l'ausilio di alte pressioni (presse) o metodiche ambientalmente dannose o fastidiose (estrazione con solventi organici, sonicatori), la capacità di lisare cellule diverse. Tra gli svantaggi possiamo considerare l'uso di un agente abrasivo come le palline di vetro, che periodicamente vanno sostituite, la necessità di pulire e sanitizzare la camera di lisi con le palline nel caso l'apparecchio rimanga inutilizzato o usato periodicamente, la necessità di una pompa e dei relativi collegamenti richiesti per il caricamento continuo del campione. Se Dyno Mill è un esempio di apparecchio per lisi cellulare mediante materiale abrasivo adatto a processi industriali, è necessario comunque ricordare che vi sono altre strumentazioni basate su principi simili. Spesso sono adatte solo per una piccola scala applicativa, ma sono comunque estremamente utili: basti ricordare i lavori di screening e controllo analitico, che pur avendo una proiezione industriale sono comunque eseguiti su scala laboratorio. Ricordiamo i mulini tipo *Potter* e *Braun*, che utilizzano materiali abrasivi simili a Dyno Mill. A differenza di questo non hanno la possibilità di lisi in continuo. Considerando ad esempio il mulino Braun, la camera di lisi è costituita da un contenitore di vetro resistente, nel quale si introducono alcune decine di millilitri di palline di vetro e la sospensione cellulare (in un volume circa pari). Il contenitore viene quindi agitato vigorosamente con vibrazioni del mulino vero e proprio, in una camera appositamente predisposta. Anche in questo caso l'agitazione causa un forte riscaldamento, che viene controllato mediante anidride carbonica insufflata in continuo nella camera di agitazione. I tempi di lisi sono solitamente molto brevi, di uno o pochi minuti al massimo: al termine il lisato è separato dalle palline di vetro, non essendo il processo in continuo. Uno dei modi più semplici per le lisi su piccola scala con palline di vetro rimane comunque l'utilizzo di un *Vortex mixer* (Fig. 4.4) la sospensione e le palline sono poste in una adatta provetta che viene appoggiata al Vortex e agitata. Lo sviluppo di calore è controllato mediante cicli di vibrazione brevi, solitamente non superiori al minuto, alternati da periodi di riposo in ghiaccio. Questa è una

Figura 4.4 Vortex mixer, utilizzabile per lisi su piccola scala impiegando palline di vetro come materiale abrasivo (per gentile concessione Carlo Erba Reagenti)

metodica di lisi su piccola scala che ha il grande pregio di essere semplice, se applicabile, e richiedere una strumentazione ridotta ed economica. Alla lisi con Vortex, in termini di semplicità, si può aggiungere anche l'utilizzo di mortaio e pestello. Le cellule o i tessuti sono uniti all'abrasivo (evitando le palline di vetro e scegliendo abrasivi simili a sabbia) nel mortaio e si esegue una macinazione con il pestello. Richiamando quanto detto per la lisi mediante cicli di congelamento e scongelamento, il materiale può anche essere congelato, in modo che siano i cristalli di ghiaccio, sotto l'azione del pestello, a danneggiare le cellule. Anche con mortaio e pestello si ha a che fare con una procedura strettamente da laboratorio, che ha dato buoni risultati con fonti vegetali, ma comunque scarsamente ripetibile.

4.4.4 Presse ed estrusori

Anche in tale categoria vi sono apparecchiature adatte per una scala produttiva. In termini generali, si considerano diverse presse ed estrusori che in comune hanno l'applicazione di un'alta pressione alla sospensione cellulare. Questa può essere utilizzata sia in presenza di materiale abrasivo, come nella *Hughes Press*, sia come sospensione liquida senza abrasivo, come nella *French Press*. Quest'ultima, sul principio della quale si basano anche gli estrusori industriali, è composta da un cilindro di acciaio con pistone; il campione all'interno del cilindro viene compresso mediante l'abbassamento del pistone: raggiunto il valore di pressione prefissato, si provoca una brusca decompressione mediante l'apertura graduale di una valvola a spillo situata sul fondo del cilindro, dal quale fuoriesce l'omogenato cellulare formatosi. Se in questo caso abbiamo a che fare con una tecnica adatta a una scala di laboratorio o poco più, per i modesti volumi, l'applicazione industriale vera e propria si raggiunge con apparecchiature quali il *APV Gaulin Homogenizer* (Fig. 4.5). Questo omogenizzatore può essere visto come una French Press in continuo, in quanto il principio è simile ma i volumi possono essere notevolmente incrementati grazie, oltre alle dimensioni della macchina, alla capacità di poter far ricircolare in continuo la sospensione cellulare (il caricamento "in continuo" è una facilitazione già vista con Dyno Mill, che agevola enormemente l'industrializzazione del processo). Nel'APV Gaulin Homogenizer le cellule sono sottoposte ad alta pressione e costrette attraverso un sottile orifizio di una valvola a spillo: le cellule sono così soggette a delle forze frizionali che permettono di ottenere un lisato cellulare. Le pressioni utilizzate oscillano tra 500 e 700 bar, anche se esistono alcune applicazioni che espandono l'intervallo da 200 a 1000 bar. L'utilizzo ormai da molti anni dell'APV Gaulin Homogenizer ha permesso attualmente di avere a disposizione una varietà di valvole con differente struttura e composizione, sia di acciaio che di ceramica. Esistono modelli di APV Gaulin per laboratorio come per uso industriale. Questi ultimi sono in grado di caricare in continuo grandi volumi di cellule, forzate nella valvola di lisi; il controllo della temperatura avviene mediante raffreddamento. Se il volume da lisare è modesto, la necessità di più passaggi per avere alte rese di lisi può essere intervallata da periodi di refrigerazione; industrialmente, questo può però portare a tempi operativi troppo lunghi, per cui si preferisce spesso far riciclare il volume totale delle cellule, agitate in un reattore, raffreddando in continuo all'uscita dell'apparecchio o nel reattore stesso. Tra i vantaggi offerti dall'APV Gaulin vanno ricordati la semplicità operativa e, naturalmente, la capacità di lavorare con grandi volumi di cellule. Da aggiungere anche l'assenza di materiale abrasivo nel processo, il che elimina quanto legato all'utilizzo di palline di vetro o simili. Non da ultimo, la lisi con APV Gaulin Homogenizer può essere spesso applicata con un ampio intervallo di concentrazione cellulare essendo in grado di agire anche con sospensioni molto concentrate. Si possono invece ricordare, come svantaggi, l'uso di alte pressioni operative, con le cautele del caso, e la necessità frequente di eseguire più passaggi per ottenere rese di lisi maggiori di 85-90%. La diversificazione delle valvole ha comunque permesso di ottimizzare quest'ultimo punto, insieme alla possibilità operativa di riciclo delle cellule. Il principio di funzionamento di presse ed estrusori è stato anche utilizzato in apparecchiature similari, quali l'*APV Rannie Homogenizer* diventato ormai una presenza industriale sempre più consolidata (Fig. 4.5).

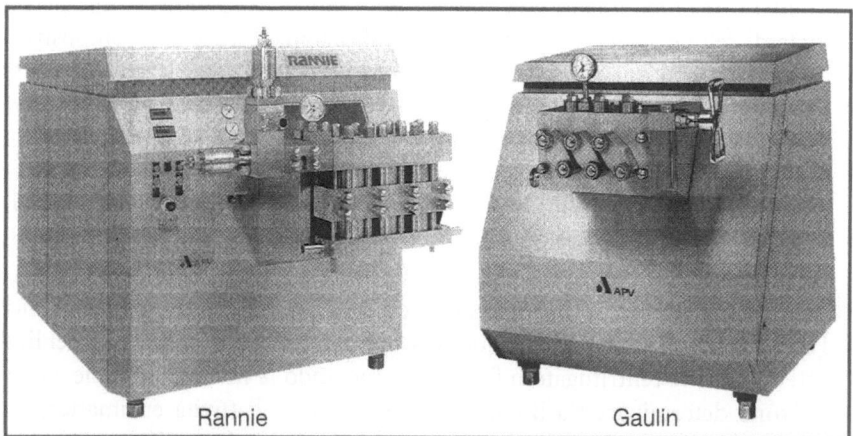

Figura 4.5 Omogenizzatori adatti alla scala industriale (per gentile concessione APV Italia)

4.5 Determinazione dell'efficienza di rottura e caratterizzazione dei lisati

Qualunque sia la metodica che durante la sperimentazione abbia dato i migliori risultati, al termine del processo si otterrà un omogenato cellulare che rappresenterà, per gli enzimi endocellulari, il primo passaggio nel processo di purificazione. A questo punto risulta però essenziale l'analisi di processo, ovvero la verifica che la lisi abbia dato esito positivo, con rottura cellulare e rilascio delle proteine, compreso l'enzima oggetto dell'estrazione. Vi sono principalmente due modi per controllare il buon esito della lisi:

- controllo microscopico e/o valutazione crescita microbica;
- determinazione del rilascio di proteine.

Nel primo caso, la sospensione ottenuta dopo il passaggio di lisi viene osservata mediante un microscopio ottico, dopo la opportuna diluizione e colorazione del campione (blu di metilene, ecc.). In questo modo è possibile, ad esempio con microrganismi, eseguire la conta delle cellule intere e rendersi conto della percentuale di rottura confrontando tale conta con quella eseguita sulla sospensione cellulare iniziale. Osservando il lisato, le cellule intere sono ben riconoscibili rispetto a quelle rotte, in quanto il materiale fuoriuscito si presenta come ammassi amorfi (sospensione cellulare e lisato opportunamente diluiti possono anche essere applicati su piastra di Petri con terreno di coltura, contando il numero di colonie microbiche cresciute e valutando indirettamente la resa di lisi). La bibliografia riporta diverse colorazioni e fissazioni dei campioni, che possono permettere una distinzione sempre più netta delle cellule integre da quelle lisate o danneggiate. Sebbene sia anche possibile una valutazione dell'efficienza di lisi mediante microscopia elettronica, ovviamente nella pratica comune di controllo di processo si utilizzano comuni microscopi ottici. La strumentazione è quindi relativamente semplice e la metodica rapida: il risultato analitico si riferisce comunque espressamente alla percentuale di cellule lisate, ma non dà delle indicazioni relative alla composizione del materiale fuoriuscito, alla presenza o meno dell'enzima ricercato e alla sua localizzazione (se non vi sono a disposizione possibili colorazioni selettive). Questi controlli possono essere svolti mediante la seconda possibilità analitica, di tipo biochimico, sul rilascio di proteine. Naturalmente si parla di proteine in quanto questa categoria di macromolecole è quella di maggiore interesse, ma naturalmente si può analiticamente determinare il rilascio di altri composti quali acidi nucleici o metaboliti vari. Considerando gli enzimi, è ancora più selettiva la determinazione titolando non solo il contenuto proteico ma anche l'attività dell'enzima stesso. A questo scopo un campione omogeneo del lisato ottenuto viene centrifugato o filtrato recuperando la frazione solubile, dove si possono determinare sia il contenuto proteico sia l'attività enzimatica. Dati significativi si ricavano eseguendo i dosaggi di attività sia sul lisato tal quale sia sul sovranatante centrifugato. Se l'attività sul lisato non centrifugato è molto

4.5 Determinazione dell'efficienza di rottura e caratterizzazione dei lisati

più elevata della frazione centrifugata, le cellule sono state probabilmente solo parzialmente danneggiate oppure l'enzima è legato a strutture di membrana: in tal caso non si ha avuto un buon rilascio di attività nella frazione ottenuta. Malgrado la determinazione del rilascio proteico ed enzimatico possa essere operativamente più lunga e impegnativa dell'analisi microscopica, ha il notevole vantaggio di quantificare il rilascio di enzima e di fornire un dato di efficienza di lisi direttamente proporzionale all'estrazione della molecola di interesse. La determinazione del rilascio è inoltre particolarmente utile quando la fonte enzimatica non è costituita da microrganismi, ma ad esempio da vegetali, con i quali l'analisi morfologica non è sempre possibile. Un processo industriale si avvale quindi sempre o quasi della valutazione analitica quantitativa del rilascio, ancora più completo se integrato con una analisi al microscopio. Occorre anche ricordare che un buon andamento di lisi è in alcuni casi visibile anche solamente osservando il lisato ottenuto. Specialmente con batteri, il lisato si presenta molto più viscoso della sospensione cellulare iniziale, a causa degli acidi nucleici rilasciati, e tale caratteristica è anche macroscopicamente visibile. Inoltre, al termine della centrifugazione di cellule di microrganismi ben lisati, il sovranatante appare torbido con una parte di solido non facilmente sedimentabile. La caratterizzazione di un lisato cellulare viene solitamente completata con il dosaggio di eventuali attività enzimatiche interferenti presenti e con la misura di semplici parametri chimico-fisici quali il pH e la conducibilità. Bisogna comunque sottolineare che il dosaggio enzimatico risulta in alcuni casi più difficoltoso rispetto all'utilizzo di soluzioni proteiche limpide, poiché la torbidità dei lisati può essere causa di interferenze nel dosaggio. Per determinare la resa di lisi, indice dell'efficienza del processo, è necessario considerare un dato iniziale, che indichi la quantità di enzima massima estraibile in quanto rappresenta l'attività totale contenuta nelle cellule. La resa percentuale di lisi può essere rappresentata dall'espressione:

$$R = A_f/A_i \times 100$$

Dove A_f rappresenta l'attività totale del passaggio finale nel lisato e A_i l'attività totale del passaggio iniziale nella sospensione cellulare. Per avere un dato reale è quindi necessario acquisire un dato sperimentalmente valido per A_i, l'attività iniziale della sospensione cellulare o comunque della fonte enzimatica scelta. Per ottenere ciò, si può considerare qualsiasi metodica di rottura, anche se solo su scala di laboratorio. L'importante è che riesca a dare una lisi completa o comunque elevata (controllata e confermata anche dall'analisi al microscopio). Questo rappresenterà il traguardo massimo ottenibile con il processo prescelto per l'industrializzazione. L'attività iniziale può in alcuni casi essere ricavata in modo semplice qualora l'enzima sia dosabile direttamente nelle cellule, permeabili al substrato senza necessità di lisi. In tal caso, oltre alla semplicità, va considerato anche il fatto che le condizioni sono ideali per mantenere l'enzima in un ambiente non denaturante, evitando di perderne involontariamente una parte nell'operazione di lisi cellulare.

Nelle considerazioni finali di una metodica di lisi industriale, oltre alla ottimizzazione del processo come sopra descritto, l'ottimizzazione stessa non si conclude comunque con una buona resa di lisi, ma occorre confrontarsi con le quantità totali del materiale da sottoporre a lisi, i tempi operativi e i preparativi necessari (soluzioni tampone, raffreddamento o riscaldamento del campione, correzione del pH, emulsione e dispersione delle cellule, ecc.). Cruciali sono anche gli aspetti di contenimento dei fenomeni di contaminazione, specialmente quando si ha a che fare con materiale abrasivo, la necessità o meno di sterilità, la facilità di scaling-up e di pulizia dell'apparato. La competitività della tecnologia si riversa però pesantemente sull'aspetto economico, dove vanno considerati il costo dell'apparecchiatura, del suo mantenimento e utilizzo, nonché di tutti i servizi tecnici necessari, in particolar modo elettrici e di controllo della temperatura.

CAPITOLO 5
Chiarificazione di lisati e soluzioni, centrifugazione e filtrazione

L'ottenimento di un enzima in forma solubile comporta spesso, come già detto, un trattamento relativamente drastico. L'integrità di cellule e tessuti viene quindi, nel caso di enzimi endocellulari, necessariamente distrutta dando luogo a lisati, omogenati e, in genere, a sistemi complessi con la presenza di una fase liquida e di una solida costituita da detriti cellulari o tissutali. Tale miscela torbida e con corpuscoli in sospensione deve essere chiarificata per poter proseguire la purificazione, dove per chiarificazione si intende un processo in grado di ottenere dal lisato una soluzione omogenea, priva di particelle e se possibile limpida. Tale obiettivo si raggiunge grazie all'ausilio di due importanti tecniche: la *centrifugazione* e la *filtrazione*. Tali tecniche hanno un'applicabilità molto ampia, che non si limita certo all'eliminazione del corpuscolato dai lisati. Per avere un'idea di questa versatilità si prenda ad esempio un brodo di fermentazione di microrganismi e la possibile localizzazione del prodotto desiderato. La centrifugazione o la filtrazione del brodo permettono di ottenere una fase liquida importante nel caso di enzimi esocellulari, come alcune proteasi, e una fase solida umida costituita dalle cellule. Queste ultime rappresentano già un prodotto nel caso siano utilizzabili come biocatalizzatori. Se si ha a che fare con un enzima endocellulare, le cellule recuperate rappresentano la materia prima per la lisi, al termine della quale centrifughe o filtri sono necessari per una seconda separazione della fase liquida da quella solida dei frammenti cellulari. L'ausilio di centrifughe e filtri risulta ancora cruciale nelle concentrazioni per ridurre il volume, nella dialisi per allontanare dalla soluzione piccole molecole e sali o per cambiare tampone, o nella separazione di precipitati formatisi durante passaggi preliminari (precipitazioni con ammonio solfato, ecc.). Questi esempi danno un panorama applicativo delle tecniche considerate, ma gli utilizzi non si fermano qui. Le membrane permettono una filtrazione frazionata di una miscela proteica, di eliminare in un prodotto finale la presenza di pirogeni o abbattere la carica microbica fornendo campioni sterili o quasi.

5.1 La centrifugazione

5.1.1 Principi teorici della centrifugazione

La tecnica della centrifugazione si basa sul comportamento di una particella in un campo centrifugo applicato, ed è quindi una metodica di separazione che sfrutta la sedimentazione differenziata di particelle differenti per forma, dimensioni e densità, disperse in una sospensione liquida. La velocità di sedimentazione dipende da una serie di parametri non solo relativi alla particella stessa, ma anche dal medium di sospensione e dalla sua viscosità, nonché ovviamente dalla forza di gravità applicata. Quest'ultima viene incrementata "artificialmente" nelle tecniche centrifugative, in modo da sedimentare determinate particelle in tempi operativi molto brevi. La velocità di sedimentazione è proporzionale al campo centrifugo applicato, funzione a sua volta della velocità angolare del rotore e della distanza della particella dall'asse di rotazione:

$$G = \omega^2 r \qquad (1)$$

Dove G è il campo centrifugo applicato, diretto radialmente verso l'esterno, ω è la velocità angolare ed r è la distanza radiale, espressa in centimetri, delle particelle dall'asse di rotazione.

Essendo non pratica la misura della velocità angolare (radianti × sec^{-1}) ci si riferisce alle rivoluzioni per minuto (rpm). La trasformazione nella nuova unità di misura della velocità angolare dalla seguente equazione:

$$\omega = 2\pi \times rpm/60$$

Sostituendo, nell'equazione (1) G può essere espresso come:

$$G = (4\pi^2 \times rpm^2)/3600 \times r$$

Come ultima semplificazione, si utilizza poi nella pratica il *campo centrifugo relativo* (RCF), utile in quanto permette di esprimere il campo centrifugo come multiplo della costante gravitazionale, pari a 980 cm/sec^2. Il campo centrifugo relativo può essere così espresso:

$$RCF = G/980 = 1{,}11 \times 10^{-5} (rpm)^2 r \qquad (2)$$

La distanza dall'asse di rotazione viene solitamente espressa come un valore medio, poiché man mano che la particella si deposita verso il fondo del contenitore in cui avviene la centrifugazione, la distanza radiale varia. Si considera quindi RCF come multiplo della costante gravitazionale g riferito a un valore medio di r. Su scala laboratorio, i vari rotori delle centrifughe sono solitamente forniti con il numero di giri massimo permesso e con tabelle che permettono di ricavare la forza centrifuga relativa a un dato valore di giri per minuto (rpm). Poco sopra si è detto che la velocità di sedimentazione di una particella dipende non solo dal campo centrifugo ma anche da parametri relativi alla natura stessa della particella. Per descrivere le forze alle quali è soggetta una particella in un medium si fa riferimento a una forma sferica: questo fa sì che componenti con forma e struttura differenti possano sedimentare con tempi diversi anche se con densità uguale. A livello industriale l'interesse è mirato principalmente, sulla base dei principi teorici enunciati, all'ottenimento di una sedimentazione completa di date particelle, siano esse proteine o frazioni cellulari. Specialmente in laboratorio o comunque anche su scala produttiva di modesta volumetria l'obiettivo può essere il recupero di particolari frazioni del campione centrifugato, ad esempio di organelli cellulari: in questo caso l'obbiettivo non è la sedimentazione completa del solido ma piuttosto una separazione dei vari componenti solidi sulla base della loro dimensione, forma e densità. La sedimentazione completa di tutto il corpuscolato è quindi adatta quando il solido deve essere separato dalla soluzione ed eliminato, ad esempio dopo una lisi cellulare, oppure quando il solido deve essere recuperato come frazione contenente l'enzima con una composizione relativamente omogenea: un esempio può essere costituito da un precipitato proteico, da un trattamento con ammonio solfato o simili. Nelle tecniche centrifugative ci si riferisce a due tipologie operative:

- centrifugazione preparativa
- centrifugazione analitica

La seconda, ormai quasi del tutto abbandonata, non viene trattata nel testo. Scopo della centrifugazione preparativa è quello di recuperare e rendere disponibili molecole, frazioni cellulari o cellule per passaggi successivi di purificazione: in molti casi la frazione interessante da recuperare può essere non il solido ma il mezzo liquido in cui le particelle erano disperse, comprese le molecole enzimatiche.

5.1.2 La centrifuga da laboratorio e le tecniche di centrifugazione preparativa

Il laboratorio rappresenta il primo gradino per avere un buon scaling-up di un processo biotecnologico. Su scala laboratorio si possono utilizzare sia centrifughe da banco che da pavimento, di dimensioni diverse. In base alla velocità di rotazione raggiunta, le centrifughe vengono raggruppate in tre principali categorie:

- *Centrifughe a bassa velocità*, spesso da banco, che raggiungono un massimo di 6000-7000 rpm.
- *Centrifughe ad alta velocità*, dette *supercentrifughe*, da pavimento o da banco, che raggiungono velocità di circa 24000-25000 rpm.
- *Ultracentrifughe*, da pavimento, in grado di raggiungere elevate velocità fino a circa 60000-70000 rpm.

L'aumento della velocità di rotazione (e quindi del campo gravitazionale applicato) permette sedimentazioni più efficienti. L'efficienza e la velocità di rotazione raggiunte ormai dalle centrifughe ha portato al miglioramento progressivo di un aspetto tecnico particolarmente importante: il raffreddamento della camera del rotore e del rotore stesso mediante un sistema di termostatazione, per contenere gli effetti dell'attrito. Nelle ultracentrifughe l'aria della camera del rotore viene inoltre eliminata mediante una pompa da vuoto. L'abbinamento di refrigerazione e condizioni di vuoto permettono di raggiungere elevate velocità senza compromettere la termostabilità dei campioni. La sicurezza di tali strumenti è attualmente molto elevata, grazie al sistema di impostazione e controllo dei parametri: è possibile impostare tutti i parametri operativi, quali la velocità di rotazione, il tempo di durata, la temperatura. Disponibile anche il monitoraggio dei principali inconvenienti e delle condizioni: rotore presente nella camera, rotore in movimento, vuoto attivato, temperatura impostata non raggiunta, sbilanciamento dei campioni, velocità eccessiva, ecc. Tutto questo permette un controllo sicuro e un blocco automatico del movimento di rotazione in caso di cattivo funzionamento. Nella centrifugazione preparativa una suddivisione è possibile in base ai diversi principi di separazione:

- centrifugazione differenziale
- centrifugazione zonale di velocità
- centrifugazione isopicnica

Nella *centrifugazione differenziale*, una sospensione omogenea del campione viene centrifugata a una velocità e per un tempo tali da permettere la completa sedimentazione delle particelle con densità e dimensioni maggiori. Il sovranatante contenente tutte le particelle non sedimentate può essere recuperato, centrifugato una seconda volta con velocità e tempi più elevati recuperando un secondo sedimento di particelle più piccole e così via. Per ogni sedimento ottenuto si deve osservare che esso non è puro in termini di frazione desiderata. Infatti, partendo da un campione omogeneo, la completa sedimentazione di una grossa particella situata alla sommità di una provetta permette la co-sedimentazione di particelle più piccole indesiderate vicine al fondo della provetta medesima. Per ottenere un precipitato con una maggior purezza saranno necessarie più risospensioni e centrifugazioni del sedimento. Nella *centrifugazione zonale di velocità* (rate-zonal) si risolve in buona parte il problema della co-precipitazione presente nella centrifugazione differenziale mediante un gradiente di densità. Il campione viene stratificato su un gradiente di densità preventivamente preparato nel tubo da centrifuga. La densità aumenta progressivamente verso il fondo della provetta; il campione deve avere una densità minore del gradiente alla sommità. La centrifugazione viene continuata finché si ha una separazione dei componenti in bande lungo il gradiente, in funzione della loro velocità di sedimentazione e della densità che incontrano migrando verso il fondo della provetta. La frazione di interesse formerà una banda a una certa altezza e potrà poi essere recuperata in maniera opportuna. Il gradiente evita quindi una diffusione delle varie particelle nel mezzo disperdente. È importante però non raggiungere una completa sedimentazione della frazione desiderata, altrimenti potrebbero comunque esserci delle co-sedimentazioni. Nella *centrifugazione isopicnica* è la densità il parametro selettivo della tecnica e il termine stesso "isopicnica" significa di uguale densità. Nella procedura più semplice, il campione viene risospeso in un mezzo liquido avente la medesima densità delle particelle che si desidera separare, che al termine della centrifugazione occuperanno una posizione intermedia nel tubo da centrifuga come banda definita. La centrifugazione isopicnica può comunque essere di tipo zonale e ricorrere quindi all'uso di un gradiente con un intervallo di densità uguale a quella delle particelle che si intende separare. Il tempo di centrifugazione, così importante nei casi precedenti, qui può essere anche prolungato senza che la frazione richiesta si impacchi sul fondo. Nelle diverse centrifugazioni vi sono rotori di forme e volumetrie diverse, costruiti in materiale adatto, quali leghe di titanio o anche di alluminio. I rotori possono essere ad *angolo fisso* o a *bracci oscillanti*. Nel primo caso, gli alloggiamenti per i contenitori dei campioni sono ricavati nel corpo stesso del rotore, con una inclinazione fissa rispetto all'asse di rotazione dell'albero motore. Diversamente, nei bracci oscillanti gli alloggiamenti dei contenitori sono appesi a una struttura di supporto e liberi di oscillare in maniera perpendicolare all'asse di rotazione. Sperimentalmente, questi rotori sono i più adatti per l'utilizzo di gradienti e per centrifugazioni zonali di velocità, mentre i rotori ad angolo fisso danno risultati buoni quando la sedimentazione deve essere completa, sul fondo della provetta o del flacone. I rotori si sono sempre più perfezionati e diversificati: basti ricordare i *rotori a flusso continuo ad angolo fisso*, dove il caricamento in corsa permette di trattare volumi considerevoli: questa applicazione importante, particolarmente per le centrifughe industriali dove il poter caricare in continuo è strategico per poter ampliare lo scaling-up (basti ricordare, nel settore della lisi cellulare, gli esempi di Dyno Mill e APV). I *rotori zonali a camere* hanno invece una particolare geometria che permette di minimizzare gli effetti della parete sulle particelle, come accade con i rotori ad angolo fisso e a bracci oscillanti. Il gradiente viene preparato con sostanze solitamente non tossiche, facilmente reperibili e che non interagiscono chimicamente con l'enzima o la frazione corpuscolare da isolare. Possiamo ricordare il saccarosio, o polimeri commerciali come il Ficoll, distribuito da Amersham Pharmacia Biotech. I gradienti di densità possono essere *discontinui* (*a step*) o *continui*; nei discontinui le soluzioni a diversa densità sono stratificate una sopra l'altra, mentre nei continui si immette nel contenitore da centrifuga un gradiente a densità gradualmente decrescente mediante un semplice formatore di gradienti. I gradienti sono utilizzati entro poco tempo dalla loro preparazione in quanto, soprattutto con i gradienti discontinui, si hanno fenomeni di diffusione. Il recupero del campione separato dopo la centrifugazione è più delicato in presenza in gradiente, per non rimescolare quanto il gradiente ha separato.

5.1.3 La centrifugazione nella pratica industriale

La necessità di separare due o più fasi con diverse densità e morfologia è frequente in ambito industriale, in tantissimi settori applicativi tra cui anche la bioindustria. La centrifugazione nel laboratorio è di grande duttilità nelle separazioni, per l'uso di apparecchiature diverse, di rotori di diversa forma e applicazione, il possibile utilizzo di gradienti e altro ancora. Una diversificazione della centrifugazione avviene anche durante lo scaling-up, con approcci tecnici un poco differenti dalla piccola scala ma che ha comunque portato alla progettazione e all'utilizzo di numerosi tipi di apparecchiature in grado di soddisfare le esigenze industriali. L'obiettivo più comune nell'ambito industriale è il recupero quantitativo di una particolare frazione presente in fase disomogenea nel corso di un passaggio operativo. Nella maggior parte dei casi si tratta di eliminare dei corpuscoli solidi non desiderati da una soluzione, operando quindi una chiarificazione (vedi i lisati cellulari), o di recuperare un bioprodotto in forma di precipitato. Con lo scaling-up cade quindi l'importanza di tecniche separative in condizioni particolari, quali centrifugazioni-zonali o isopicniche confinate quindi al laboratorio o al piccolo pilota. Nelle applicazioni industriali vi è anche considerevole diversità nella struttura delle centrifughe, molto diverse da quelle comuni nei laboratori: ad esempio non hanno un rotore estraibile. Nello scaling-up significa risolvere sia difficoltà in parte già riscontrabili in laboratorio e in parte inerenti il passaggio stesso di scala, quali la refrigerazione, la messa a punto della velocità di rotazione utile in relazione al tempo di permanenza nella camera di separazione, l'eventuale condizione di sterilità, le procedure di sanitizzazione dell'apparecchiatura, la scelta della centrifuga "giusta" per poter processare grandi volumi in tempi industrialmente ragionevoli. Due sono i principali tipi di separatori: *solido-liquido* e *liquido-liquido*. Nel primo caso si ha a che fare con la separazione tra diverse fasi che presentano un differente stato fisico: fattori importanti sono in tal caso la diversa densità tra le particelle e il mezzo liquido di dispersione, la viscosità di quest'ultimo, la quantità di solido per unità di volume del campione, la tendenza a emulsionare o a produrre schiume. La separazione solido-liquido trova larghe applicazioni in diverse fasi di lavorazione, dalla fermentazione alla chiarificazione di estratti cellulari, vegetali o altro, dal recupero di precipitati proteici fino al recupero ed asciugatura di un prodotto finale nell'ambito di una bioconversione con enzimi. Nella separazione liquido-liquido, la strumentazione è in grado di separare tra loro liquidi con differenze di densità. Tale tecnica viene applicata nei casi in cui una delle fasi liquide sia un solvente organico oppure durante l'utilizzo di sistemi acquosi bifasici: un caso tipico di questa ultima tecnica è l'impiego di sistemi bifasici polietilenglicole-fosfati (PEG-fosfati), ideali per separare frazioni proteiche limpide da sistemi complessi, quali i lisati ottenuti da cellule di microrganismi. Anche nell'ambito industriale, come in laboratorio, le centrifughe hanno una diversificazione ampia. Consideriamo ora i vantaggi dell'installazione di una centrifuga e del suo utilizzo in un processo biochimico industriale:

- processamento continuo di grandi volumi di campione, senza necessità di ricircolo: come già per la lisi cellulare, anche nella separazione risulta strategica la possibilità di caricare in continuo il campione e, ancora più strategico per una centrifuga, poter scaricare il solido o una delle fasi liquide durante la centrifugazione senza interrompere il processo
- Permanenza del campione all'interno della macchina relativamente breve, evitando effetti stressanti alle molecole enzimatiche
- Possibilità di esecuzione del processo di separazione in condizioni sterili e possibilità di sterilizzare l'intero apparato
- Occupazione da parte della centrifuga di spazio relativamente contenuto
- Tempi di separazione piuttosto veloci
- Possibilità di automazione o semiautomazione sia per il processo separativo sia per le procedure di pulizia intese come "cleaning in place"
- Non vi è la necessità di componenti da cambiare periodicamente (escluse rotture o danneggiamenti), come invece le membrane usate nei sistemi di filtrazione

Come per ogni tecnologia, anche le centrifughe industriali presentano naturalmente degli aspetti non favorevoli, che possono assumere importanza a seconda del contesto operativo considerato:

- investimento iniziale rilevante, specialmente se sono richiesti servizi aggiuntivi quali lo scarico automatico, la refrigerazione della camera di centrifugazione, la possibilità di sterilizzare o di eseguire un cleaning in place
- Consumo energetico non trascurabile soprattutto nel caso di utilizzi prolungati
- Frazione solida separata spesso piuttosto umida, specialmente nel caso di apparecchiature con scarico automatico: si può presentare come una pasta densa ma ricca di liquido, aspetto rilevante quando si vogliano isolare le cellule o comunque il solido
- Spesso non si ha una totale eliminazione delle particelle solide: specie quando si trattano cellule di microrganismi o di omogenati da loro ottenuti, la soluzione può trattenere in sospensione una piccola parte di frammenti solidi, frequentemente trascinati durante gli scarichi automatici.

5.1.4 Tipi di centrifughe e applicazioni particolari

Le applicazioni industriali hanno determinato una notevole diversificazione delle centrifughe, in modo da disporre di apparecchiature in grado di lavorare con grosse volumetrie, tipi di fase (solido-liquido o liquido-liquido) di varia natura e concentrazioni di solido estremamente variabili: basti pensare alla differenza tra una soluzione proteica con pochi residui cellulari e un fango da concentrare e smaltire. Tra i modelli di centrifughe disponibili attualmente, quelli applicabili al comparto biochimico industriale sono:

- *centrifughe tubulari*
- *centrifughe a camere*
- *centrifughe a dischi*
- *decanter*

Oltre a queste vi sono altri tipi perfezionati per applicazioni particolari come ad esempio per il recupero di cellule di mammifero da colture.

Centrifughe tubulari. Sono il modello di centrifuga con configurazione della camera di centrifugazione più semplice. Hanno in genere dimensioni contenute e una forma snella e disposta verticalmente. Sono solitamente le apparecchiature che possono raggiungere le forze centrifughe più alte, arrivando a 17000-18000 g. Non sono valori così elevati se confrontati con quelli delle apparecchiature da laboratorio, ma è regola comune che i valori di RCF su scala industriale siano sempre più bassi, anche in relazione alla struttura delle camere di centrifugazione industriali e ai loro limiti di tenuta e pressione. In genere le centrifughe tubulari sono utilizzate con campioni a basso contenuto di solido, o anche per separazioni liquido-liquido. Un limite che spesso ha questo tipo di apparecchio è la mancanza di uno scarico in continuo del solido. Volumi e quantità di solido elevati risultano quindi poco adatti per le centrifughe tubulari. In genere tali centrifughe sono adatte per impianti pilota o per chiarificazioni di soluzioni industriali con contenuti ridotti di solido. Modifiche e perfezionamenti di centrifughe verticali come le tubulari ha permesso di ottenere *supercentrifughe* adatte per i processi biotecnologici, utilizzando alte forze centrifughe (esistono anche modelli per scala piccola, laboratorio-pilota, che possono raggiungere forze centrifughe di 60000-65000 g).

Centrifughe a camere. In tali centrifughe si sono apportate delle varianti alla camera del rotore, partendo dalla forma dei modelli tubulari. L'interno della centrifuga è suddiviso in compartimenti (le camere appunto) mediante tubi concentrici uniti tra loro, in modo da obbligare il campione che viene caricato a un percorso più tortuoso tra le varie camere. Questo permette di estendere il tempo di permanenza e di ottenere buone sedimentazioni pur non raggiungendo gli elevati valori di forza centrifuga dei modelli tubulari. Durante il processo di separazione, le particelle più piccole tendono a sedimentare verso la parte più esterna, quelle più grosse gradualmente verso le camere più interne. Spesso anche con le centrifughe a camere il recupero del solido è manuale, perciò discontinuo e piuttosto laborioso.

Centrifughe a dischi. Anche in questo caso vi è un ampliamento della superficie di sedimentazione grazie a una serie di dischi concentrici, che in visione tridimensionale assumono l'aspetto di strutture coniche troncate, separate una dall'altra con opportuni spaziatori e con una angolazione fissa rispetto all'asse della centrifuga. Il campione da centrifugare è caricato mediante un condotto centrale. La fase liquida si muove verso l'alto, mentre il solido tende a sedimentarsi gradualmente nella parte inferiore dei dischi, spingendosi sempre più verso il basso e l'esterno. Il solido raccolto può essere eliminato in maniera discontinua, come nei casi precedenti, ma più agevolmente viene rimosso in continuo e automaticamente grazie alla presenza di opportuni ugelli di scarico. La buona efficienza di molti modelli di centrifughe a dischi (possono anche raggiungere forze centrifughe di 15000-16000 g) e l'automazione dello scarico hanno reso tali apparecchi adatti per applicazioni biotecnologiche, riuscendo a processare volumi enormi di campione (arrivando a 100 m^3/ora). Tali centrifughe hanno anche la possibilità di sterilizzazione con vapore, di avere una camera per il raffreddamento del prodotto, di lavorare in condizioni sterili e a contenimento totale.

Decanters. Si differenziano dai modelli precedenti per la modalità di funzionamento. I decanters sono stati progettati per operare in continuo con campioni ad alto contenuto di solido (fino al 60-70% di solido). Grazie a questo, risultano adatti a chiarificare, almeno preliminarmente, liquidi con alte concentrazioni di particelle, disidratare solidi e ispessire i fanghi. Non raggiungono forze centrifughe elevate, non superando in genere valori di 5000-6000 g, ma hanno grandi capacità che in alcuni casi sono dell'ordine di diverse centinaia di metri cubi per ora. L'automazione della separazione, unita agli elevati flussi di caricamento, fa sì che i decanters riescano a processare enormi volumi di campione. La struttura tipo di un decanter è composta da una camera rotante, in genere orizzontale, con un trasportatore a coclea. Quest'ultimo ruota un po' più velocemente della camera esterna; il caricamento viene effettuato in genere a un estremo della struttura e all'interno, grazie al movimento della coclea, il solido viene spinto e depositato sulla parete da dove convoglia verso un ugello di uscita. La fase liquida esce dalla parte opposta al caricamento. Con un principio di funzionamento uguale, sono disponibili anche modelli di decanters verticali, con capacità in genere minori rispetto agli orizzontali, in grado di lavorare a diverse decine di bar di pressione e a temperature di qualche centinaio di gradi centigradi. Condizioni queste applicabili nel caso si abbia a che fare con la disidratazione e lo smaltimento di fanghi o miceli di fermentazione.

I principali tipi di centrifughe elencate (Figg. 5.1 e 5.2) rispondono a una vasta gamma di applicazioni, con possibilità di utilizzi particolari definibili

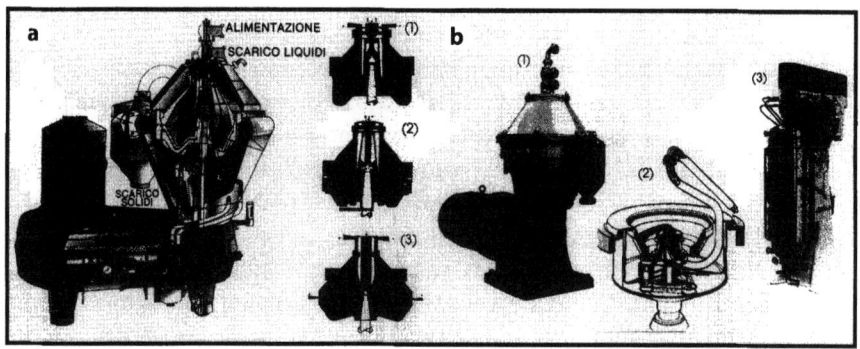

Figura 5.1 a Schema di una centrifuga a dischi e modelli disponibili: (1) a ritenzione di solidi, (2) a scarico automatico, (3) a ugelli. **b** Centrifughe per biotecnologia: (1) centrifughe a dischi, (2) centrifughe per cellule di mammifero, (3) supercentrifughe verticali (per gentile concessione Alfa-Laval)

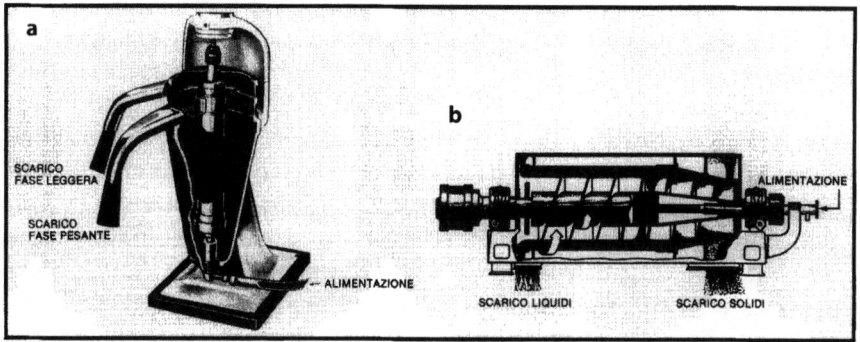

Figura 5.2 a Supercentrifuga per la separazione ad altissima efficienza. **b** Decanter orizzontale, per la separazione in continuo di elevate quantità di solido (per gentile concessione Alfa-Laval)

come una serie di "optionals" relative al settore biotecnologico. Tra queste è senz'altro importante la possibilità di avere automatismi che permettano uno scarico programmato del solido e una procedura di pulizia e sanitizzazione. In genere la programmazione delle espulsioni automatiche è basata sul tempo o sulla quantità di solido. Il primo approccio è il più semplice: dopo alcune prove sperimentali preliminari, si imposta un intervallo tale da scaricare dall'ugello la frazione solida separata lungo i dischi della camera di centrifugazione, prima che questa quantità diventi tale da riempire tutto il fondo della camera. L'impostazione di un intervallo di tempo adatto a non superare il "troppo pieno" permette di eseguire la centrifugazione per tutta la durata del processo mantenendo costanti le caratteristiche della fase liquida recuperata. Non sempre però la quantità di solido rimane costante nel tempo, e in tal caso diventa utile la seconda modalità di controllo, dipendente dalla quantità del solido. In tal caso, sulla conduttura di uscita è possibile monitorare la centrifugazione, sia visivamente mediante apposite specole sia mediante la determinazione turbidometrica strumentale in continuo. Quando la torbidità supera un determinato valore preimpostato, si ha l'automatico scarico del solido: a questo meccanismo si aggiunge spesso anche una valvola in uscita tale da evitare schiume o sacche di aria durante le varie operazioni di separazione e scarico automatico. La concentrazione del solido nel campione condiziona ovviamente la scelta della centrifuga e delle sue applicazioni particolari: concentrazioni medie, che possono oscillare tra valori di 100-300 g/l, sono adatte per l'uso di centrifughe a dischi con scarico automatico, in quanto i grandi volumi possono essere trattati senza limitazioni particolari e, soprattutto, senza dover eseguire processi discontinui con ripetute fermate. La possibilità di avere anche centrifughe per biotecnologia a contenimento totale, in modo da essere isolate dal restante impianto e da compiere cicli di lavorazione senza possibilità di infiltrazioni dall'esterno, ha permesso l'uso delle centrifughe per processi in condizioni sterili, indispensabili per prodotti ad alto valore economico, elevata purezza e con applicazioni terapeutiche. Oltre a mantenere le condizioni di sterilità durante la separazione, la centrifuga è strutturata in maniera tale da permettere lo svolgimento delle procedure di sterilizzazione, ad esempio con vapore e a 121°C. Ugualmente importante e richiesta in un processo su larga scala in continuo è una metodica di cleaning in place (CIP) automatizzabile. La procedura di pulizia e sanitizzazione permette di eliminare ogni traccia di residui nelle tubazioni e nel corpo stesso della centrifuga. In genere si hanno ottimi risultati eseguendo lavaggi con acqua calda seguiti da passaggi di soluzioni di basi (l'idrossido di sodio sanitizza molto bene ed è spesso usato) e/o acidi inorganici, evitando in genere l'acido cloridrico in quanto può danneggiare le parti metalliche dell'apparecchio. Al termine dei procedimenti è necessario un lavaggio con acqua calda, richiesto anche tra i trattamenti con base e acido, nel caso entrambi vengano adottati. Questa metodica è relativamente semplice in quanto utilizza solo soluzioni acquose facilmente disponibili in un impianto e di costo contenuto. Naturalmente è un esempio, e può subire tutte le modifiche del caso in funzione del prodotto trattato, purché compatibili con l'integrità strutturale della centrifuga.

I modelli di separatori considerati sono i principali in uso nell'industria, soprattutto biotecnologica, ma vi sono ovviamente anche altre tipologie di apparecchi altamente specializzati. Non assumono invece grande importanza biotecnologica separatori come i *microcicloni* o le *centrifughe a paniere*, più adatti per separare o disidratare solidi organici o inorganici a basse forze gravitazionali, anche quando il prodotto è pericoloso, corrosivo o infiammabile.

5.2 La filtrazione

Il principio di separazione, così importante nella realtà industriale, si avvale nella pratica, oltre alla centrifugazione, della filtrazione. Esiste una vasta gamma di filtri a disposizione che permettono non solo di separare frazioni diverse o chiarificare soluzioni, ma possono concentrare un campione, dializzare una soluzione in modo da cambiare ad esempio il tampone o la concentrazione salina. La filtrazione può essere definita come una separazione di particelle da un fluido (per fluido si intende un liquido, un gas o un vapore) mediante passaggio attraverso un setto permeabile, che può essere costituito da materiali di diversa natura. Il mezzo di selezione in questa tecnica è il filtro stesso, e più precisamente i pori presenti su di esso che permettono il passaggio di molecole di una data dimensione e non di altre.

5.2.1 Aspetti teorici della filtrazione

Per utilizzare al meglio la tecnica della filtrazione è importante valutare quali sono i meccanismi di interazione possibili tra un fluido e la struttura di un filtro. Si consideri un solido sospeso e di osservarne il destino quando incontra la superficie porosa di un filtro. I meccanismi possibili sono:

- impatto inerziale
- intercettazione per diffusione
- intercettazione diretta

L'*impatto inerziale* è determinato dal diverso comportamento di un liquido rispetto alle particelle disperse in esso, quando il liquido incontra la superficie del filtro. Esso attraversa i pori del filtro stesso, mentre le particelle disperse tenderanno a seguire una traiettoria rettilinea con alta possibilità di colpire la superficie solida del filtro e di non permeare. Se le particelle disperse sono molto piccole, leggere e con un peso specifico molto simile al liquido, risulta più influente un meccanismo di *intercettazione per diffusione*: durante il proprio moto caotico "browniano", la particella urta non solo il liquido ma anche la superficie solida del filtro; peraltro l'intercettazione per diffusione non ha una grande rilevanza nel caso dei liquidi. Il meccanismo di filtrazione più efficiente con i liquidi (ma anche con i gas) è l'*intercettazione diretta*, dove l'intreccio di fibre che costituisce il filtro determina la dimensione dei pori. La dimensione del poro è il parametro discriminante per la permeazione o la ritenzione: se la particella ha dimensioni maggiori del poro non passa, bloccata per interazione diretta. Se dal punto di vista teorico il meccanismo di intercettazione diretta è semplice (particella più piccola del poro passa, particella più grossa del poro non passa), nella pratica si verificano altri meccanismi collaterali che determinano un trattenimento da parte del filtro di particelle e molecole con diametro più piccolo di quello del poro. Diversi sono i motivi quali la forma delle particelle spesso non sferica ma irregolare, che non permette l'attraversamento del poro e ostruisce parzialmente il lume. Inoltre, una particella piccola può essere adsorbita all'interno del poro o in sua prossimità mediante interazioni di varia natura: forze di Van der Waals, legami a idrogeno o interazioni elettrostatiche in relazione alla natura chimica della particella e alla composizione del filtro.

5.2.2 Strutture dei filtri, tecnologie di filtrazione e principali termini operativi

I filtri attualmente disponibili sono suddivisi in due categorie distinte, anche se la terminologia non è a volte ben chiara per poter avere una netta suddivisione:

- filtri di profondità
- filtri di superficie o a membrana

I filtri di profondità hanno una struttura estremamente fibrosa e gli agenti contaminanti o le particelle disperse nel fluido vengono trattenute all'interno della struttura in maniera simile a una spugna, con interazioni di vario tipo, dall'adsorbimento alla ritenzione legata alla dimensione delle particelle. Nel meccanismo di ritenzione è quindi coinvolta tutta la struttura del filtro nel suo spessore. Diversamente, nei filtri a membrana le particelle vengono trattenute sulla superficie, dove avviene la selezione delle particelle che possono essere ritenute. Mentre nei filtri di profondità il trattenimento non è molto selettivo, con i filtri a membrana è possibile eseguire delle ritenzioni definite, discriminando i vari composti e particelle in base alle loro dimensioni. Alternativamente, si usa anche una distinzione in:

- filtri con struttura con pori deformabili
- filtri con struttura fissa non deformabile

Nella prima categoria si hanno analogie con quanto detto per i filtri di profondità. I *setti filtranti con pori deformabili* devono avere uno spessore sufficiente a intrappolare al loro interno le particelle, effettuando una ritenzione definibile in termini "statistici" in quanto i pori hanno dimensioni variabili, per cui si avrà una veloce occlusione di quelli più piccoli e una graduale diminuzione dell'area filtrante e deformazione dei pori. Questo fenomeno di intasamento e deformazione, detto *canalizzazione*, è associato anche al cosiddetto *scarico*, dove un rilascio di particelle si verifica in seguito a incrementi del flusso di portata o ad andamenti discontinui, grazie ai quali il fluido può trascinare con sé le particelle vincendo le forze di attrazione tra queste e il filtro. È importante quindi effettuare le sostituzioni dei filtri prima che si accentuino i fenomeni di rilascio, che provocano un inquinamento del permeato rendendo inutile la presenza del filtro stesso. I *filtri con struttura fissa non deformabile*, analogamente a quanto detto per quelli di superficie, hanno un'alta efficienza di ritenzione in base soprattutto all'intercettazione diretta sulla propria superficie; la dimensione dei pori è compresa entro un intervallo dimensionale relativamente stretto, permettendo quindi una selezione della ritenzione di particelle consona con il potere di ritenzione che qualifica il filtro e che è garantito dal costruttore: tutte le particelle o molecole più grandi del valore di ritenzione dichiarato devono essere quantitativamente trattenute dal filtro. La struttura non deformabile permette alte capacità di accumulo, anche aumentando flussi e pressioni in quanto i pori non subiscono una deformazione: questo evita quindi l'instaurarsi di fenomeni di canalizzazione o scarico visti per la categoria precedente. Tenendo conto delle classificazioni "profondità e superficie" oppure "pori deformabili o indeformabili", verranno descritti solo i filtri con struttura indeformabile e con pori con limiti di ritenzione dichiarati: questi filtri infatti forniscono performance ottimali per le applicazioni biotecnologiche industriali, con buone rese, alta affidabilità e ripetibilità, assenza di rilascio durante il processo e facilità di scaling-up con moduli adeguati per ogni livello di scala produttiva. Per le molteplici applicazioni industriali esistono filtri in grado di separare particelle e/o molecole entro un intervallo dimensionale molto ampio, indicativamente di questo tipo:

Microfiltrazione: si intende con tale termine il processo di filtrazione di particelle con dimensioni comprese tra 0,1 e 10 μm (a volte sino a un limite inferiore di 0,025 μm) su membrane microporose. Tale tecnica permette di chiarificare fluidi con carico elevato di solidi sospesi ed è spesso utile per recuperare enzimi da soluzioni molto torbide o cellule da brodi di fermentazione (un'alternativa alle centrifughe). La microfiltrazione può essere usata anche preliminarmente ad altri processi di separazione, come prefiltro per eliminare la fase più grossolana del campione;

Ultrafiltrazione: indica processi di separazione di particelle molto piccole o molecole da fluidi in cui queste sono sospese o in soluzione. Vista la capacità di selezionare componenti molto piccoli, l'indice di ritenzione di una membrana di ultrafiltrazione viene riferita al peso molecolare, pur riuscendo a trattenere particelle solide di piccolissime dimensioni e colloidi. Le membrane per ultrafiltrazione sono in grado di trattenere sostanze il cui peso molecolare oscilla tra 1000 e 1.000.000 daltons, non ponendo limitazione alla permeazione di acqua e sali inorganici. Come per la microfiltrazione, anche nell'ultrafiltrazione la frazione di interesse può essere sia nella parte permeata sia in quella trattenuta dal filtro. Basti pensare alla depirogenazione di acqua o soluzioni di principi farmacologici (antibiotici, ormoni, soluzioni fisiologiche, ecc.), dove il permeato è la frazione richiesta, o nella purificazione e concentrazione di enzimi o vaccini dove il ritenuto è la parte interessante;

Osmosi inversa: nei processi di osmosi inversa si separano molecole di basso peso molecolare, non superiore solitamente a 1000-1500 daltons, dal solvente per lo più acquoso in cui sono disciolti. Il trattenimento è effettuato in relazione al peso molecolare e anche alla carica elettrica: infatti, le membrane per osmosi inversa sono in grado di trattenere anche gli ioni dei sali, oltre ai piccoli soluti non carichi elettricamente. Una interessante tecnica paragonabile all'osmosi inversa è la *nanofiltrazione*, con limiti di range molecolari simili ma con membrane permeabili ai sali monovalenti ma non ai sali polivalenti e alle piccole molecole neutre. La tipica applicazione è la concentrazione di piccoli soluti (antibiotici, vitamine, zuccheri, ecc.).

Quando le particelle superano le dimensioni di 10 μm, arrivando a 100 e più, si ha la filtrazione più generale e meno specifica, spesso denominata come "chiarificazione" (termine però usato anche per processi di micro e ultrafiltrazione). Per quanto è stato detto finora diventa importante dare una qualifica alle prestazioni di un filtro definendo un suo potere di ritenzione, usato finora come una capacità più o meno elevata di un filtro di trattenere componenti al di sopra di una soglia dimensionale. Questa definizione di un potere di ritenzione risulta importante per la scelta del filtro più adatto per ogni singolo processo: infatti, è proprio in base alla capacità di selezionare determinati tagli molecolari o dimensionali che un filtro a membrana rientra in una classe piuttosto di un'altra, ad esempio in ultrafiltrazione piuttosto che microfiltrazione. Per una distinzione nelle specifiche di filtrazione molti costruttori si riferiscono al *potere di ritenzione nominale*, definito dalla National Fluid Power Association (NFPA) come un valore arbitrario in micron assegnato dal costruttore al setto filtrante, sulla base della rimozione di una certa percentuale di tutte le particelle di una determinata dimensione o maggiori. In maniera analoga, nel campo ad esempio dell'ultrafiltrazione dove si ha a che fare con la ritenzione di molecole a seconda del loro peso molecolare, si considera in maniera ancora più specifica un *Peso Molecolare Limite Nominale* (NMWL). Spesso, nella pratica dell'ultrafiltrazione, si usa parlare di taglio molecolare in base al *Molecular Weight Cut-Off* (MWCO), intendendo il peso molecolare al di sopra del quale si ha una elevata ritenzione. Tali definizioni danno il limite approssimativo delle capacità di ritenzione. Riferendosi ad esempio al peso molecolare nominale limite, non essendo questo un valore assoluto è importante dire che l'ultrafiltro ritiene la maggior parte delle molecole al disopra del limite nominale assegnato, ma in parte anche qualche frazione più piccola. Questo è dovuto ai fenomeni di ponte o intasamento sul setto poroso, anche ricordando che la maggior parte delle molecole, particolarmente proteiche, non hanno una forma perfettamente sferica. Quindi, possono essere ritenute, pur avendo un peso molecolare minore del NMWL della membrana, se hanno una struttura articolata, o permeare parzialmente attraverso i pori se hanno un peso molecolare maggiore del NMWL ma una forma lineare, affusolata o in grado di deformarsi e passare attraverso i pori. La definizione del potere di ritenzione nominale per una data membrana è data da quella dimensione o peso molecolare per la quale particelle o molecole aventi quel valore, o superiori, vengano ritenute dal filtro al 98%: essa viene determinata usando sostanze a dimensione o peso noto. Il potere di ritenzione nominale o il peso molecolare nominale rappresentano comunque nella pratica un buon parametro di riferimento per la selezione del filtro più adatto, in quanto saranno poi le sperimentazioni dirette a confermare la scelta migliore. In modo più specifico si definisce un *potere di ritenzione assoluto*, inteso come il diametro della particella sferica e rigida più grande che riesca a passare attraverso un filtro, in specifiche condizioni sperimentali, riferendosi a strutture rigide e globulari e in condizioni operative specifiche e riproducibili. Per avere un valore attendibile, il potere di ritenzione assoluto viene riferito a filtri a membrana, a struttura non deformabile e determinato con particelle sferiche e rigide, ad esempio di vetro. Se la capacità di ritenzione è importante per poter definire un filtro e discriminare uno dall'altro occorre anche valutare i fenomeni che possono manifestarsi durante una filtrazione e diminuire le performance operative. Importante è la *concentrazione da polarizzazione*, il maggior effetto secondario nei processi di ultrafiltrazione, provocato dall'accumulo di soluto sulla superficie della membrana. Per le soluzioni proteiche, con la polarizzazione si indica la formazione di uno strato di macromolecole, concentrate sulla superficie del filtro. Questo porta a una riduzione del flusso e naturalmente modifica le caratteristiche di ritenzione del filtro, formando una patina che rende difficoltoso il passaggio di molecole. Tale accumulo causa di conseguenza un aumento della pressione, che tende a concentrare e stabilizzare ancora di più il *thin layer* formatosi. È possibile contenere gli effetti di tale accumulo, ma non eliminarli totalmente, utilizzando filtrazioni particolari, come quella a flusso tangenziale esaminata più avanti. In genere, la quantità di soluto che non passa attraverso la membrana, definisce la *concentrazione* o *rejection*, da cui si può formulare un *coefficiente di concentrazione R* espresso da:

$$R = 1 - C_P/C_R$$

Dove C_P rappresenta la concentrazione del soluto nel permeato e C_R la concentrazione del soluto nel concentrato (ritenuto).

Se vi è assenza di soluto nel permeato, R sarà uguale a 1. La rejection è quindi una espressione della capacità di ritenzione di una membrana nei confronti di un soluto, e il suo valore è dipendente dal tipo di soluto considerato, dalla sua concentrazione e dalla "reologia" del fluido in cui il soluto è presente (velocità del flusso, particolarmente se è tangenziale, turbolenza del fluido, ecc.).

Un ultimo parametro operativo spesso menzionato in filtrazione è la *pressione di trans-membrana* (TMP), definita dalla pressione differenziale attraverso la membrana. Aumentando la TMP il flusso di permeazione aumenta, ma questo fino a che la concentrazione di polarizzazione e la conseguente formazione del thin layer sulla superficie della membrana non diventano talmente rilevanti da rappresentare i fenomeni dominanti. A questo punto, il flusso non aumenterà sensibilmente all'aumentare della pressione, e insistendo a valori troppo elevati di TMP si può avere l'intasamento della membrana. Questo fenomeno, oltre che in ultrafiltrazione, è evidente nella microfiltrazione di lisati e sospensioni cellulari, dove spesso si ottengono buoni risultati e flussi stabili con TMP relativamente basse, non superiori a 0,5 bar, mentre valori maggiori di 1 bar possono portare a un iniziale aumento del flusso di permeazione seguito a breve da un repentino intasamento dei pori della membrana.

5.2.3 Applicazioni della filtrazione nella biochimica industriale

La scelta di filtri disponibili permette un'ampia serie di applicazioni. L'intervallo di porosità della tipologia commerciale consente di lavorare con molecole o particelle di tutte le dimensioni, dagli ioni dei sali inorganici fino a particelle solide ben visibili a occhio nudo. Nell'ambito della biochimica industriale ed espressamente per enzimi e proteine, l'ultrafiltrazione e ormai anche la microfiltrazione sono le tecniche più utilizzate, sia nei vari passaggi del processo di purificazione sia nella preparazione e validazione del prodotto finale (eliminazione di pirogeni, preparazione del prodotto in condizioni sterili, ecc.). Per dare un'idea delle potenzialità, riportiamo le applicazioni pratiche di microfiltrazione e ultrafiltrazione nella biotecnologia industriale, anche per gli aspetti operativi comuni con la centrifugazione.

Chiarificazione e recupero cellule. In tale ambito si ha che fare con la separazione vera e propria di solidi dispersi in un fluido. In genere, il solido rappresenta il prodotto da ritenere, concentrare e recuperare soprattutto nel caso di cellule da brodi di fermentazione, applicazione eseguibile anche per sedimentazione in centrifuga. Nella filtrazione occorre considerare che le concentrazioni di solido sono piuttosto elevate e, a differenza di una centrifuga, la concentrazione del solido può anche aumentare nel tempo (rispetto all'unità di volume) se il fluido permeato non viene ripristinato con acqua o una adatta soluzione. Questo succede in quanto è necessario eliminare il liquido filtrato e concentrare le cellule da recuperare: il filtro deve quindi essere in grado di sopportare queste variazioni, non rilevanti invece durante una centrifugazione. Un vantaggio della filtrazione è dato dalla possibilità di lavare le cellule, in maniera continua nel processo, mentre nelle centrifughe è necessario risospendere le cellule sedimentate nella soluzione di lavaggio e centrifugare nuovamente. Per recuperare cellule e virus possono essere utilizzate membrane di ultrafiltrazione da 1.000.000 daltons, ma risultati ottimi si ottengono anche con la microfiltrazione (ad esempio con pori di circa 0,45 μm). Le cellule possono ovviamente essere anche un "contaminante" da eliminare, ad esempio nel caso di enzimi esocellulari e antibiotici, dove il prodotto di interesse è il liquido permeato. L'ottenimento di soluzioni prive di corpuscolato è obiettivo frequente nella purificazione e preparazione di campioni enzimatici come i lisati cellulari: in questi campioni si hanno molecole di dimensioni diverse, colloidi e frammenti cellulari. I primi passaggi di eliminazione delle particelle solide sono sempre critici e responsabili spesso della buona qualità del prodotto finale, ed è la continua messa a punto che permette di ottenere processi realmente praticabili. Infatti i pochi cenni a carattere didattico riportati nei testi non sono in genere sufficienti per i problemi di chiarificazione industriale. L'attuale tecnologia permette di ottenere ottimi risultati anche su grande scala con tecniche di microfiltrazione, con soluzioni tecnologiche ormai industriali come le filtrazioni tangenziali e dinamiche. L'eliminazione del corpuscolato è naturalmente necessaria anche in processi successivi alla lisi cellulare o all'estrazione, quali la perfetta chiarificazione di soluzioni concentrate oppure, come già detto, che necessitino di requisiti di qualità e sicurezza elevati in termini di presenza di pirogeni e carica microbica potenziale, quali le proteine per terapia clinica e i vaccini. Quantità di particelle contaminanti più ridotte di un lisato cellulare possono essere trattate con successo anche con l'ultrafiltrazione, ormai consueta ad esempio nella depirogenizzazione (con membrane con taglio molecolare di 1000-6000 daltons). Naturalmente, la filtrazione non è sempre alternativa alla centrifugazione, spesso le due tecniche sono complementari.

Concentrazione e dialisi. Questa applicazione è tipica della filtrazione, ed è estremamente utile nei processi industriali in quanto risolve problemi come la riduzione del volume delle soluzioni e la variazione della loro composizione o la sostituzione di un tampone. L'ultrafiltrazione ha qui un largo impiego per l'ottima ritenzione delle molecole proteiche e la capacità di permeare velocemente il solvente. Questo permette di ridurre il volume in passaggi operativi diversi: dopo la chiarificazione di un lisato cellulare, al termine di una precipitazione con sali inorganici, prima e dopo una purificazione cromatografica, la concentrazione finale di un prodotto enzimatico o per avere volumi ridotti per la formulazione finale (sospensione, liofilizzato, ecc.). I processi di dialisi (definita spesso come diafiltrazione) sono molto utilizzati per modificare la composizione o i parametri della soluzione in cui le proteine sono presenti. La dialisi permette quindi in generale di modificare o sostituire una soluzione (eliminando le molecole più piccole), e può essere eseguita sia con una progressiva concentrazione del campione oppure mantenendo un volume pressoché costante. In ogni caso, la dialisi va eseguita con l'aggiunta progressiva o discontinua della soluzione con la composizione finale desiderata al campione in fase di filtrazione. In questo modo la continua aggiunta porterà a sostituire del tutto la soluzione precedente. I filtri di ultrafiltrazione, come detto i più usati per dialisi, possono avere un taglio molecolare vario, in funzione del peso molecolare dell'enzima interessato che dovrà essere ritenuto durante la dialisi. Come già detto l'intervallo è compreso tra 1000 e 1.000.000 daltons e sono anche spesso usate membrane con cut-off di 3000, 10.000, 30.000, 50.000, 100.000 e 300.000 daltons.

Frazionamento. Il filtro in questo caso funge da selezionatore e frazionatore di molecole proteiche a diverso peso molecolare. Con membrane di ultrafiltrazione si possono avere buone separazioni quando occorre separare proteine da piccoli peptidi permeabili, o enzimi di peso molecolare basso, non superiore a 10.000-15.000 daltons. L'approccio è comunque strettamente legato alle prove sperimentali preliminari. L'esistenza delle molteplici interazioni filtro-molecole e il valore approssimativo del NMWL rendono l'ultrafiltrazione una tecnica comunque di limitata risoluzione (a differenza della cromatografia) e non è possibile quindi, ad esempio, poter separare due proteine con peso molecolare rispettivamente di 95.000 e 120.000 con una membrana da 100.000 NMWL.

5.2.4 Modalità di filtrazione e tipi di membrane

Nella pratica, si tratti di ultrafiltrazione, microfiltrazione o altro, vi è la continua ricerca di migliori prestazioni anche con l'uso di campioni critici (viscosi o ricchi di solido) e nel contenere fenomeni quali la polarizzazione e l'intasamento graduale delle membrane. La tecnica operativa classica viene detta *filtrazione dead-end*, dove il fluido attraversa completamente il filtro con una direzione perpendicolare alla superficie del filtro. In questa filtrazione la diminuzione della portata è veloce nel tempo, in quanto un accumulo e una consistente polarizzazione genera un *thin layer* cospicuo e un intasamento dei pori. I problemi della filtrazione classica sono stati ridotti con l'introduzione della *filtrazione a flusso tangenziale*, che si differenzia per il fatto che solo una parte del fluido permea attraverso il filtro (permeato), mentre il rimanente, il ritenuto, viene ricircolato mantenendo una direzione del flusso parallela alla superficie del filtro. In tal modo il *thin layer* viene ridotto, ma non eliminato, grazie all'effetto di trascinamento, con concentrazioni di polarizzazione decisamente più basse della filtrazione convenzionale dead-end. Negli anni più recenti, una ulteriore ottimizzazione è stata effettuata da alcuni costruttori con la *filtrazione dinamica*, dove con vibrazioni o altro si diminuisce ancora più la sedimentazione delle particelle o molecole sul filtro, migliorando ulteriormente la filtrazione tangenziale (vedi più avanti). Attualmente, sia che si tratti di filtrazione classica o a flusso tangenziale, vi sono a disposizione numerose apparecchiature che permettono una estrema versatilità e flessibilità della tecnica. È possibile filtrare pochissimi millilitri,

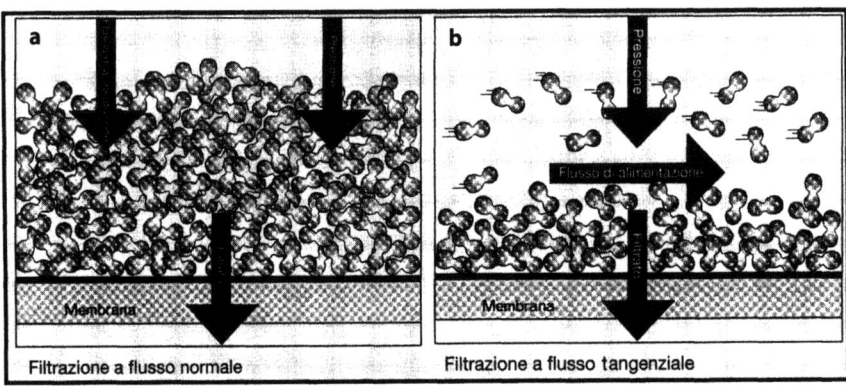

Figura 5.3 Confronto tra filtrazione normale (**a**) e tangenziale (**b**) (per gentile concessione Millipore)

fino a migliaia di litri/ora negli impianti industriali di grandi dimensioni. Gli apparati di filtrazione sono essenzialmente costituiti da un "holder" dove posizionare la membrana, con le opportune connessioni, valvole, manometri, tubi e, naturalmente, la pompa necessaria al caricamento del campione e al suo ricircolo nella filtrazione a flusso tangenziale. Quest'ultima deve mantenere un flusso di caricamento costante, senza formazione di schiume e surriscaldamenti. La pompa deve inoltre essere in grado di supportare e mantenere le pressioni di esercizio richieste, che incrementano al diminuire del cut-off della membrana. Se l'intera apparecchiatura rappresenta un "hardware", il cuore della struttura è rappresentato dalla parte non fissa, soggetta a sostituzioni nel tempo: la membrana di filtrazione. La diversità delle membrane riguarda sia il materiale di cui sono costituite sia la loro struttura. Diversi materiali compongono le membrane, e la scelta dipende dalle porosità disponibili, dalla resistenza meccanica e alle condizioni operative (presenza di agenti aggressivi, pH, temperatura, pressione), dalla capacità o meno di instaurare interazioni con le molecole di soluto, ad esempio l'adsorbimento di proteine. Tra i primi materiali usati, tuttora di ampio utilizzo, sono da ricordare i derivati della cellulosa, quali acetato di cellulosa e altri esteri di questo polisaccaride. Hanno un'ampia applicabilità sia in microfiltrazione come in ultrafiltrazione e in osmosi inversa. L'acetato di cellulosa e simili hanno una discreta stabilità termica, ma un intervallo più ristretto nei confronti del pH compreso tra circa 3,5 e 10. Un intervallo che coincide con la stabilità della maggior parte degli enzimi, il che permette l'ampia applicabilità dei derivati cellulosici. È però più limitato l'uso di agenti rigeneranti e pulenti: sono da evitare, ad esempio, soluzioni di idrossidi o acidi. Ormai sono di largo impiego anche diversi altri materiali sintetici, con la stessa flessibilità applicativa della cellulosa ma con una stabilità chimica maggiore, nei confronti del pH (da 1 a 14) ma anche degli agenti chimici utilizzati nelle pulizie dei filtri. A tale gruppo di materiali appartengono il polisulfone, e le poliammidi. L'elenco di materiali si è ormai sempre più allungato, e comprende materiali disparati e in diversi casi mirati a una particolare applicazione. Ricordiamo il polipropilene, i copolimeri acrilici, il PTFE, la ceramica, tutti molto utilizzati in microfiltrazione, polimmidi, policarbonati e poliesteri che affiancano il polisulfone nelle ultrafiltrazioni. Qualunque sia il materiale costitutivo del filtro, questo si può presentare in diverse forme per le diverse scale operative. Riferendoci alla filtrazione con flusso tangenziale, vi sono tre principali modelli di membrane:

- membrane piane
- membrane a spirale
- membrane a fibre cave

I filtri piani hanno l'aspetto di un foglio piano, che può essere montato su una struttura di sostegno; i vari fogli delle membrane possono essere impilati a formare le cosiddette cassette, in modo da aumentare la superficie filtrante e

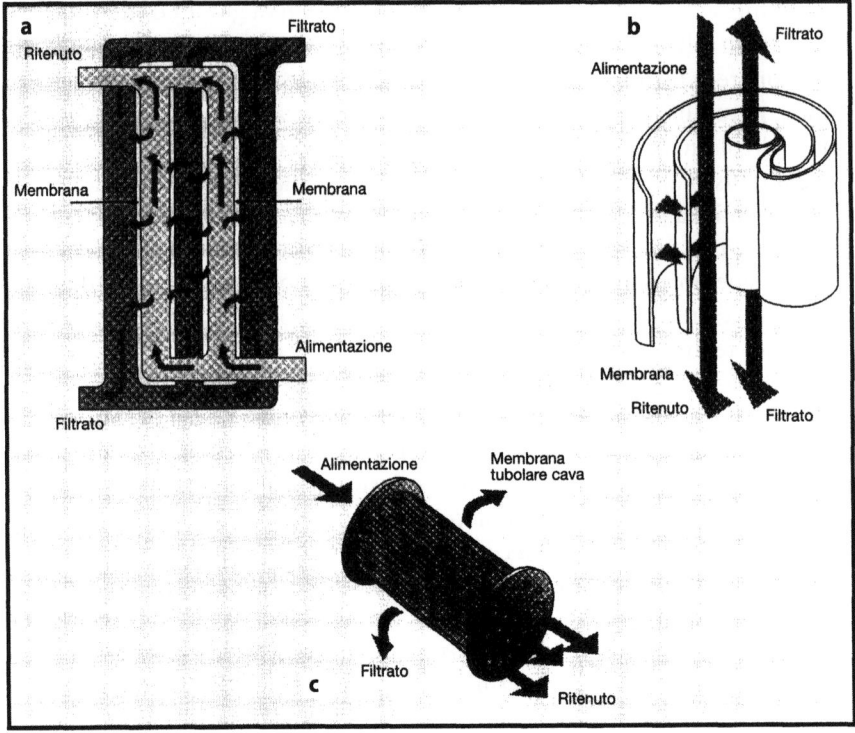

Figura 5.4 Membrane composte da moduli in diversi formati. Per la filtrazione a flusso tangenziale i formati più comuni sono: **a** membrane piane, **b** membrane spiralate, **c** membrane a fibre cave (per gentile concessione Millipore)

ottenere flussi più elevati (Fig. 5.4). Sono sia per microfiltrazioni che ultrafiltrazioni e sopportano bene le pressioni di utilizzo. La semplicità di utilizzo e la versatilità rendono le membrane piane utilizzabili in scale operative diverse: aumentare la superficie, però, comporta un elevato utilizzo di pacchi di fogli filtranti, il che può essere piuttosto oneroso. La membrana rappresenta infatti la parte *consumabile* della struttura: può essere riutilizzata molte volte, ma a un certo punto deve essere sostituita, quando l'intasamento dei pori sarà tale da precludere flussi accettabili. Mentre le membrane piane hanno una forma di fogli singoli o a pacchetti, le membrane a spirale o fibre cave hanno una forma a *cartuccia* tubolare di differente lunghezza e diametro. Il vantaggio delle cartucce, in cui vengono sistemate le membrane, è quello di poter avere un'ampia superficie filtrante in uno spazio modesto. Nel caso delle membrane a spirale, l'ampia superficie è ottenuta, come dice il nome, mediante l'avvolgimento a spirale della membrana all'interno della cartuccia. Nei modelli a fibre cave le membrane hanno una struttura tubolare, cave all'interno con un lume non superiore solitamente a 1 mm. Il fluido si muove all'interno di queste fibre cave e il flusso del permeato avviene dall'interno della fibra verso l'esterno. La ritenzione molecolare avviene sulla superficie interna, mentre attraverso lo spessore della fibra verso l'esterno si aprono canali sempre più ampi per agevolare il flusso del permeato. Questa strategia strutturale è usata anche nei filtri piani: cambia la geometria ma non la struttura base. Le cartucce con fibre cave possono subire dei controlavaggi, che agevolano anche la pulizia dei pori di filtrazione. In questo modo si contengono i fenomeni di intasamento, che possono insorgere forse più facilmente nelle membrane a spirale. Il fatto di avere in poco spazio un'ampia superficie filtrante ha permesso una grande applicabilità industriale delle cartucce, siano esse con membrane spiralate o cave. Una variante delle fibre cave sono le *membrane tubolari*, costituite in genere da un materiale rigido, come ceramica o polimeri supportati su una struttura rigida esterna perforata (spesso in acciaio inox). Sono usate in genere con campioni difficili, molto viscosi o densi, o quando è necessario concentrare molto cellule o altri corpuscoli. È utile ricordare che vi sono comunque anche apparati per filtrazione abbastanza differenti da quanto detto che non utilizzano vere e proprie membrane come quelle piane, a spirale o fibre cave. Si tratta di filtri adatti a separare quantità di solido con dimensioni relativamente grandi. Tra questi ricordiamo due categorie tra le più usate industrialmente: i *filtri rotativi*, usati per recuperare lieviti e funghi in alternativa alle centrifughe, dove un rullo di forma cilindrica ruota molto lentamente immergendosi nel brodo di fermentazione e separando le cellule, e i *filtri a pressa*. In questi ultimi una serie di pannelli di tela, montati su dei supporti rigidi piani, sono compattati uno vicino all'altro e, in pressione, viene caricato il campione. Il solido rimane gradualmente imprigionato sulle tele mentre il liquido esce dalla parte opposta del filtro. In genere il passaggio delle sospensioni è eseguito aggiungendo al campione farine fossili filtranti (Dicalite, Hyflo, ecc.) che formano un pannello sulle tele migliorando la filtrazione e la ritenzione del solido. Adatti per separazioni di cellule, precipitati voluminosi o prodotti finali delle biotrasformazioni (antibiotici, ecc.), non hanno comunque una flessibilità applicativa come quanto visto finora (ultrafiltrazione, osmosi inversa, ecc.). Per i filtri a pressa, gli svantaggi consistono nel lavoro oneroso di preparazione o scarico delle tele e l'utilizzo delle farine filtranti, con produzione di grandi quantità di solido da smaltire e conseguente aumento dei costi.

5.2.5 Pulizia e conservazione dei filtri a membrana

Questa operazione è particolarmente importante nell'ambito industriale e permette di riutilizzare molte volte una membrana con un sensibile abbassamento dei costi. Al termine di ogni operazione di filtrazione, sono possibili diversi trattamenti chimici atti a preparare la membrana a un nuovo ciclo di lavorazione. La *rigenerazione* consiste essenzialmente nella rimozione dalla membrana di tutte le molecole, cellule o detriti cellulari che si sono accumulati sulla superficie durante la lavorazione. L'operazione di *sanitizzazione* elimina invece i microrganismi presenti: può essere abbinata alla rigenerazione o rappresentare un trattamento del tutto separato. La *depirogenazione* comporta invece l'eliminazione dei pirogeni dalle membrane in modo da poter lavorare in condizioni adeguate con prodotti iniettabili, dove la presenza di pirogeni può causare shock anafilattico nei pazienti. Qualora i filtri non siano soggetti ad un utilizzo in continuo, ripetitivo, ma abbiano un utilizzo discontinuo, diventa importante anche la *conservazione*, dove la membrana è mantenuta in presenza di un liquido preservante in grado di evitare inquinamenti batterici nel sistema. Sia per le operazioni di pulizia sia per la conservazione, in genere si eseguono le operazioni senza smontare il sistema, in modo da pulire la membrana con la minima manualità e in continuo con lo svolgimento dei processi. Si parla quindi di operazioni di *Cleaning In Place* (CIP), proprio per evidenziare la possibilità di pulire sul posto, senza smontaggio. Vi sono diversi agenti chimici per rigenerare, sanitizzare o depirogenare. In tutti i casi, occorre fare sempre le opportune considerazioni tecniche relative a:

- tipo di materiale intasante o contaminante
- tipo di membrana, collanti usati per le giunzioni, apparecchiatura nel quale la membrana è inserita
- come rimuovere e smaltire i prodotti chimici dopo i trattamenti

Non tenendo presenti questi punti, si rischia di non riportare la membrana nelle condizioni ideali di riutilizzo o di danneggiare il sistema. Immaginiamo, ad esempio, di utilizzare un agente che pulisca bene la membrana ma che disciolga o alteri i collanti usati per unire i fogli filtranti tra loro con la struttura della cartuccia o del piano di filtrazione: i risultati sarebbero disastrosi. Per una buona rigenerazione, con campioni in prevalenza proteici, vi sono a disposizione agenti chimici atti allo scopo. Idrossido di sodio, vari tipi di acidi, ipoclorito di sodio, urea, guanidina, diversi detergenti ed enzimi sono adatti per una buona pulizia della membrana, a seconda del tipo di agente intasante presente. L'idrossido di sodio, utilizzabile fino a temperature di 50-60° C, è un ottimo rigenerante, in quanto idrolizza tutte le proteine sedimentate sulla superficie, è poco costoso, si elimina facilmente con lavaggi con acqua ed esplica anche un'azione sanitizzante. Gli acidi sono adatti per eliminare prodotti che l'idrossido o altri agenti da soli non riescono ad allontanare, come colloidi, polisaccaridi e acidi nucleici. Gli acidi vanno impiegati dopo il trattamento con idrossido di sodio o un altro prodotto in grado di eliminare le proteine: usando prima l'acido si può provocare la precipitazione delle proteine sulla superficie della membrana con conseguenti intasamenti. Sostanze lipidiche o di natura particolare possono essere eliminate con tensioattivi, quali Triton X100 o SDS, ma è bene usare tali prodotti solo se non vi sono alternative valide. Sono da impiegarsi a concentrazione non superiore a 1 g/l per evitare schiume, necessitano di lavaggi prolungati alla fine del trattamento e, se con peso molecolare molto alto possono creare una patina sulla membrana difficilmente eliminabile. Le opportune precauzioni devono essere adottate anche nell'uso di enzimi litici quali DNAsi per gli acidi nucleici, di ipoclorito di sodio che può dare fenomeni ossidativi (ma permette anche buone sanitizzazioni e depirogenazioni), di urea e guanidina che possono danneggiare diversi tipi di membrana o determinare pressioni elevate a causa della densità delle soluzioni concentrate (sono però adatte per eliminare proteine strutturali insolubili in acqua quale il collagene). Durante il processo di pulizia è possibile utilizzare più di un rigenerante, facendo attenzione alla compatibilità e alla sequenza delle aggiunte. In genere, durante un processo di rigenerazione, l'agente pulente viene pompato all'interno del sistema in modo che entri in contatto con la membrana. Si ferma quindi la pompa per un tempo determinato in modo che la membrana subisca l'effetto del rigenerante. Al termine si continua a flussare il fluido, senza riciclo, lavando infine estensivamente con acqua. Misurando la portata del permeato con acqua è possibile conoscere, rispetto alle performance iniziali, in che misura sono state ristabilite le capacità di filtrazione della membrana e, di conseguenza, quanto è stata efficiente la metodica di rigenerazione. Per sanitizzare anche il sistema, tra i reagenti possibili si annoverano l'ipoclorito di sodio, il perossido di idrogeno (non superiore in genere al 5%), la formaldeide (in concentrazione anch'essa non superiore al 5%), l'alcool etilico. Con le membrane più resistenti (tra cui quelle in ceramica), installate su un sistema in acciaio inox, è possibile utilizzare agenti sanitizzanti quali l'acqua calda fino a 80° C, il vapore in linea e l'uso di autoclavi. Va ricordato che la formaldeide non va usata in presenza di proteine, in quando si lega covalentemente con i gruppi amminici di queste con formazione di eventuali precipitati. Attenzione anche all'utilizzo degli alcoli, sempre in miscela acquosa, che per tempi prolungati o ad alte concentrazioni possono compromettere la stabilità delle guarnizioni nei sistemi di filtrazione. Reattivi già menzionati sono adatti anche per trattamenti depirogenanti, quali sodio idrossido, ipoclorito di sodio, perossido di idrogeno e acido cloridrico. Le membrane usate per l'eliminazione di pirogeni, al termine del procedimento, vengono in genere sostituite, senza eseguire rigenerazioni in modo da evitare dispersioni dei pirogeni stessi. Per sanitizzare in maniera efficiente è importante assicurarsi che tutte le superfici del sistema e tutti i raccordi presenti entrino in contatto con le soluzioni usate, per evitare in breve tempo il ripristinarsi di fenomeni di inquinamento. Qualsiasi sia il trattamento eseguito, nel caso in cui il sistema non lavori in continuo, è necessario conservare il filtro in maniera adeguata evitando l'inquinamento microbico e danneggiamenti ai raccordi e componenti del sistema operativo. Se per tempi ridotti può bastare l'acqua (non più di uno o due giorni tra un utilizzo e l'altro), per conservazioni adeguate si utilizzano reagenti quali sodio idrossido, formaldeide, sodio benzoato o sodio azide, a bassa concentrazione per evitare problemi di stabilità nel lungo periodo. Durante la conservazione tutto il sistema deve essere immerso, senza bolle d'aria e ben isolato, mediante le valvole, dall'esterno, per evitare perdite che porterebbero a un asciugamento della membrana. I filtri possono essere conservati anche all'esterno dei sistemi, a basse temperature (non superiori a 10° C) e completamente immersi nel liquido conservante. Nell'ambito industriale però è senz'altro migliore la conservazione direttamente nei sistemi filtranti, senza disinstallare ogni volta la membrana. La conservazione al di fuori del sistema può rendersi necessaria qualora si tratti di un modulo versatile che all'interno dello stesso processo possa essere usato in vari passaggi con uso di cut-off differenti.

5.2.6 Filtrazione dinamica a flusso tangenziale: un esempio

La filtrazione a flusso tangenziale è una tecnica ormai diffusissima, ed è stata resa da alcuni costruttori *dinamica*, per rendere le prestazioni più costanti nel tempo e risolvere le difficoltà riscontrate per la progressiva concentrazione del solido durante la filtrazione. Un esempio pratico di tale tecnologia può essere il *PallSep*, prodotto dalla società Pall Corporation e al momento disponibile per applicazioni di microfiltrazione, come separatore solido-liquido. Ma come si presenta l'apparecchio, e cosa giustifica il termine *microfiltrazione dinamica*? Il sistema, mostrato in Figura 5.5, sviluppa energia vibrazionale: un "pacchetto" oscillante di membrane viene fatto vibrare, mediante un asse verticale, a circa 50-60 Hz. La vibrazione indotta nel fluido in ricircolo permette alle particelle solide o al fluido denso di rimanere disperso senza che le particelle stesse si depositino sulle membrane. Le vibrazioni permettono di conseguenza di mantenere flussi e prestazioni paragonabili con i sistemi a flusso tangenziali tradizionali. Le membrane (solitamente composte da polimeri come PES e PTFE) sono saldamente fissate a dischi di acciaio inossidabile, e impacchettate una sopra l'altra fino a raggiungere la superficie totale di filtrazione richiesta. Oltre a un modello per volumi contenuti (anche per scala laboratorio) con superficie da 1 m^2, per gli impianti pilota e produttivi sono disponibili i modelli PS400 e PS1000, rispettivamente con una superficie filtrante di 400 ft^2 (circa 40 m^2) e 1000 ft^2 (circa 100 m^2). Ogni elemento del pacchetto, dato dalla membrana con i dischi di acciaio, è separato dagli altri mediante degli spaziatori che permettono la distribuzione e la concentrazione del materiale caricato. La presenza di questi canali di passaggio e le vibrazioni permettono di usare la tecnica per concentrare fluidi ad alto contenuto di solidi o elevata viscosità, con pompe adatte. Riferendosi sempre alla Figura 5.5 un motore a corrente alternata con frequenza variabile genera vibrazioni e questa energia di movimento viene traslata

Figura 5.5 Modulo PallSep per microfiltrazione tangenziale dinamica (per gentile concessione Pall Italia)

mediante la barra di torsione al pacco di membrane montate sulla cima della barra stessa. Il fluido che scorre tangenzialmente sulle membrane può quindi permeare mentre il solido viene ritenuto e concentrato. La peculiarità della microfiltrazione a flusso tangenziale dinamica la rende adatta per diverse applicazioni industriali, particolarmente in campo farmaceutico, in bioprocessi e nelle produzioni di alimenti e bevande. Alcuni processi in cui la microfiltrazione dinamica è risultata idonea per le condizioni particolari dei campioni (torbidità e alta quantità di solido disperso), sono i seguenti:

- recupero di cellule di batteri e lieviti da brodi di fermentazione
- eliminazione del solido e recupero di soluzioni limpide da lisati cellulari
- chiarificazione di brodi di fermentazione per recupero di antibiotici, enzimi, vitamine, ecc.
- chiarificazione di birra, vino e altre bevande con sostituzione dei filtri di terra di diatomee
- trattamento di scarichi da processi produttivi
- chiarificazione di sciroppi zuccherini o sospensioni di amido
- chiarificazione di fluidi vari per uso alimentare come olio e succhi di frutta

In molti casi la microfiltrazione dinamica risulta una valida alternativa ad altre tecniche normalmente impiegate in ambito industriale, quali filtri rotativi, centrifughe e sistemi a flusso tangenziale non dinamici.

5.3 Flocculazione e coagulazione di lisati e sospensioni proteiche

Centrifugazione, microfiltrazione e ultrafiltrazione rappresentano le tecniche più utilizzate per le separazioni solido-liquido, nelle estrazioni e purificazioni di enzimi. Per i solidi più pesanti e in quantità consistente si ricorre anche a tipi particolari di filtri, quali quelli a pressa o rotativi, ma con possibili problemi. Immaginiamo di considerare un lisato cellulare; le cellule sono state rotte originando sistemi disomogenei estremamente complessi, con anche presenza di colloidi e torbidità. Un sistema così eterogeneo non semplifica certo le operazioni di separazione e chiarificazione; il numero di g usati e il tempo di permanenza nel campo gravitazionale in una centrifuga devono essere ottimizzati in modo da agevolare la sedimentazione delle particelle più piccole, ma non sempre questo obiettivo si riesce a raggiungere. Le frazioni più viscose e i corpuscoli più piccoli possono creare problemi anche in filtrazione, con possibili intasamenti o rallentamenti. In molti casi la situazione, può essere migliorata mediante l'aggiunta di particolari agenti, in grado di agevolare la sedimentazione e rendere più uniforme le particelle di solido disperse.

5.3.1 Definizione del flocculante, classificazione e preparazione delle soluzioni

I *flocculanti*, genericamente, possono essere definiti come dei composti di varia natura che riescono ad agglomerare le particelle disperse in una sospensione, permettendo la formazione di *fiocchi* piuttosto grandi e omogenei in grado di agevolare le separazioni meccaniche solido-liquido. Sulla base del principio su cui si basa l'interazione con le particelle, si definisce spesso una divisione in *flocculanti* e *coagulanti*, anche se la netta diversificazione è difficile. I coagulanti basano la loro azione sulla neutralizzazione o inversione delle cariche superficiali delle particelle, e in molti casi sono di natura inorganica, quali solfati e cloruri di metalli alcalino-terrosi o di transizione. I flocculanti sono in genere polimeri, naturali o sintetici, che creano un *ponte* tra le varie particelle in sospensione agevolando l'aggregazione: hanno in genere una carica opposta ai corpuscoli da sedimentare. Vista la difficoltà di distinzione con i coagulanti, è possibile definire come flocculanti entrambe le categorie per semplicità. Chimicamente, i flocculanti possono essere suddivisi in:

- flocculanti inorganici
- flocculanti organici naturali
- flocculanti organici sintetici

Nella prima categoria compaiono composti spesso a carattere colloidale, in grado di annullare le cariche, sali e idrossidi di metalli, derivati della silice e bentoniti (un tipo di argilla colloidale). Si possono utilizzare come coadiuvanti della sedimentazione in biochimica ma potrebbero anche precipitare l'enzima e provocare opalescenze o precipitati con alcuni tamponi. Ad esempio, un sale come il calcio acetato può aiutare la sedimentazione, ma si può andare incontro a precipitati o lattescenze nel caso si operi in presenza di tamponi fosfati, con formazione di calcio fosfato insolubile a pH di 7-8. I flocculanti organici naturali sono rappresentati da polimeri reperibili in natura, solubili in acqua, con carica differente e spesso di natura polisaccaridica. Si citano i derivati dell'amido e della gomma guar, gli alginati e i carragenani estratti da alghe. Ampia anche la scelta tra i flocculanti organici sintetici: i più interessanti per il settore della biochimica industriale appartengono spesso alla categoria delle poliacrilamidi e polietilenimine, che mediante copolimerizzazione con vari monomeri possono dare origine a composti con caratteristiche e cariche diverse. Si ha così una vasta famiglia di prodotti idrosolubili, con peso molecolare diverso (da poche migliaia fino a milioni di dalton), di natura anionica, cationica o neutra. In genere si modificano le poliacrilamidi per avere flocculanti anionici (carica negativa), mentre le polietilenimine fungono da flocculanti cationici (carica positiva) in grado di interagire con i frammenti cellulari in genere con carica negativa. Carica e peso molecolare dei flocculanti sono importanti nell'ambito della filtrazione, in quanto le molecole rimaste eventualmente in soluzione possono essere ritenute oppure permeare attraverso la membrana a seconda del cut-off e delle interazioni elettrostatiche o di adsorbimento con la superficie della membrana stessa (Tab. 5.1). I flocculanti commercialmente disponibili sono in forma sia solida che di liquidi viscosi. Se il polimero è invece solido occorre scioglierlo gra-

5.3 Flocculazione e coagulazione di lisati e sospensioni proteiche

Tabella 5.1 Alcuni esempi di flocculanti utilizzabili nei passaggi di chiarificazione dei processi di biochimica industriale

Prodotto	Natura chimica	Forma fisica	Carica		Produttore/Fornitore
			tipo	densità di carica	
Flocc. 970	copolimero acrilamide-acrilato di sodio	solido	anionico	bassa	Nymco S.p.A.
Flocc. 974	copolimero acrilamide-acrilato di sodio	solido	anionico	media	Nymco S.p.A.
Flocc. 404	copolimero acrilamide-metacrilato clorometilato	solido	cationico	bassa	Nymco S.p.A.
Flocc. 652	copolimero acrilamide-metacrilato clorometilato	solido	cationico	media	Nymco S.p.A.
Flocc. 900	copolimero acrilamide-metacrilato solfodimetilato	solido	cationico	alta	Nymco S.p.A.
Nymco 2163	copolimero acrilico	liquido	anionico	bassa	Nymco S.p.A.
Sedipur AF203	poliacrilamide anionica modificata	solido	anionico	bassa	BASF
Sedipur AF403	poliacrilamide anionica modificata	solido	anionico	media	BASF
Sedipur AF900	poliacrilamide anionica modificata	solido	anionico	alta	BASF
Sedipur AL930	poliacrilamide anionica modificata	emulsione	anionico	alta	BASF
Sedipur NF104	poliacrilamide	solido	non ionico	–	BASF
Sedipur CF303	poliacrilamide cationica modificata	solido	cationico	bassa	BASF
Sedipur CF403	poliacrilamide cationica modificata	solido	cationico	media	BASF
Sedipur CL750	poliacrilamide cationica modificata	emulsione	cationico	alta	BASF
Sedipur CL930	polietilenimina	soluzione	cationico	alta	BASF
Sedipur CL950	poliamina	soluzione	cationico	alta	BASF
Primafloc A-10	polielettrolita anionico	soluzione	anionico	media	Rohm & Haas
Primafloc C-3	poliamina	soluzione	cationico	media	Rohm & Haas

dualmente in acqua sotto agitazione. Con il dissolvimento del flocculante la soluzione diventa gradualmente sempre più densa e viscosa, per cui bisogna aggiungere il prodotto in concentrazioni non elevate per evitare la formazione di grumi. L'agitazione non deve comunque essere particolarmente violenta, per cui è bene non usare dispersori molto efficienti e potenti come un Ultra Turrax: polimeri molto grossi possono andare incontro a danno meccanico e non funzionare al meglio nella fase di flocculazione. In alcuni casi la solubilità o l'effetto aggregante del flocculante possono essere incrementati con l'aggiunta di sali o idrossidi.

5.3.2 Scelta del flocculante adatto e definizione delle condizioni operative

I flocculanti a disposizione sono molti, e quelli riportati in tabella sono solo degli esempi che il mercato offre in quantità adatte anche per i grandi volumi. Nel loro impiego in una purificazione il primo quesito è: qual è il flocculante adatto e quali parametri devono essere considerati per una ottimizzazione del processo? La risposta può essere solo di natura sperimentale, considerando che i principali parametri da tenere presenti per uno scaling-up sono i seguenti:

- tipo di flocculante adatto e sua concentrazione ottimale per avere la migliore aggregazione, riferita al volume del campione
- concentrazione ottimale del solido da flocculare, con eventuale diluizione del campione se necessario
- velocità, tempo di agitazione e di riposo del campione flocculato
- stabilità meccanica del flocculo durante la separazione con centrifuga o filtro
- pH e temperatura operativi del processo
- effetto del flocculante residuo eventualmente presente nei passaggi di purificazione successivi

Tipo di flocculante. Il primo screening sperimentale deve indicare il flocculante adatto a dare sul campione biologico una aggregazione omogenea delle particelle solide, senza formare fasi diverse ma dando in batch un unico fronte di sedimentazione con una soluzione che rimane limpida. Occorre anche valutare, nelle prove con esito positivo, l'aspetto del flocculo formatosi, specialmente la grandezza e, per le centrifugazioni, la velocità di sedimentazione del solido, osservabile se i tests di laboratorio vengono eseguiti in recipienti graduati. Si determinano quindi i g e il tempo di centrifugazione per una completa sedimentazione del solido flocculato.

Concentrazione del flocculante. La soluzione di flocculante preparata va aggiunta gradualmente alla sospensione da trattare, e in agitazione. Addizionando, a diversi campioni, volumi diversi della soluzione di flocculante, è possibile valutare con determinazioni visive e analitiche come varia la formazione e la persistenza dei flocculi al variare della concentrazione insieme alla quantità di enzima e di proteine presenti nella fase liquida chiarificata. I dati ricavabili sono molteplici:

- la concentrazione di flocculante ideale per avere il miglior flocculo senza coprecipitazione dell'enzima
- la concentrazione minima efficace di flocculante e la sua concentrazione massima al di là della quale si ha la disgregazione dei flocculi e/o la precipitazione dell'enzima

Concentrazione del solido. Il flocculante aggiunto alle sospensioni interagisce con le particelle solide disperse e la quantità di flocculante necessaria è correlata alla loro presenza nel campione. Risulta spesso necessario diluire il campione che si vuole sottoporre a flocculazione, per evitare una eccessiva viscosità. Spesso la diluizione a un volume maggiore risulta utile per altri due motivi: a parità di concentrazione, diversi flocculanti funzionano meglio con sospensioni più diluite; inoltre, con un volume più elevato si diluisce anche il corpuscolo e quindi anche le rese, specie in centrifugazione, possono essere migliori in quanto il precipitato, diminuito percentualmente in volume rispetto al volume totale, ha una minore ritenzione di fluido. Come esempio, se si considera 1 litro di lisato cellulare con peso umido di 200 g/l, si riscontrano miglioramenti diluendo a volumi maggiori: se non si diluisse, il lisato sarebbe denso, con un'alta concentrazione di solido che sedimentando in centrifuga darebbe una perdita di volume pari al 20-25% del volume totale. Di questa percentuale di peso umido, almeno il 70% è costituito da acqua: centrifugando il litro di lisato si avrebbe quindi un precipitato impaccato di 200 g e un volume di liquido recuperato di circa 0,8 litri. Poiché il liquido trattenuto dal solido ha una composizione simile al sovranatante, nella frazione umida del precipitato ci sarà quindi inglobato anche dell'enzima. Difficilmente la resa sarà più alta di un 80%, mentre diluendo si può ottenere un recupero di attività enzimatica sino all' 85-90% nel chiarificato. Questi dati sperimentali indicano risultati migliori, ma anche generano volumi di liquido maggiori, ossia industrialmente reattori più grandi e quindi tempi più lunghi.

pH e temperatura operativi. Il pH della sospensione condiziona la ionizzazione dei componenti della sospensione stessa e quindi la possibile interazione col flocculante. Il valore di pH idoneo viene naturalmente determinato sperimentalmente, secondo gli schemi consueti. Non vi sono regole precise che possano permettere previsioni sicure, ma solo delle indicazioni. I lisati cellulari provenienti da microrganismi sono in diversi casi meglio sedimentabili a pH acidi, in quanto già di per sé, senza flocculante, i frammenti cellulari tendono a raggrumarsi parzialmente e alcune proteine precipitano. È necessario, durante l'aggiunta della soluzione di flocculante, monitorare il valore del pH della sospensione: le polietilenimine, ad esempio, tendono ad innalzare il pH.

Così pure si deve determinare sperimentalmente la temperatura ottimale per il processo, ma in genere i valori non sono restrittivi. Per la grande varietà dei campioni biologici e dei flocculanti utilizzabili, le condizioni possono però essere molto diverse. Alcuni polimeri esplicano meglio la loro azione se dopo l'aggiunta la sospensione è lasciata a riposo anche per alcune ore a temperature di 30-35° C, mentre altri funzionano bene a temperature sensibilmente più basse. L'intervallo di temperatura operativo deve essere del tutto sovrapponibile con la stabilità termica dell'enzima e trasferito alla realtà industriale: infatti, se una termostatazione è ritenuta necessaria, il reattore dovrà essere fornito di una camicia esterna e di una linea di alimentazione e ricircolo del fluido riscaldante o refrigerante, con scambiatore di calore. Mantenere costante la temperatura influenza non solo la buona riuscita della flocculazione ma anche la complessità e il costo della parte impiantistica adibita allo scopo.

Velocità e tempo di agitazione. Durante le aggiunte di flocculante le sospensioni vengono mantenute in agitazione mediante pale per disperdere la soluzione gradualmente aggiunta. Se l'agitazione è indispensabile durante le aggiunte (anche quelle eventuali di basi o acidi per correggere il pH), al termine delle aggiunte solitamente i flocculati vengono lasciati a riposo per un tempo variabile e dettato dall'esperienza. In tal modo si stabilizza il flocculo formato e vi è una prima sedimentazione. È utile poi determinare la stabilità meccanica del flocculo ottenuto per capire se le sollecitazioni presenti in fase di separazione sono sopportabili dal sistema. Infatti, il flocculo può essere sottoposto a stress meccanico quando viene agitato durante il caricamento in centrifuga, o quando è continuamente riciclato in un modulo di filtrazione a flusso tangenziale, con passaggi nelle pompe e nella struttura del modulo. Se la sollecitazione meccanica è eccessiva, si formano delle torbidità causate dalle particelle disgregate.

Presenza del flocculante in passaggi di purificazione. I flocculanti, come descritto, possono avere un peso molecolare variabile, e possiedono spesso una carica netta. Per la natura complessa dei campioni trattati nelle operazioni di chiarificazione, delle molecole di flocculante possono rimanere comunque nella soluzione chiarificata, e quindi essere presenti nel passaggio successivo. Nella separazione stessa del solido, le molecole di flocculante non danno problemi in centrifuga, mentre sui filtri a membrana vi può essere un effetto connesso ovviamente alle dimensioni del flocculante stesso. Un grosso flocculante cationico, ad esempio, può interferire nelle precipitazioni con i sali inorganici o ridurre le prestazioni di una resina cationica a causa di una interazione elettrostatica. Va sottolineato comunque, che ben pochi sono i problemi particolari posti dai flocculanti.

Le varie condizioni da ottimizzare in un processo di flocculazione, pur descritte separatamente nella pratica di laboratorio in realtà si sovrappongono durante lo screening iniziale; ogni flocculante andrebbe testato a diversi pH e concentrazioni. Un flocculante potrebbe essere scartato ad esempio solo perché il pH non era adatto o la concentrazione non era sufficiente per la flocculazione stessa. Sempre nell'approccio a una tecnica come la flocculazione, è possibile qualche omissione che solo l'esperienza provvederà a correggere. La flocculazione è una operazione che, in genere, non presenta particolari difficoltà nel passaggio di scala. La buona qualità del processo deve essere valutata controllando attentamente i parametri più critici: il pH, il tipo di agitazione, il rapporto tra flocculante e peso umido presente nel campione, il tempo di riposo della sospensione.

Capitolo 6
Purificazioni preliminari: *bulk methods*

La soluzione ottenuta dai lisati dopo chiarificazione viene solitamente considerata *grezza*, anche se spesso limpida, ovvero una miscela complessa di proteine e altri componenti, tra i quali l'enzima desiderato. A questo livello, come già considerato nella impostazione della strategia di purificazione, si valuta se il campione ottenuto può essere considerato come *prodotto finale* o se sono necessari ulteriori passaggi di purificazione. In questo ultimo caso, vi è l'utilizzo o meno dei *trattamenti preliminari* (*bulk methods*) che possono anche rappresentare l'unico passaggio di vera e propria purificazione o, come dice il nome, essere preliminari a tecniche di purificazione ad efficienza elevata quali la cromatografia. I *bulk methods* si basano nella maggior parte dei casi sulla precipitazione proteica o di altre macromolecole presenti in soluzione, adottando approcci operativi e principi sperimentali differenti. I principali trattamenti preliminari sono:

- variazione del valore di pH
- riscaldamento della soluzione
- precipitazione con sali inorganici
- trattamento con solventi organici
- precipitazione con PEG e altri polimeri miscibili con acqua

Vi sono peraltro anche altre metodiche per una parziale purificazione che non ricorrono alla precipitazione. Tra queste ricordiamo il frazionamento mediante membrane di filtrazione, già descritto nel precedente paragrafo, che ha il notevole vantaggio di non richiedere la gestione di un precipitato solido, della sua separazione e risospensione. Risultati adeguati possono essere però ottenuti solo con proteine a peso molecolare molto basso o molto alto, in modo che un adeguato cut-off della membrana permetta una separazione ottimale di una frazione proteica non desiderata. Di qualsiasi tecnica si tratti, i bulk methods hanno caratteristiche comuni di alte rese e bassa efficienza. I recuperi di attività dopo i trattamenti sono medio-alti, con incrementi di attività specifica medio-bassi, se confrontati con la cromatografia. Un vantaggio comune è dato però da procedure operative non complesse, ben accolte in ambito industriale, con strutture tecnologiche e impiantistiche non particolarmente onerose. Per scegliere l'approccio migliore si devono conoscere le caratteristiche chimico-fisiche dell'enzima da isolare, come la termostabilità, il punto isoelettrico e i possibili effetti denaturanti o inibitori al variare della forza ionica o con l'utilizzo di alcuni sali necessari per la precipitazione. Tuttavia, a causa della composizione complessa delle soluzioni proteiche, anche in questo caso la scelta opportuna si basa su accurate prove preliminari. Infatti, pur conoscendo l'enzima che si vuole purificare, in soluzione vi sono molte altre proteine o molecole con caratteristiche non note, delle quali risulta difficile prevedere il comportamento e l'influenza sulla stabilità senza un test diretto e una valutazione affidabile.

6.1 Variazione del valore di pH

In soluzione acquosa la catena polipeptidica di un enzima mantiene una propria struttura tridimensionale, con domini idrofobici più interni e una superficie esterna più idrofila e differentemente ionizzata a seconda del pH della soluzione, dove avvengono innumerevoli interazioni tra gli amminoacidi, gli ioni presenti in soluzione e naturalmente le molecole di acqua. L'insieme di interazioni ioniche e legami idrogeno permettono alla molecola proteica di rimanere in soluzione con uno stato di energia minimo. Ma questo equilibrio viene alterato se si modifica il pH della soluzione con l'aggiunta di un agente acido o basico. La diminuzione del valore del pH o il suo innalzamento possono portare rispettivamente a una protonazione o a una dissociazione dei protoni nei gruppi di amminoacidi delle proteine, provocando perturbazioni nelle interazioni tali da alterare anche la quantità di acqua di solvatazione e di conseguenza anche la solubilità. L'effetto massimo viene ottenuto quando la variazione di pH porta a raggiungere il punto isoelettrico dell'enzima, dove la proteina non presenta una carica netta. Mancando la repulsione di carica è favorita la formazione di aggregati con altre molecole di enzima e la conseguente precipitazione. Quando possibile, la precipitazione al punto isoelettrico rappresenta una valida tecnica che permette di recuperare l'enzima in forma solida, conservandone l'attività, e con buon incremento di attività specifica, eliminando buone percentuali di proteine estranee o interferenti. In caso opposto, la precipitazione può riguardare proprio queste proteine indesiderate, con eliminazione del pellet precipitato, conservando in soluzione l'enzima di interesse. Inutile ricordare che risulta indispensabile conoscere il punto isoelettrico dell'enzima che si vuole precipitare, in modo da raggiungere con cautela il valore di pH corretto, evitando effetti denaturanti con tentativi approssimativi. In molti casi però la precipitazione non avviene, a causa di vari motivi sia intrinseci alla natura dell'enzima sia operativi. La precipitazione al pH può comunque essere eseguita indipendentemente dal punto isoelettrico, noto l'intervallo di stabilità ai vari pH dell'enzima. Anche se esistono situazioni estreme, con enzimi attivi a pH 1-2 o 12, nella maggior parte dei casi le modifiche di valore di pH oscillano in un intervallo di circa 4-11. Valori di pH estremi consigliano temperature relativamente basse, di 5-10° C, ma se la termostabilità dell'enzima rimane elevata anche al variare del pH (valutabile sperimentalmente) risulta vantaggioso l'utilizzo di temperature più alte associando così due variabili come pH e temperatura, con conseguenti migliori risultati di purificazione. Dal punto di vista industriale, la variazione del pH della soluzione enzimatica è eseguibile in un reattore con agitatore, possibilmente con velocità variabile, e una camicia esterna nella cui intercapedine circoli il fluido di raffreddamento o riscaldamento. Il pH viene modificato mediante l'aggiunta graduale di una base o un acido fino al valore predefinito. Sia il tipo che la concentrazione di questi sono determinati con prove sperimentali di laboratorio, in quanto occorre evitare forti perdite di attività a causa dell'aggiunta di un acido o una base con brusche variazioni di pH locale (importante quindi l'agitazione). Tra i più utilizzati vi sono sodio idrossido e ammoniaca per le basi e acido cloridrico, solforico, fosforico, lattico e acetico per gli acidi, in concentrazione non superiore a valori di 2-3 N. Si evitano comunque anche soluzioni molto diluite in quanto porterebbero a una diluizione troppo elevata della soluzione enzimatica. Raggiunto il pH prescelto, la soluzione nel reattore viene mantenuta con blanda agitazione per un tempo ottimale, che non supera solitamente alcune ore. Durante questo periodo si mantiene generalmente un pH-stat, ovvero se il pH tende a variare si ha una correzione mediante l'aggiunta automatica di acido o base. Il precipitato che si può formare viene in seguito separato dalla soluzione mediante centrifugazione o filtrazione. In genere a pH acidi (4-6) viene facilitata la precipitazione di proteine e altre macromolecole (soprattutto acidi nucleici). pH alcalini, particolarmente quelli più elevati con valori di 10-11, danno spesso quantità minori di precipitato, o addirittura non se ne forma. Un trattamento simile è però spesso utile in quanto si possono denaturare o idrolizzare proteine indesiderate, soprattutto se sono enzimi interferenti nel processo. La correzione del pH comunque rappresenta un passaggio industrialmente non complesso, facilmente eseguibile su qualsiasi scala applicativa. Un possibile punto debole, comune comunque alla maggior parte delle altre metodiche dei bulk methods, è la presenza di un precipitato che aumenta il numero di passaggi operativi.

6.2 Riscaldamento della soluzione

Ogni enzima ha sue intrinseche proprietà di termostabilità ma essa è anche influenzata dalle condizioni sperimentali in cui la proteina si trova. L'innalzamento di temperatura e il conseguente riscaldamento della soluzione causa una denaturazione di diverse macromolecole termolabili. Operativamente il riscaldamento della soluzione è semplice e può essere eseguito con strutture simili a quanto detto per il pH: un reattore con agitatore e camicia esterna per il fluido necessario al riscaldamento. Naturalmente, nei tempi operativi occorre considerare anche quelli necessari per raggiungere la temperatura predefinita e per il raffreddamento finale. Il trattamento può determinare formazione di precipitato, la cui separazione ed eliminazione va considerata nel processo. Per semplificazione, il trattamento al calore può essere direttamente eseguito sui lisati, così come le variazioni del pH. Questo permette di aumentare eventualmente la termostabilità e di evitare di chiarificare il lisato per poi dover eliminare ulteriormente un precipitato formatosi col calore. Anche il riscaldamento è un processo di agevole scaling-up e una operatività non complessa, dove non è necessaria l'aggiunta di reattivi esterni.

6.3 Precipitazione con sali inorganici

Nel paragrafo 6.1 si è accennato alle modifiche di carica e di interazioni che possono avvenire nella molecola enzimatica, con conseguente alterazione della carica netta e della solubilità. Perturbazioni delle interazioni molecolari in soluzione possono essere causate anche dall'aggiunta di sali inorganici. In genere la solubilità delle proteine è facilitata dalla presenza di sali in concentrazione moderata (effetto di *salting in*). Al contrario, un'alta concentrazione di sali causa la precipitazione della maggioranza delle proteine. Le perturbazioni generate dal sale neutralizzano le cariche della superficie proteica e sottraggono acqua di solvatazione. Questo effetto, detto di *salting out*, causa la precipitazione delle proteine senza solitamente alterare l'attività degli enzimi. La precipitazione di ogni particolare proteina dipende dal tipo di sale utilizzato e dalla sua concentrazione. Tra i sali solitamente considerati vi sono NaCl, Na_2SO_4 e $(NH_4)_2SO_4$, nonché i sali di calcio e magnesio. L'ammonio solfato rimane comunque il sale più utilizzato, specialmente se confrontato con sali monovalenti quali il sodio cloruro, le cui soluzioni non raggiungono forze ioniche pari a quelle dell'ammonio solfato. Sperimentalmente si valuta la concentrazione più adatta per il processo di precipitazione; è possibile anche eseguire precipitazioni frazionate, con differenti concentrazioni in più passaggi. Questo procedimento vale anche per determinare il cosiddetto *intervallo di precipitazione* di un enzima. Per fare ciò si esegue una prima aggiunta e solubilizzazione di sale, si separa l'eventuale precipitato e si dosa l'attività sulla soluzione separata. Se essa è uguale o quasi a quella della soluzione iniziale, si procede a una seconda aggiunta di sale, incrementando così gradualmente la concentrazione. Il procedimento di recupero della soluzione, dosaggio analitico e ulteriore aggiunta di sale viene ripetuto fino a definire l'inizio della precipitazione, quando l'attività in soluzione tende a diminuire (ad esempio è pari al 92-95% dell'attività iniziale), e il punto di completa precipitazione, dato da una attività assente o quasi nella soluzione separata dal precipitato. Diversi sono i vantaggi che rendono l'ammonio solfato il sale più utilizzato: è disponibile in grandi quantità e con un buon grado di purezza, è relativamente economico, mostra un'alta solubilità anche a basse temperature, anche ad alta molarità presenta densità relativamente basse che non creano problemi di sedimentazione del precipitato, funge da stabilizzante per le proteine evitandone la denaturazione, previene gli inquinamenti batterici. La quantità di sale in peso da aggiungere si ricava da apposite tabelle, riferita a un volume fisso di soluzione (solitamente 1 litro) e pari a una determinata percentuale della concentrazione di saturazione. Vi sono tabelle per le diverse temperature, per tenere conto delle variazioni di solubilità, comunque contenute. In genere si hanno tabelle con dati riferiti a temperature di 0, 20 e 25° C (Tab. 6.1). Le tabelle forniscono anche la quantità di sale da aggiungere a una soluzione che ha già subìto un'aggiunta di ammonio solfato. Diversi sono i parametri che possono essere modificati durante la precipitazione, quali temperatura, pH e concentrazione proteica. Grazie alla buona solubilità dell'ammonio solfato

6.3 Precipitazione con sali inorganici

Tabella 6.1 Quantità di ammonio solfato richieste per raggiungere la percentuale di saturazione prescelta, a 20° C

	Saturazione percentuale finale da ottenere																
	20	25	30	35	40	45	50	55	60	65	70	75	80	85	90	95	100
Saturazione percentuale di partenza	Quantità di ammonio solfato da aggiungere (grammi) per litro di soluzione a 20° C																
0	113	144	176	208	242	277	314	351	390	430	472	516	561	608	657	708	761
5	85	115	146	179	212	246	282	319	358	397	439	481	526	572	621	671	723
10	57	86	117	149	182	216	251	287	325	364	405	447	491	537	584	634	685
15	28	58	88	119	151	185	219	255	293	331	371	413	456	501	548	596	647
20	0	29	59	89	121	154	188	223	260	298	337	378	421	465	511	559	609
25		0	29	60	91	123	157	191	228	265	304	344	386	429	475	522	571
30			0	30	61	92	125	160	195	232	270	309	351	393	438	485	533
35				0	30	62	94	128	163	199	236	275	316	358	402	447	495
40					0	31	63	96	130	166	202	241	281	322	365	410	457
45						0	31	64	98	132	169	206	245	286	329	373	419
50							0	32	65	99	135	172	210	250	292	335	381
55								0	33	66	101	138	175	215	256	298	343
60									0	33	67	103	140	179	219	261	305
65										0	34	69	105	143	183	224	267
70											0	34	70	107	146	186	228
75												0	35	72	110	149	190
80													0	36	73	112	152
85														0	37	75	114
90															0	37	76
95																0	38

alle diverse temperature, queste ultime sono scelte soprattutto in base al mantenimento ottimale della proteina. Temperature di 0-10° C sono sovente usate, ma anche valori maggiori di 20-25° C e più possono essere utilizzate, grazie alla ridotta esotermicità di solubilizzazione del sale. Anche il pH può essere mantenuto a valori prefissati con l'aggiunta di acido o base con pH-stat. Valori di pH prossimi al punto isoelettrico dell'enzima agevolano sicuramente la sua precipitazione, permettendo anche il non trascurabile vantaggio di consumi più ridotti di sale. Anche la concentrazione proteica ottimale viene determinata sperimentalmente, ma in generale è estremamente ampia. È però vantaggioso evitare soluzioni proteiche diluite, minori di 3-5 mg/ml, per due importanti motivi:

- l'enzima, se troppo diluito, può essere più difficilmente precipitabile, proprio grazie alla dispersione delle molecole nella soluzione
- soluzioni diluite comportano un consumo maggiore di ammonio solfato, a parità di percentuale di saturazione, rispetto alla medesima soluzione più concentrata. L'aggiunta di sale è infatti riferita all'unità di volume; si immagini di avere 1000 litri di una soluzione proteica e di eseguire una precipitazione con ammonio solfato pari al 60% di saturazione: in base alla tabella 6.1 occorrono 390 g di sale per ogni litro, e quindi 390 Kg totali.

Spesso si ottengono risultati simili con la medesima soluzione proteica più concentrata. Sempre riferendoci all'esempio, si immagini di concentrare con ultrafiltrazione i 1000 litri a 200 litri finali. Questa soluzione può essere trattata al medesimo modo (390 g/l) ma con un consumo totale di ammonio solfato pari a 78 Kg, ovvero con 80% in meno di sale. Sarà la sperimentazione a ottimizzare il processo, ma sicuramente è un aspetto da non sottovalutare.

Per l'approccio industriale, un reattore come quello descritto per trattamento al calore o variazione del valore del pH è adatto: in esso viene agitata la soluzione proteica e, raggiunta la temperatura prefissata, gradualmente viene aggiunto l'ammonio solfato solido. Ad aggiunta ultimata e a solubilizzazione completa del sale si avrà la presenza del precipitato proteico: in genere si continua ad agitare (15-20 minuti), lasciando poi a riposo la sospensione per un certo periodo di tempo per stabilizzare la forma del precipitato. A questo punto, se il sedimento solido non contiene l'attività enzimatica prescelta, andrà semplicemente separato, analizzato ed eliminato. Contrariamente, se si è deciso di precipitare l'enzima (è la strategia preferita), si dovrà provvedere non solo alla separazione della fase solida ma anche alla sua solubilizzazione. Il precipitato, aggiunto in un reattore con un adeguato tampone, viene agitato fino a completa solubilizzazione delle proteine. Spesso in tale fase è necessaria una chiarificazione della soluzione, in quanto si possono avere frazioni di precipitato non solubili o delle opalinità. Un semplice filtro piano può spesso essere sufficiente. La soluzione dopo risospensione non è spesso adatta per eventuali passaggi successivi, come ad esempio una cromatografia (eccezione fatta per la cromatografia di affinità e, in alcuni casi, per l'interazione idrofobica) o una immobilizzazione su matrice solida. Il pH e la conducibilità possono non essere quelli richiesti, soprattutto a causa di una parte di ammonio solfato comunque presente. In molti casi risulta perciò inevitabile un processo di dialisi oltre ai vantaggi della precipitazione con ammonio solfato. Qualche considerazione relativa a possibili svantaggi: industrialmente l'uso di ammonio solfato comporta l'utilizzo di grandi quantità di sale, specialmente se i volumi in gioco sono cospicui. Questo causa conseguenze di due tipi: impiantisticamente, soluzioni saline concentrate possono dare problemi di incrostazioni e corrosioni, inoltre le alte concentrazioni di ammonio solfato possono determinare problemi nel trattamento delle acque reflue, non potendo essere scaricate prima di avere concentrazioni in accordo con i parametri di legge vigenti. Il recupero di un precipitato, la sua risospensione, la probabile dialisi rendono inoltre il processo operativamente più complesso di altri bulk methods.

6.4 Trattamento con solventi organici

I solventi organici rappresentano un ulteriore mezzo per la precipitazione di proteine, causando un effetto denaturante incrementato da innalzamenti della temperatura. Il solvente organico diminuisce il valore della costante dielettrica dell'acqua, causando una diminuzione della solubilità proteica; considerando qualsiasi polipeptide come un macroione, la forza di attrazione che permette l'aggregazione e la precipitazione risulta direttamente proporzionale al prodotto delle cariche dei macroioni e inversamente proporzionale alla costante dielettrica del mezzo disperdente e al quadrato della distanza. Da ciò possiamo dedurre quale sia l'effetto di un abbassamento della costante dielettrica del mezzo composto non più da acqua ma da una miscela di questa con il solvente organico. Sperimentalmente si hanno risultati di precipitazione migliore quando il trattamento viene eseguito in pH della soluzione acquosa vicina al punto isoelettrico; di solito tuttavia, un pH ottimale si aggira intorno al valore neutro di 7. Più critica la definizione della temperatura operativa, nella maggior parte dei casi mantenuta bassa a circa 0-5° C. Essendo il solvente organico un agente denaturante, la bassa temperatura permette di contenere tale effetto, per evitare che anche l'enzima di interesse si denaturi. La temperatura rappresenta un parametro critico in quanto la termostatazione durante il processo deve tenere conto della esotermicità causata dall'aggiunta e la miscelazione del solvente. Per ottimizzare e agevolare il controllo termico è di uso comune raffreddare preventivamente non solo la soluzione acquosa proteica ma anche il solvente aggiunto. Acetone, metanolo, etanolo e anche butanolo figurano tra i più utilizzati solventi organici, con caratteristiche comuni di un gruppo polare nella struttura (idrossile o chetone) e una ottima miscibilità con acqua. Reattori industriali incamiciati e con agitatore come quelli finora considerati sono adatti, ricordando però che aumentano le precauzioni a causa della infiammabilità e in taluni casi tossicità dei solventi; saranno quindi maggiori i mezzi di prevenzione e una adeguata aspirazione dei vapori. Il solvente andrà aggiunto molto gradualmente, per controllare gli effetti denaturanti e contenere l'esotermia sviluppata. L'agitazione viene proseguita per poco tempo, seguita da un periodo di riposo, come già descritto per la precipitazione con ammonio solfato. Il precipitato formatosi va a questo punto separato meccanicamente, ma rispetto ai casi precedenti vi è la presenza del solvente organico: si deve mantenere anche durante la separazione la temperatura del trattamento, per non inficiare i risultati ottenuti. Nella maggior parte dei casi la soluzione separata dalla fase solida contiene l'enzima voluto; da essa quasi sempre deve essere eliminato poi il solvente organico. Di solito si esegue con una evaporazione sotto vuoto, che permette un recupero e una riutilizzazione del solvente. Anche con il trattamento con solventi organici le condizioni dettate dalle prove di laboratorio sono facilmente trasferibili a una scala applicativa crescente fino alla produzione industriale, con recuperi e attività specifiche paragonabili a quelli di altri bulk methods. Dobbiamo tuttavia ricordare l'utilizzo di reattivi più pericolosi o comunque da manipolare con le opportune precauzioni, soprattutto in una scala industriale con volumi considerevoli, la maggior facilità di denaturazione delle proteine, il maggior impegno tecnologico e finanziario relativo all'utilizzo di reattori e impianti antideflagranti.

6.5 Precipitazione con polietilenglicole (PEG) e altri polimeri miscibili con acqua

Si farà solo un breve accenno a tale tecnica, vista nel capitolo 5. Se polietilenglicole (PEG) e altri polimeri idrofili danno buoni risultati in fase di chiarificazione ed eliminazione di frammenti cellulari, uguali esiti positivi si possono ottenere su soluzioni provocando la precipitazione di una parte delle proteine in soluzione. Il PEG ha permesso in diversi casi di precipitare proteine evitando i problemi che si possono riscontrare ad esempio con i solventi organici; infatti il PEG non ha un effetto denaturante marcato e la sua aggiunta alle soluzioni permette una rapida formazione di precipitato con una dipendenza meno stretta da pH e temperatura. La buona riuscita del trattamento è legata alle prove sperimentali su piccola scala, che permettono di valutare l'andamento della precipitazione al variare della concentrazione di PEG. Non solo la concentrazione è importante, ma anche il tipo di PEG; ne esistono infatti di pesi molecolari diversi, da valori molto bassi come 400 fino a diverse decine di migliaia. In genere per le precipitazioni da soluzioni si usano pesi molecolari intermedi, compresi tra 4000 e 6000. Una variabilità, anche se più ridotta, si può trovare anche con altri polimeri, come la polietilenimmina, che tende però a dare innalzamenti di pH delle soluzioni. Anche altri polimeri annoverati tra i flocculanti possono essere usati, ma in ogni caso occorre fare attenzione alle concentrazioni finali dei polimeri per evitare una involontaria precipitazione dell'enzima desiderato. Il procedimento presenta comunque analogie con le altre metodiche viste che comportano la formazione di un precipitato e la sua separazione meccanica, con consumo di polimeri che hanno prezzi relativamente contenuti, buona reperibilità e tossicità assente o comunque molto bassa. Come svantaggio occorre considerare la presenza del PEG o di un altro polimero nella soluzione dell'enzima, e delle possibili interferenze nel prodotto finale o in un successivo passaggio di purificazione. Il passaggio aggiuntivo per l'eliminazione del polimero è ad esempio con ultrafiltrazione. Non sempre è necessaria l'eliminazione del polimero: ad esempio, il PEG non dà solitamente problemi in cromatografia, non adsorbendosi alla resina. La polietilenimmina, invece, può interferire con uno scambiatore cationico.

CAPITOLO 7
Cromatografia

Nelle purificazioni enzimatiche, la *cromatografia* rappresenta la tecnica elettiva per una buona purezza del campione, grazie alle sue proprietà di selettività ed efficienza. Le odierne cromatografie di impiego sempre più largo nel settore biotecnologico, sono ampiamente diversificate, con principi di separazione dei componenti di una miscela in base a differenti caratteristiche chimiche e fisiche La cromatografia ha fatto quindi molta strada dai suoi albori, quando Tswett eseguì le prime prove sperimentali per la separazione di pigmenti vegetali usando colonne riempite con polvere di gesso. Tutti i tipi di cromatografia oggi disponibili sono applicabili anche a livello industriale, e la cromatografia è essenziale per la produzione di molecole ad alto valore per applicazioni terapeutiche come antitumorali, anticorpi monoclonali, proteine ricombinanti.

7.1 Definizione di cromatografia e principi di base

La cromatografia può essere definita come una tecnica di separazione di una miscela dove i composti da separare si distribuiscono tra due fasi immiscibili. Sulla base di interazioni chimiche o chimico-fisiche, i composti hanno diversa affinità nei confronti delle due differenti fasi con una diversa ripartizione tra le stesse. Una delle fasi cromatografiche, definita *stazionaria*, è costituita da un letto statico attraverso il quale si muove la seconda fase detta *mobile*. La fase stazionaria costituisce il cosiddetto letto stazionario, solitamente un componente solido. La fase mobile determina invece una differenziazione delle tecniche in relazione al suo stato fisico: se è un gas si parla di *gascromatografia* (per applicazioni analitiche), mentre se è un liquido di *cromatografia in fase liquida*. Il composto di interesse, insieme a tutti gli altri contenuti nel campione, è eluito dalla fase mobile attraverso la fase stazionaria. In base alla maggiore affinità verso l'una o l'altra fase, il componente si ripartirà tra le due. Una cromatografia può essere descritta idealmente da una sequenza di tre fasi:

- eluizione della miscela mediante la fase mobile attraverso la fase stazionaria
- separazione dei vari componenti in seguito all'eluizione
- rivelazione dei diversi composti separati

Le molecole isolate al termine della cromatografia sono spesso incolori e vanno rivelate con diversi metodi, ad esempio mediante un rivelatore con annesso un registratore, che visualizza ogni composto sotto forma di un picco quantitativamente proporzionale alla molecola relativa, in base alla lettura di un parametro chimico-fisico caratteristico. Per le proteine, molto diffuso è l'assorbimento alla lunghezza d'onda di 280 nm. Il processo cromatografico, può essere descritto come il risultato di una serie di equilibramenti, durante il movimento dei vari componenti della miscela attraverso il letto di fase stazionaria. La separazione conseguente è proporzionale alla differenza dei *coefficienti di distribuzione o ripartizione* dei vari componenti del campione tra le due fasi mobile e stazionaria. Il coefficiente di ripartizione è definito come:

$$C_R = \frac{\text{Concentrazione del componente nella fase stazionaria}}{\text{Concentrazione del componente nella fase mobile}}$$

Un parametro importante per la definizione del potere di discriminare i componenti in una cromatografia è il *numero di piatti teorici*. Il concetto di piatto è preso dalla tecnica di distillazione frazionata, dove si definisce che ogni stadio di condensazione/evaporazione avvenga su un diverso livello, detto appunto piatto. In verità, questi piatti esistono realmente nelle colonne di distillazione industriali. Nella cromatografia in colonna non vi sono delle strutture reali, ma i piatti teorici, come dice il nome, sono una rappresentazione teorica degli equilibramenti ai quali vanno incontro le molecole che attraversano il sistema cromatografico. I piatti teorici possono essere determinati sperimentalmente e maggiore sarà il loro numero, ossia maggiore il numero di equilibramenti di ripartizione del soluto tra le due fasi, più elevata sarà l'*efficienza* della colonna cromatografica. Il numero di piatti teorici si ottiene applicando la seguente equazione, relativa a un picco di eluizione:

$$N = 5{,}54 \, (V/W_{1/2})^2$$

Dove V è il volume di ritenzione e $W_{1/2}$ l'ampiezza a metà altezza del picco. Poiché non si hanno, nella formula, riferimenti alla geometria della colonna, ci si riferisce spesso all'altezza equivalente al piatto teorico (HETP), data dal rapporto tra la lunghezza della colonna L e il numero di piatti teorici N:

$$HETP = L/N$$

Se l'efficienza è definita dal numero di piatti teorici, anche altri parametri caratterizzano il comportamento del soluto nella colonna:

Tempo di ritenzione. È il tempo che intercorre tra l'applicazione del campione e il rilevamento dell'uscita di un dato componente dalla colonna: questo è definito come tempo di ritenzione *assoluto*. Si definisce *relativo* quando è riferito a un altro componente di riferimento, o anche il fronte solvente. Ogni componente ha un suo tempo di ritenzione, variabile al variare delle condizioni operative.

Risoluzione. È definita come la distanza tra il centro di due picchi di eluizione, matematicamente ottenuto come rapporto tra la differenza dei due tempi di ritenzione (o anche dei volumi di eluizione relativi, V_1 e V_2) e la media dell'ampiezza dei picchi (W).

$$\text{Risoluzione} = \frac{V_2 - V_1}{(W_2 - W_1)/2}$$

Capacità. Il fattore di capacità è relativo ai tempi di ritenzione (T) e dipende da quanto un componente permane nella fase stazionaria, in relazione a un componente di riferimento che non viene trattenuto dalla fase stazionaria (V_0). Viene definito dalla formula:

$$\text{Capacità} = \frac{T_1 - T_0}{T_0} \times \frac{V_1 - V_0}{V_0}$$

Selettività. La selettività è data come il rapporto tra i fattori di capacità di due componenti

Capacità di legame. Nel campo dell'enzimologia si parla spesso di "protein binding capacity", in pratica la misura quantitativa dell'adsorbimento delle molecole proteiche da parte della fase stazionaria. Si definisce una capacità di legame *disponibile*, riferita a condizioni statiche, e una *dinamica*, relativa a uno specifico valore di flusso di eluizione della fase mobile. La capacità di legame dipende dalle condizioni operative adottate durante il caricamento e adsorbimento del campione, dalle caratteristiche chimico fisiche dei componenti del campione e delle fasi mobile (polarità, forza ionica, pH, ecc.) e stazionaria (porosità, idrofobicità, granulometria e superficie disponibile, ecc.).

7.2 Cromatografia in fase liquida

Riferendosi allo stato fisico della fase mobile, vi è una suddivisione in gascromatografia e cromatografia in fase liquida. La gascromatografia ha larghe applicazioni nel campo analitico ma non è di rilievo per la purificazione proteica. Per sistemi cromatografici con fase mobile liquida e fase stazionaria solida, è possibile una classificazione in base alla natura della fase stazionaria:

- Cromatografia su strato sottile
- Cromatografia su carta
- Cromatografia su colonna

Le prime due non sono di interesse particolare per le purificazioni proteiche e inoltre non permettono passaggi di scala.

7.2.1 Cromatografia su strato sottile

In tale cromatografia (TLC), dall'inglese *Thin Layer Chromatography*, la fase stazionaria è costituita da uno strato sottile, in genere silice, fissata su un supporto, generalmente una lastrina di vetro. Su queste lastre si applica il campione passando quindi alla fase di *sviluppo*, relativo all'eluizione della fase mobile attraverso la fase stazionaria dello strato sottile, in appositi recipienti di vetro, muniti di coperchio. Il solvente o la miscela di solventi, la fase mobile, risalgono per capillarità lungo la lastrina posta in verticale e parzialmente immersa nel solvente, permettendo la separazione del campione nei suoi componenti. Lo sviluppo è relativamente veloce. La rivelazione dei componenti può essere eseguita con diverse modalità: dalla rivelazione delle macchie formatesi mediante esposizione a raggi ultravioletti fino alla visualizzazione con reattivi specifici. Ogni macchia relativa a un componente è identificato da un R_F definito come il rapporto tra la distanza percorsa dal composto e quella percorsa dal solvente o da una sostanza di riferimento. La TLC, soprattutto nell'analisi di prodotti di una catalisi enzimatica, è sostituita oggi da tecniche più precise e sensibili, quali la *cromatografia liquida ad alta pressione* (HPLC, dall'inglese *High Pressure Liquid Chromatography*), la *gascromatografia* e l'*elettroforesi capillare*.

7.2.2 Cromatografia su carta

Simile alla cromatografia su strato sottile, utilizza la carta come supporto della fase stazionaria, che può essere liquida (impregnando la carta) o anche solida con particelle adsorbite sulla carta. Lo sviluppo, simile a quello della TLC può essere condotto in modo *ascendente o discendente*. Per la rivelazione dei composti separati, si fa attenzione a non usare reattivi che possano danneggiare la carta. Anche con la carta viene utilizzato come parametro caratterizzante di un composto la distanza di migrazione di ogni macchia rispetto al fronte del solvente o a un composto di riferimento. La cromatografia su carta attualmente rappresenta una tecnica di valore storico e didattico.

7.2.3 Cromatografia su colonna

La cromatografia su colonna è senz'altro la tecnica elettiva per l'analisi e la preparazione di materiale di origine biologica. Con le colonne si possono utilizzare tutte le tecniche cromatografiche note, e la geometria variabile delle colonne permette applicazioni su scala molto diversa, sia per analisi ad alta efficienza sia per grandi colonne preparative dei processi industriali. Il sistema cromatografico è composto da:

- La *colonna* che funge da contenitore della fase stazionaria, è costituita da materiali diversi: vetro, plastica e, in HPLC e in grosse colonne industriali, acciaio inossidabile. La geometria di tali colonne è varia, e così pure lo spessore delle pareti della colonna, soprattutto in base alle pressioni d'esercizio. Se nella cromatografia preparativa tradizionale queste sono basse, nelle applicazioni analitiche (HPLC) raggiungono valori di parecchie decine di bar. La colonna deve soddisfare anche altre condizioni, quali la distribuzione uniforme delle soluzioni attraverso la sezione del letto di matrice. Molti tipi di colonne per biotecnologie ed enzimologia industriale danno ottimi risultati in tal senso grazie all'utilizzo di adattatori mobili (pistoni) al cui interno può scorrere il tubo con le soluzioni fino ad arrivare alla testata del pistone, larga quanto la sezione della colonna e in grado di permettere una perfetta tenuta grazie a un O-ring di gomma. La superficie del pistone ha una struttura tale da permettere una distribuzione uniforme dei fluidi sulla parte superiore del letto di matrice (Fig. 7.1).

Figura 7.1 Colonne per scala applicativa industriale (Amersham Pharmacia Biotech)

- La *fase stazionaria*, il "cuore" del sistema: è la matrice su cui avvengono le interazioni con le molecole biologiche del campione. La disponibilità di fasi stazionarie è oggi estremamente ampia. Se il gel di silice ha ancora molte applicazioni, una grande espansione si è avuta con la disponibilità delle resine sintetiche, basate su polimeri di natura polistirenica, acrilica, polisaccaridica, formofenolica. Si possono avere matrici sferiche, con porosità e gradi di polimerizzazione variabili, idrofobiche o idrofiliche, con granulometria variabile e, naturalmente, anche con ampia variabilità di prezzi! Le resine possono inoltre essere modificate chimicamente in modo da ottenere una matrice con gruppi funzionali diversificati. Le caratteristiche fondamentali della matrice da valutare sono:

Composizione chimica. Oltre ai materiali di natura inorganica, quali gel di silice, idrossil apatite, ecc. si hanno polimeri, sia sintetici sia naturali. La modificazione di diversi composti naturali ha permesso di ottenere una serie di polimeri utilizzabili per la preparazione delle fasi stazionarie cromatografiche. Tra questi ultimi assumono importanza i polisaccaridi, tra i quali ricordiamo *cellulosa, destrano, agarosio* e *chitosano*. La cellulosa è stata per diverso tempo una delle matrici più usate, facilmente reperibile, con buona resistenza chimica e con possibilità di modificare alcuni residui funzionali. Sono anche disponibili resine su base cellulosica modificata sotto forma di particelle sferiche. L'ottimizzazione ha riguardato anche l'aumento della resistenza meccanica della matrice e una limitata formazione del "fine particle". Alla cellulosa si aggiungono poi altri polimeri di struttura polisaccaridica, più o meno modificata; interessante il destrano, che ha suscitato molto interesse alcune decine di anni fa. Isolato dagli sciroppi zuccherini delle barbabietole, in breve tempo è divenuto il polimero capostipite per una vasta serie di matrici come le resine cromatografiche della società Amersham Pharmacia Biotech, dove il polimero è reso più adatto alle applicazioni pratiche mediante cross-linking con vari agenti bifunzionali, quali la N,N'metilen bisacrilamide. Le diverse modificazioni hanno generato una famiglia di matrici per applicazioni diverse; basti ricordare la linea Sephadex, che conserva nel suo nome il destrano di origine (SEparation PHArmacia DEXtran). Alcuni polimeri sono estratti anche da fonti animali disponibili in grandi quantità, ad esempio il chitosano, disponibile nell'esoscheletro degli artropodi. In forma di scaglie e fibre ha avuto limitato uso, ma in commercio sono disponibili attualmente alcune matrici su base chitina-chitosano sotto forma di particelle sferiche, come la linea commerciale Chitopearl, prodotta in Giappone. Incredibilmente vasto è il gruppo dei supporti sintetici. Le resine ottenute con polimerizzazione sono distinguibili in vari gruppi, tra cui importanti quelle con composizione *stirenica, acrilica* e *formofenolica*. Queste ultime sono state sintetizzate sin dagli anni '30, quando cominciarono a prendere piede le prove per la sintesi di resine per scambio ionico. Le resine di natura stirenica sono vastamente rappresentate sul mercato e si basano su polimeri di *stirene*, che contiene un gruppo vinile, e *divinilbenzene* (DVB). Mescolando stirene e divinilbenzene in acqua, si ottiene il copolimero dei due composti, con un cross-linking delle catene di stirene dato dall'agente bifunzionale DVB e quantitativamente correlato alla concentrazione del DVB stesso. Questa ultima è importante in quanto condiziona la prestazione ottimale della matrice stessa. La concentrazione di DVB (in genere non superiore all'8%) viene quindi considerata un indice della ramificazione del polimero.

$$DVB\% = \frac{\text{Peso DVB}}{\text{Peso totale dei monomeri *}}$$

* stirene + DVB

Tale rapporto viene solitamente definito *crosslinkage* e maggiore sarà il suo valore, più reticolata sarà la matrice polimerica. In verità il DVB non è l'unico agente responsabile del cross-linking, in quanto vi sono anche delle reazioni secondarie, non quantitativamente rilevanti, che contribuiscono a rendere più fine la trama polimerica. Comuni come le stireniche sono le resine acriliche, costituite da polimeri di acrilati e metacrilati. Le resine acriliche hanno caratteristiche in alcuni casi simili a matrici idrofile e geliformi come destrano e agarosio, ma con ottima resistenza meccanica.

Gruppi funzionali. La struttura tridimensionale della matrice assume una importanza predominante in tecniche quali la gel filtration, ma spesso è la presenza di gruppi funzionali sulla matrice stessa che determina il tipo di cromatografia. In generale è possibile definire il gruppo funzionale come un gruppo chimico, di dimensioni contenute, che viene legato alla matrice mediante modificazione chimica di gruppi terminali presenti nella struttura del polimero (ossidrili, ammidi, ecc.).

Porosità. La trama più o meno fitta della rete del polimero ha influenza sia sulla stabilità meccanica che, in modo particolare, sulla capacità di permeazione delle molecole attraverso la struttura tridimensionale della matrice. Calibrare la porosità è possibile anche con i polimeri naturali, oltre a quelli sintetici, in quanto anch'essi vengono sottoposti a cross-linking con agenti bifunzionali. La disponibilità della trama interna di una matrice è anche significativa nell'interazione con gruppi funzionali. Se i pori sono molto piccoli e molti gruppi funzionali sono presenti, le proteine potrebbero non essere in grado di interagire con essi, per ingombro sterico. Un alto contenuto di gruppi funzionali non corrisponde sempre a un'alta capacità di scambio.

Granulometria. La porosità non è l'unico fattore che influenza le performance di scambio e interazione. Le dimensioni delle particelle della matrice sono un altro aspetto importante, tanto che ve ne sono a disposizione da pochi micrometri fino a uno o più millimetri. Più piccola è la granulometria della resina e maggiore saranno risoluzione ed efficienza. Le colonne cromatografiche per uso analitico, per tale ragione, sono sempre impaccate con matrici estremamente fini, mentre con l'aumento di scala e il passaggio alle applicazioni preparative la grandezza delle particelle aumenta. Se infatti le particelle sono molto piccole, il letto di resina impaccato genera maggiori contropressioni e necessita di campioni e fasi mobili perfettamente limpidi. Le migliori performance generate da piccole dimensioni delle particelle sono dovute anche al sensibile aumento dell'*area superficiale disponibile*, ovvero alla superficie totale della matrice che è a disposizione delle interazioni con le proteine, ossia aumenta il rapporto superficie/volume. In genere le matrici per cromatografia hanno particelle con diametro compreso entro un intervallo da 0,3 a 1,2 mm per quelle più economiche, fino ad arrivare a intervalli di distribuzione granulometrica più ristretti, entro poche decine di micrometri, o addirittura con le monosfere, con particelle a granulometria pressoché costante. Valutando la percentuale di particelle comprese in un certo intervallo di granulometria, si ricava la distribuzione di ogni frazione rispetto al volume di resina totale. Riportando i dati su una scala logaritmica, un setaccio a maglie calibrate che ritiene il 90% di matrice definisce la cosiddetta *taglia* o *granulometria effettiva* (*effective particle size*). In maniera simile, la grandezza delle maglie del setaccio che ritiene il 40% delle particelle serve per valutare il *coefficiente di uniformità*, dato da:

$$\text{Coefficiente di uniformità} = \frac{\text{Misura maglia del setaccio che ritiene il 40\% del campione}}{\text{Misura effettiva delle particelle}}$$

La grandezza delle maglie del setaccio che ritiene il 50% delle particelle definisce invece la *grandezza media delle particelle* (*average particle size*).

Rigonfiamento. Le matrici hanno idrofilicità variabile a seconda dei polimeri costitutivi e del tipo di gruppi funzionali presenti. Si deve quindi tenere conto anche del rigonfiamento della matrice o *swelling* che una resina può avere una volta risospesa in soluzione acquosa. Se la resina è commercializzata anidra o se non si conoscono le eventuali percentuali di rigonfiamento, è necessario valutarlo lasciando la resina in acqua o tampone in recipiente graduato a rigonfiare:

- La *pompa* permette di trasferire il campione e le varie soluzioni in colonna, di farle fluire attraverso la fase stazionaria e mantenere per tutto il corso della cromatografia i flussi di portata idonei. La pompa deve essere in grado di raggiungere i flussi desiderati, non generare schiume o eccessive turbolenze del fluido, non surriscaldare il campione. Le pompe *peristaltiche* rappresentano nella maggior parte dei casi la scelta più adatta, in grado di soddisfare le portate per colonne relativamente voluminose come quelle di pochi millilitri. I volumi più grandi possono essere gestiti anche con pompe differenti, come quelle *a lobi*.

- I *tubi* necessari per tutte le connessioni dell'apparato cromatografico: dalle soluzioni alla pompa, da questa alla colonna, dal fondo della colonna ai rivelatori e collettori. I tubi, in qualsiasi scala applicativa, devono poter sopportare i flussi di portata e le pressioni d'esercizio, essere compatibili con le soluzioni usate, non devono rilasciare monomeri e essere disponibili commercialmente.

- *Strumenti di controllo e raccoglitori*. Quando la fase mobile esce dalla colonna occorre poter monitorare la separazione e purificazione del campione caricato. Per le proteine, uno dei metodi più diffusi è la lettura dell'assorbanza a 280 nm mediante un monitor a UV (Fig. 7.2). In base al profilo di eluizione, o cromatogramma, ottenuto, si potrà in seguito valutare con i metodi analitici opportuni la presenza dell'attività enzimatica. Poiché dalla colonna si ha un flusso continuo di soluzione, è necessario raccogliere l'eluato in frazioni distinte per non avere miscelazione dei picchi proteici. Si utilizzano raccoglitori di frazioni, che possono essere del tutto automatizzati e raccogliere frazioni del volume desiderato. Esistono altri tipi di lettori oltre a quelli UV, quali i rivelatori elettrochimici o quelli che determinano le variazioni di indice di rifrazione (non per le proteine). Per monitorare alcuni parametri delle soluzioni, vi sono a disposizione misuratori di pH e conducibilità in continuo, che in uscita dalla colonna segnalano quando la colonna è pronta per un nuovo ciclo o per una delle fasi di eluizione.

- Il *campione* da caricare in colonna, mantenuto in contenitori che in ambito industriale possono diventare dei tanks di acciaio inossidabile e carrellati per agevolare lo spostamento di grandi volumi; oltre alla preparazione enzimatica devono essere pronte anche le soluzioni per la cromatografia. Le soluzioni necessitano di una preventiva filtrazione, per eliminare torbidità e particelle solide eventualmente disperse. Vi sono comunque applicazioni cromatografiche particolari, del tutto industrializzabili, che sono

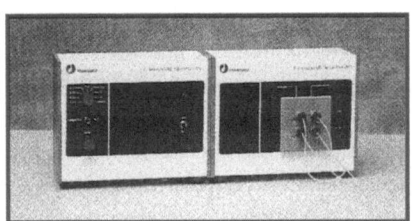

Figura 7.2 Un Monitor UV, per la lettura in continuo dell'assorbanza dell'eluato di una colonna cromatografica (per gentile concessione Amersham Pharmacia Biotech)

in grado di sopportare il caricamento di campioni torbidi o con corpuscolo solido, quali i lisati cellulari o i brodi di fermentazione. L'applicazione del campione sul letto della matrice in colonna può variare in base al tipo di cromatografia prescelta, sia come volume del campione rispetto al volume della fase stazionaria sia, come modalità di applicazione del campione stesso.

7.3 Tipi di cromatografia e fasi operative

È possibile ora una classificazione della cromatografia liquida in colonna in base al tipo di interazione che avviene tra la matrice e i soluti. Questa è senz'altro la suddivisione più importante per l'aspetto applicativo. Diverse sono le proprietà delle proteine sfruttate per avere una purificazione dei campioni, ed ad ogni parametro corrisponde una particolare tecnica cromatografica:

- Dimensione della molecola: gel filtrazione o cromatografia di esclusione
- Carica: cromatografia a scambio ionico
- Interazione biochimica specifica: cromatografia di affinità
- Punto isoelettrico: chromatofocusing
- Idrofobicità: cromatografia di interazione idrofobica

Diverse matrici utilizzate nelle tecniche cromatografiche elencate possono essere utilizzate anche in batch, aggiungendole direttamente alle soluzioni grezze enzimatiche ed effettuando, sotto agitazione moderata, l'adsorbimento diretto di enzimi o altri componenti che si desidera eliminare. Scambio ionico, affinità e interazione idrofobica possono essere utilizzabili in batch: si ottengono spesso buoni risultati ma si riducono le potenzialità della tecnica cromatografica, la sua efficienza e la sua risoluzione conveniente nei primi passaggi di purificazione o quando si intende concentrare l'enzima da soluzioni in cui è molto diluito. Dopo la fase di adsorbimento occorre recuperare la resina, per filtrazione, e lavarla con un tampone adatto a recuperare l'enzima, riequilibrando poi la matrice per altri cicli. In una purificazione enzimatica le cromatografie rappresentano una tecnica con una alta potenzialità, in quanto permettono di raggiungere indici di purezza finali estremamente elevati e possono essere applicate più volte a un medesimo processo. Grazie alle esigenze industriali, la cromatografia ha subìto da anni una ulteriore evoluzione che ha portato a produrre resine in grado di lavorare con campioni viscosi o torbidi. Passiamo ora a operazioni e parametri importanti per la gestione operativa di una colonna cromatografica. Un buon impaccamento della matrice in colonna è basilare per avere buone separazioni. Se la resina ha una costituzione geliforme non può subire alte portate e pressioni in quanto la struttura del gel verrebbe deformata. Il problema non sussiste con resine relativamente resistenti: in ogni caso, di ogni matrice commerciale si conoscono i limiti operativi, quali pressione e flussi massimi sopportati. Nella preparazione di una colonna la sistemazione della resina deve dare un letto stabile, non soggetto a sensibili variazioni di volume, e senza spazi vuoti o bolle d'aria. L'impaccamento della resina può essere riassunto come segue, con alcune varianti dipendenti dalla natura della matrice:

- La colonna, con la valvola di uscita sul fondo chiusa, è sistemata in posizione verticale.
- La resina viene risospesa con un adeguato tampone: per resine con particelle relativamente grosse basta risospendere e introdurre in colonna. Se la matrice è fine o con aspetto geliforme, in genere si prepara un cosiddetto *slurry*, una sospensione piuttosto densa della resina che viene versata delicatamente nella colonna. Importante assicurarsi dell'assenza di bolle d'aria nella sospensione, eliminabili con agitazione o degasamento sotto vuoto.
- Si lascia sedimentare opportunamente la resina, dopodiché si inizia a eluire il tampone: nel caso di colonne con pistone, questo andrà introdotto in colonna, abbassato a filo del letto resina con la guarnizione di chiusura a perfetta tenuta. Con l'inizio dell'eluizione, con la valvola di fondo aperta, il letto di resina subisce un abbassamento per impaccamento in un letto compatto e stabile, che non tenda a sollevarsi o a cambiare volume. L'eluizione della soluzione viene continuata fino a letto stabile e parametri in uscita adatti per il caricamento del campione. Il letto della resina non deve presentare bolle d'aria, crepe o zone parzialmente asciutte in quanto il campione proteico attraverserebbe queste zone difettose con un fronte di eluizione alterato, causando miscelazioni dei componenti o percolazione attraverso canali preferenziali. Per le applicazioni industriali, il passaggio di impaccamento in colonna e anche quelli successivi sono stati notevolmente perfezionati: in diversi modelli è possibile aggiungere la resina, abbassare velocemente il pistone superiore, grazie a una filettatura, e cominciare a pompare soluzione in colonna. In pochissimo tempo la colonna è impaccata ed equilibrata.
- A questo punto si procede con il caricamento del campione. Le proteine devono essere disciolte in una soluzione adatta, con caratteristiche di pH, forza ionica e quantitativo proteico ottimale per lo scambio. A parte queste indicazioni preliminari, il caricamento può subire variazioni a seconda della tecnica, e per tale ragione si rimanda alle descrizioni dei vari tipi di cromatografia. In alcune cromatografie il volume di campione non deve superare il 2-5% del volume del letto di resina, mentre in qualche caso, come la cromatografia a scambio ionico e di affinità, il volume del campione non è particolarmente importante e può superare di diverse volte il volume della resina.
- Quando l'enzima viene adsorbito su una resina si può procedere alla sua eluizione con conseguente recupero. L'eluizione dell'enzima adsorbito viene eseguita con una soluzione adatta per competere con i gruppi funzionali della resina. La soluzione può avere un'alta forza ionica per lo scambio ionico, un inibitore reversibile per l'affinità o una bassa forza ionica per l'interazione idrofobica. L'eluizione dell'enzima può essere eseguita in tre differenti modi: a *gradiente*, a *steps* o *isocratica*. Gradiente e steps sono molto simili: nel primo caso ci si riferisce a gradienti continui, ovvero dove la concentrazione dell'e-

gente responsabile del distacco delle proteine dalla fase stazionaria varia gradualmente e continuamente nel tempo. Nel secondo, l'eluizione avviene a gradini di concentrazioni diverse tra loro, l'una successiva all'altra. Nell'eluizione in condizioni isocratiche si utilizza invece una soluzione a composizione costante per tutto il tempo dell'eluizione. Dove possibile, il gradiente è la tecnica più efficiente per avere buone purificazioni, anche perché il profilo del gradiente, ovvero la variazione di concentrazione nel tempo può avere diversi andamenti: lineare, dove il soluto (ad esempio un sale) aumenta o decresce in maniera continua. Può però essere convesso, concavo, discontinuo. Comunque le eluizioni a steps o isocratiche, nell'ambito industriale, hanno una maggior semplicità operativa. Anche un gradiente lineare è relativamente semplice da preparare: in due contenitori A e B si mettono rispettivamente eguali volumi della soluzione tampone iniziale e della soluzione finale (ad esempio il medesimo tampone in A con l'aggiunta di NaCl 0,5M). I due contenitori di dimensioni e geometria uguali sono uniti nella parte inferiore da una comunicazione inizialmente chiusa. La pompa inizia a eluire in colonna la soluzione A, e a questo punto si apre la connessione tra i due recipienti: l'abbassamento del livello di liquido in A, per il principio dei vasi comunicanti, richiamerà la soluzione contenuta in B, che inizierà quindi a modificare il tampone in A.

- L'ultimo passaggio è la rigenerazione della resina, ovvero l'eliminazione di tutte le molecole rimaste adsorbite sulla matrice. Si esegue con l'eluizione di una soluzione ad alta concentrazione di un composto adatto a staccare tutte le molecole residue, in maniera non selettiva. La rigenerazione completa il ciclo dei passaggi in un processo cromatografico: a questo punto, la colonna può essere di nuovo eluita con il tampone iniziale e, una volta equilibrata, riutilizzata in un nuovo ciclo operativo. Per ogni matrice impiegata occorre mettere a punto una procedura di *Cleaning In Place* (CIP), ovvero di pulizia e rigenerazione, senza rimuovere la resina dalla colonna. Nella procedura CIP occorre definire quali sono gli agenti chimici più adatti per avere la migliore rigenerazione in colonna. A questo bisogna aggiungere le concentrazioni dei rigeneranti, le condizioni di temperatura, flusso e rispettivo tempo di contatto resina-rigenerante, volumi di soluzioni necessari, sequenza dei rigeneranti nel caso siano più di uno, frequenza dell'utilizzo della procedura. La messa a punto della procedura CIP varia a seconda della tecnica di separazione cromatografica considerata. Con le opportune indicazioni preliminari, sarà poi una attenta sperimentazione a permettere la messa a punto della procedura CIP più adatta.

La fase mobile può muoversi con diverse portate, intese come volume di soluzione eluito attraverso la colonna nell'unità di tempo. In questo caso si parla *di flusso di portata volumetrico*, in quanto indica lo spostamento di volume nel tempo ed è facilmente determinabile sperimentalmente. Occorre notare che, cambiando la colonna e la sua geometria ma mantenendo costante il flusso volumetrico, non si ha una riproducibilità del volume totale di soluzione che attraversa il letto resina. Un parametro estremamente importante (essenziale nei passaggi di scala) è il *flusso lineare*, legato al flusso volumetrico dalla seguente relazione:

$$\text{Flusso lineare} = \frac{\text{Flusso volumetrico}}{\text{Area della sezione del letto resina}}$$

Il flusso è misurato in cm/h, come si ricava dalla formula precedente:

$$\text{Flusso lineare} = \frac{\text{ml/h}}{\text{cm}^2} = \frac{\text{cm}^3/\text{h}}{\text{cm}^2} = \text{cm/h}$$

L'aumento dei flussi porta a tempi operativi più brevi, ma occorre fare attenzione a non superari i limiti consigliati dai produttori delle matrici, per evitare sovrapressioni o eccessivi impaccamenti del letto resina. Naturalmente la scelta del miglior flusso operativo è sempre frutto di un compromesso: l'eccessivo innalzamento della portata può infatti diminuire la risoluzione.

7.4 Cromatografia a scambio ionico

7.4.1 Principio della tecnica

La cromatografia a scambio ionico rappresenta oggi una delle tecniche cromatografiche più usate, che permette di purificare non solo proteine ed enzimi ma anche biomolecole come acidi nucleici, piccoli peptidi, polinucleotidi, zuccheri modificati e altre molecole che presentino una carica. Oltre che nella versatilità, il successo sta anche nelle buone risoluzioni, alta capacità di legame e nella semplicità operativa, soprattutto se confrontata con altre tecniche più sensibili, come il chromatofocusing. La cromatografia a scambio ionico, si basa sull'adsorbimento reversibile di molecole su gruppi ionici con carica opposta alla propria. L'interazione elettrostatica, tra cariche di segno opposto, è quindi alla base della tecnica: il legame è reversibile, il che permette di recuperare agevolmente le molecole. Un gran numero di biomolecole hanno, in determinate condizioni, una carica netta positiva o negativa. L'esempio delle proteine è particolarmente evidente, essendo costituite da amminoacidi, con diverso grado di ionizzazione. Il polipeptide ha un suo punto isoelettrico, e pH diversi e concentrazioni ioniche differenti daranno una miscela di proteine, nel campione, con cariche diverse a seconda del loro punto isoelettrico, negative se il pH è superiore al punto isoelettrico o positive se è inferiore. La differenza di carica tra le varie molecole e la densità di carica sono quindi importanti per poter avere buoni risultati di separazione.

7.4.2 Matrici e gruppi funzionali

Nell'ampio schieramento di matrici per cromatografia, da inorganiche a polimeri naturali o sintetici, quelle per scambio ionico, sono commercialmente la categoria più rappresentata. Dalle resine stireniche alle acriliche, dal chitosano al destrano, dalla cellulosa alla silice, tutte sono utilizzabili. Questo rende molto vario il gruppo degli scambiatori ionici, in quanto varia anche l'intervallo granulometrico, la porosità e la morfologia. Gli elementi essenziali di una matrice per scambio ionico sono, come detto, i gruppi funzionali, con una carica netta in grado di avere interazioni ioniche con cariche di segno opposto. In base al gruppo funzionale posseduto, le matrici per cromatografia a scambio ionico sono:

- scambiatori anionici
- scambiatori cationici

All'interno di ciascuna categoria sono presenti:

- scambiatori deboli
- scambiatori forti

I termini "forte" e "debole" si riferiscono esclusivamente al grado di ionizzazione dei gruppi funzionali in base al valore del pH. Gli scambiatori forti sono completamente ionizzati in un ampio intervallo di pH, mentre con gli scambiatori deboli la percentuale di dissociazione varia molto più intensamente con il pH. Ad esempio gli scambiatori anionici deboli subiscono in genere un notevole abbassamento della capacità di scambio a pH maggiori di 9, in quanto la ionizzazione a tali valori è molto bassa. Nella Tabella 7.1 sono riportati alcuni gruppi funzionali appartenenti alle diverse categorie:

Le cariche della resina sono legate con legame ionico a controioni mobili di segno opposto che possono reversibilmente essere sostituiti da altri ioni con lo

Tabella 7.1 Gruppi funzionali di scambiatori ionici

Scambiatori anionici forti	Gruppo funzionale
Ammonio quaternario (Q)	$-OCH_2N^+(CH_3)_3$
Amminoetil quaternario (QAE)	$-OCH_2CH_2N^+(C_2H_5)_2CH_2CH(OH)CH_3$
Scambiatori anionici deboli	**Gruppo funzionale**
Dietilamminoetil (DEAE)	$-OCH_2CH_2N^+H(CH_2CH_3)_2$
Etilenammina	$-OCH_2CH_2NH_3^+$
Esametilenammina	$-O(CH_2)_6NH_3^+$
Scambiatori cationici forti	**Gruppo funzionale**
Metil solfonato (S)	$-CH_2SO_3^-$
Sulfopropil (SP)	$-CH_2CH_2CH_2SO_3^-$
Scambiatori cationici deboli	**Gruppo funzionale**
Carbossimetil (CM)	$-OCH_2COO^-$

stesso tipo di carica. Le proteine che sostituiscono durante la cromatografia i controioni degli scambiatori anionici avranno quindi carica netta negativa (si troveranno perciò sopra il proprio punto isoelettrico), mentre nel caso degli scambiatori cationici avranno carica netta positiva (sotto il punto isoelettrico) (Tab. 7.2).

7.4.3 Fasi operative nella cromatografia a scambio ionico

Per l'interazione delle molecole con la matrice, il loro recupero e la ripreparazione della colonna per una successiva applicazione, si possono considerare quattro principali passaggi:

- *Equilibratura della resina*;
- *Caricamento del campione e lavaggio*;
- *Eluizione delle molecole adsorbite*;
- *Rigenerazione*.

L'eluizione per l'equilibramento viene continuata finché i valori di pH e conducibilità non corrispondono a quelli della soluzione da caricare. I gruppi funzionali ionici della resina sono a questo punto bilanciati dal controione di carica opposta. In genere si usano forze ioniche relativamente basse: se infatti la concentrazione salina della fase mobile fosse troppo elevata, gli ioni del sale sottrarrebbero per competizione i gruppi funzionali alle proteine. Equilibrata la resina, la colonna è pronta per la vera e propria cromatografia. Considerato il principio su cui si basa la separazione, il volume del campione non è un fattore limitante: può essere anche relativamente diluito, e superare il volume totale del letto resina, senza che l'efficienza e la risoluzione vengano sensibilmente modificate. Il lavaggio in coda viene fatto con il medesimo tampone del campione, in modo da non alterare l'equilibrio di cariche presente. L'eluizione delle proteine adsorbite può essere eseguita mediante *variazione della forza ionica* o mediante *variazione del pH*. Con la prima la colonna viene eluita con una forza ionica maggiore di quella del caricamento, in modo da aumentare la competizione dei sali e determinare il distacco delle proteine. La forza ionica si aumenta incrementando la concentrazione salina, ad esempio aggiungendo un sale come cloruro di sodio al tampone di eluizione. L'eluizione può essere eseguita con gradiente o a gradini di concentrazione. Alternativamente, l'incremento della forza ionica può essere sostituito da una variazione di pH, anch'esso eseguibile con gradiente continuo o discontinuo, che modifica la carica delle proteine. L'eluente è costituito da soluzioni tampone con molarità uguale ma pH differente, e per avere buoni risultati è opportuno utilizzare intervalli di 2-3 unità di pH. In ogni caso, è necessario valutare sperimentalmente se l'intervallo di pH prescelto è compatibile con la stabilità dell'enzima da purificare e se non genera precipitazioni o torbidità. Uguali considerazioni vengono fatte anche per le variazioni di forza ionica: non vanno usati tamponi con effetto inibente sull'enzima e vanno evitati i precipitati. La rigenerazione deve eliminare tutte le molecole rimaste adsorbite rendendo i gruppi funzionali della resina disponibi-

7.4 Cromatografia a scambio ionico

Tabella 7.2 Esempi di scambiatori cationici e anionici utilizzabili nel campo della biochimica industriale

Prodotto	Natura chimica del polimero	Tipo di scambiatore	Produttore/Fornitore
DEAE Sepharose Fast Flow	agarosio	anionico debole	Amersham Pharmacia Biotech
Q Sepharose Fast Flow	agarosio	anionico forte	Amersham Pharmacia Biotech
CM Sepharose Fast Flow	agarosio	cationico debole	Amersham Pharmacia Biotech
SP Sepharose Fast Flow	agarosio	cationico forte	Amersham Pharmacia Biotech
Q Sepharose Big Beads	agarosio	anionico forte	Amersham Pharmacia Biotech
SP Sepharose Big Beads	agarosio	cationico forte	Amersham Pharmacia Biotech
Source 30Q	polistirene/divinilbenzene	anionico forte	Amersham Pharmacia Biotech
Source 30S	polistirene/divinilbenzene	cationico forte	Amersham Pharmacia Biotech
Diaion SA 11A	polistirene/divinilbenzene	anionico forte	Resindion
Diaion WA 30	polistirene/divinilbenzene	anionico debole	Resindion
Diaion WK 20	poliacrilato	cationico debole	Resindion
Diaion SK 102	polistirene/divinilbenzene	cationico forte	Resindion
Diaion HPA 75	polistirene/divinilbenzene	anionico forte	Resindion
Sepabeads FP-HA	polimetacrilato	anionico debole	Resindion
Sepabeads FP-DA	polimetacrilato	anionico debole	Resindion
Amino Cellufine	cellulosa	anionico debole	Millipore
DEAE Cellufine A-500	cellulosa	anionico debole	Millipore
CM Cellufine C-500	cellulosa	cationico debole	Millipore
Duolite A 365	polistirene/divinilbenzene	anionico debole	Rohm & Haas
Duolite A 568	fenolo-formaldeide	anionico medio-forte	Rohm & Haas
Amberlite IRC50	polimetacrilato	cationico debole	Rohm & Haas

li per le successive interazioni. Si eluisce quindi con concentrazioni saline elevate, quali sodio cloruro 1 o 2 M. Quando la colonna è usata per molti cicli è possibile, in relazione alla resina usata, rigenerare con agenti più drastici, quali l'idrossido di sodio diluito (in genere non più di 1 M), che idrolizza le molecole rimaste assorbite e sanitizza la colonna. Anche contaminanti quali i lipidi, vengono in genere eliminati con il sodio idrossido, ma possono essere utilizzati anche alcoli o detergenti non ionici. Il passaggio di *sanitizzazione* diventa particolarmente importante non solo quando si vogliono evitare inquinamenti microbici sulle resine ma soprattutto nei processi in condizioni sterili o con basse presenze di endotossine. L'agente sanitizzante deve entrare in contatto non solo con la fase stazionaria, ma anche con tutti i componenti del sistema quali valvole e tubi. I flussi e i tempi di contatto della soda o altro sanitizzante all'interno della colonna sono determinati in base alle determinazioni di crescita batterica su piastre Petri. La sanitizzazione può quindi diventare un vero e proprio passaggio di sterilizzazione con la messa a punto di una procedura di *Sanitization In Place* (SIP), che indica le varie operazioni da eseguire. La *conservazione* (storage) della resina in colonna diventa importante se i tempi di fermata operativa sono prolungati ed è necessario evitare fenomeni di contaminazione microbica. Per permettere ciò, la colonna di matrice viene eluita con soluzioni contenenti componenti con potere battericida o batteriostatico e non dannosi per la resina o le strutture dell'apparato cromatografico. Ciò risulta indispensabile in quanto nella conservazione di colonne impaccate l'agente conservante resta a contatto per tempi considerevolmente lunghi. I composti antimicrobici e preservanti sono presenti in concentrazioni molto basse, specie quando si tratta di prodotti quali sodio azide, clorexidina o triclorobutanolo (0,001- 0,05%). Le percentuali salgono quando si utilizzano solventi organici come preservanti: un caso tipico è l'etanolo al 20%, usato spesso nel caso di resine a struttura polisaccaridica. Nelle colonne di processo industriale un ottimo conservante per molte matrici risulta essere il sodio idrossido, in soluzioni diluite. Oltre alle buone capacità battericide e di solubilizzazione di cellule, il sodio idrossido è economico, facilmente eliminabile e non lascia residui di materiale tossico in colonna.

7.4.4 Messa a punto della procedura cromatografica

La possibile strategia che permette di ottimizzare lo step cromatografico comprende la scelta del pH, del giusto tampone, il flusso lineare adeguato, la quantità di campione e proteine totali da caricare e, naturalmente, quale resina può essere adatta tra tutte quelle a disposizione. Il dato analitico che può agevolare la scelta è il punto isoelettrico. Questo è determinabile con una elettroforesi in *isoelettrofocalizzazione* (IEF). L'elettroforesi è una tecnica diffusissima nella biochimica, basata sulla migrazione di molecole con carica netta, attraverso un gel quando vengono sottoposte a un campo elettrico. Nella tecnica di IEF viene creato un gradiente di pH stabile lungo il gel, in genere di acrilamide o agarosio. Si otterrà quindi una sequenza di valori di pH che aumenta gradualmente dall'anodo al catodo. L'intervallo di pH può avere una estensione variabile, molto ampia (ad esempio pH 3-10), o più contenuta per ottimizzare le separazioni (esempio pH 4,5-6,5). Il campione contenente l'enzima da purificare viene analizzato mediante un'elettroforesi IEF ed è quindi possibile determinare il punto isoelettrico, usando opportune colorazioni che permettono di evidenziare le bande di migrazione di tutte le proteine e, in un gel analogo, solo la banda dell'enzima. Sono state messe a punto colorazioni per gels adatte a un'ampia varietà di categorie enzimatiche; *zimogramma* è un termine in genere riferito ai gels con l'attività enzimatica evidenziata. Conoscere il segno della carica netta dell'enzima consente di poter scegliere la matrice più adatta per i vari pH. Conoscere il punto isoelettrico non è però l'unico ausilio per la scelta della resina. Infatti, il punto isoelettrico del solo enzima non può dare informazioni riguardo le cariche di tutte le altre proteine presenti. Utilizzando i medesimi gels per la tecnica IEF, le *curve di titolazione elettroforetica* chiariscono ulteriori aspetti permettendo una scelta ancora più selettiva dello scambiatore. Una curva di titolazione è ottenuta mediante l'elettroforesi del campione in gel orizzontale per IEF: le anfoline necessarie per il gradiente di pH vengono fatte migrare nel gel; quando il gradiente è formato, il gel viene ruotato di 90° e in posizione centrale, lungo tutta la lunghezza del gel, si carica il campione proteico (Fig. 7.3). L'elettroforesi del campione, perpendicolare al gradiente di pH, genera una serie di curve, rilevabili con le medesime colorazioni usate per IEF. Ogni curva indica la migrazione elettroforetica di ciascuna proteina, che varierà a seconda della carica netta a ogni valore di pH del gradiente. Il punto in cui ogni curva attraversa la linea di applicazione del campione è il punto isoelettrico: infatti, se non c'è stata migrazione in quel punto specifico del gradiente significa che la carica netta della proteina è pari a zero. Se la separazione è massima a valori di pH dove le molecole hanno carica positiva, la risoluzione migliore sarà ottenuta con scambiatori cationici con gruppi funzionali S, SP o

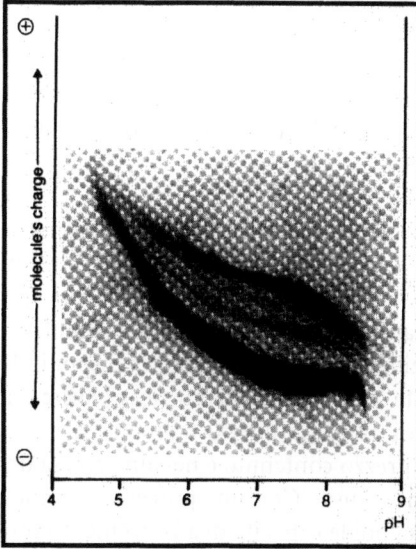

Figura 7.3 Curva di titolazione elettroforetica

CM; se viceversa la massima separazione è a valori di pH dove le molecole sono caricate negativamente, saranno più idonei scambiatori anionici come Q o DEAE. Se la distanza massima delle curve è a livello della linea dell'applicazione del campione, ovvero alla linea dei punti isoelettrici, la tecnica cromatografica migliore sarà il chromatofocusing. Cosa da non trascurare, la curva permette anche di visualizzare l'andamento di tutte le proteine: se nel campione è presente un enzima interferente, con colorazione elettroforetica adeguata è possibile confrontare le curve dell'enzima da purificare e dell'interferente, ottimizzandone la separazione in cromatografia. Inoltre la curva di titolazione può anche indicare la sequenza di eluizione dei vari componenti del campione a un determinato pH. Le proteine a bassa mobilità elettroforetica ad un dato pH saranno le prime ad essere eluite dalla colonna, seguite via via da quelle che presentavano un valore del punto della curva man mano più elevato. Le proteine con più alta mobilità elettroforetica saranno quelle più ritenute in cromatografia. Ovviamente, la sola curva di titolazione non può predire in maniera completa la condizione operativa ideale: occorre ricordare la complessità della molecola proteica, l'influenza del tampone della fase mobile, nonché della matrice. Anche non avendo a disposizione una curva di titolazione, uno screening sperimentale su piccola scala può essere eseguito ricavando le necessarie informazioni preliminari:

- Per ogni matrice che si intende saggiare, si prepara una serie di provette contenenti la stessa quantità di resina.
- In ognuna si aggiunge un pari volume di campione (ad esempio 3-5 ml per ogni grammo di resina) con un pH differente per provetta. L'intervallo di pH dipenderà dalla stabilità dell'enzima: ad esempio, un intervallo da pH 5 a pH 9 con differenze di 0,5 unità tra un campione e l'altro per uno scambiatore anionico; con i cationici non si supera in genere pH 8.
- Agitare moderatamente le provette per 10-15 minuti.
- Dosare proteine e attività per ogni provetta. In tal modo è possibile conoscere l'adsorbimento sulla resina che è avvenuto per ogni campione. Il risultato ottimale è l'adsorbimento totale sulla resina dell'enzima, ma di poche proteine. Può essere però un risultato buono anche l'opposto, alto assorbimento di proteine ma attacco quasi nullo dell'attività (Fig. 7.4).

Questo semplice screening indicherà per ogni resina testata il comportamento ai vari pH, e in base a questo sarà possibile individuare qual è il valore di pH ottimale per la cromatografia. Lo stesso procedimento in batch serve per determinare altri due parametri importanti per una cromatografia: la molarità del tampone per adsorbimento ed eluizione e la capacità proteica disponibile. Il tampone deve anche essere compatibile con l'enzima da purificare, avere una concentrazione minima che permetta di avere un effetto tampone stabile e, cosa non trascurabile in industriale, un prezzo contenuto e nessuna grossa difficoltà nello smaltimento delle soluzioni esauste. Con una procedura simile a quanto detto per pH e molarità, si valuta poi la capacità di adsorbimento pro-

7.4 Cromatografia a scambio ionico

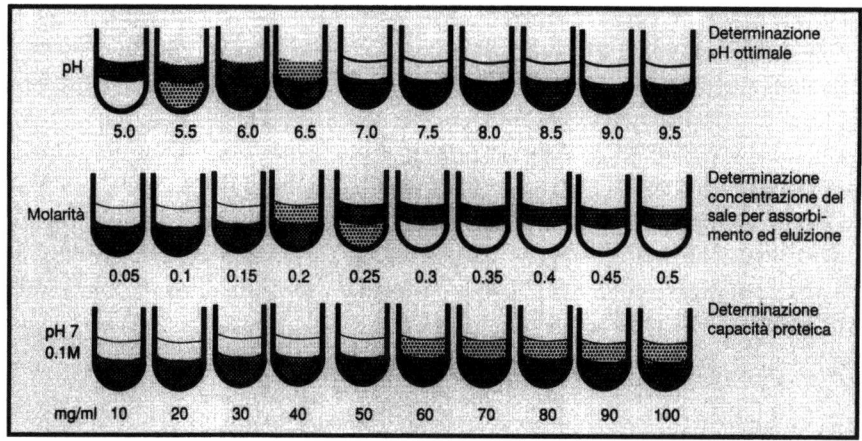

Figura 7.4 Test in provetta per la selezione preliminare delle condizioni operative per la cromatografia a scambio ionico

teico, ossia la massima quantità di proteine che la resina può adsorbire in condizioni precise di pH e forza ionica. La soluzione nelle provette conterrà quantità crescenti di proteine, espressa come mg di proteine per grammo o millilitro di resina. I dosaggi sul sovranatante forniranno indirettamente la capacità di adsorbimento proteica e di attività da parte della matrice: in questo caso si tratterà di una capacità disponibile statica, mentre quella dinamica verrà ricavata direttamente in colonna. A questo punto si hanno tutti i principali parametri per poter ottimizzare la colonna cromatografica. Prima delle verifiche sperimentali va definita la geometria della colonna, in termini di altezza e diametro. Nella norma, la cromatografia a scambio ionico dà buoni risultati con altezze del letto resina quattro o cinque volte superiori al diametro. Allestita la colonna, le indicazioni ricavate dallo screening in batch o dalle curve di titolazione elettroforetiche devono essere testate in condizioni dinamiche, con l'eluizione in colonna. Per valutare l'assorbimento massimo di proteine nelle condizioni operative della cromatografia su colonna si carica il campione a contenuto proteico e volume noto determinando la quantità totale di proteine che non viene trattenuta, eluendo in coda con tampone. La differenza tra le proteine totali caricate e le proteine totali eluite, non trattenute, danno il valore della capacità di legame, espressa come quantità di proteine riferita al volume di resina. A questo metodo indiretto è spesso preferito quello diretto: in questo caso, al termine del caricamento e lavaggio, la colonna viene eluita con una soluzione ad alta forza ionica (ad esempio sodio cloruro 2M) in grado di eluire completamente tutte le proteine adsorbite. Terminata l'eluizione, il dosaggio di queste proteine fornisce la capacità della resina. L'andamento del caricamento e/o dell'eluizione, in entrambi i casi, viene seguito mediante il registratore collegato al lettore UV in uscita. La temperatura operativa del processo cromatografico dipende dalla stabilità dell'enzima e anche dalle caratteristiche del campione, quali viscosità e densità. Frequentemente si usano temperature di 4-10° C. La colonna è un sistema dinamico: le prestazioni di separazione della resina e la capacità di legame sono condizionate dal flusso di portata della fase mobile, per cui pH, forza ionica, temperatura e capacità proteica vanno verificati mantenendo costanti questi parametri in cromatografie eseguite con diversi flussi lineari. Quale ultima considerazione in una procedura di purificazione, quale può essere la migliore collocazione per una cromatografia a scambio ionico? Questa cromatografia è versatile e può trovare una collocazione sia nei primi passaggi, dopo la chiarificazione dei campioni proteici o un trattamento preliminare, sia negli ultimi passaggi di "rifinitura" della purezza enzimatica.

7.4.5 Vantaggi della cromatografia a scambio ionico

La cromatografia a scambio ionico è di largo impiego. Alcuni dei vantaggi che hanno portato al successo questa tecnica sono:

- Il processo è relativamente semplice, basandosi sull'interazione elettrostatica di gruppi con carica opposta.
- Gli scambiatori ionici hanno buone capacità ed è possibile caricare quantità considerevoli di proteine.
- La tecnica di scambio ionico permette spesso di utilizzare velocità di flusso elevate e la qualità della separazione non è modificata sensibilmente dal volume del campione caricato.
- Può essere applicata nei primi passaggi di purificazione.
- Vi sono a disposizione parecchi tipi di scambiatori anionici e cationici, con matrici di disparata natura.
- Il passaggio di scala non comporta particolari problemi.

7.5 Gel filtrazione o cromatografia di esclusione

7.5.1 Principio della tecnica

La gel filtrazione separa le molecole di soluto della fase mobile in base alle loro dimensioni, attraversando il letto di resina che funge da setaccio molecolare. La differenza abbastanza evidente nei confronti di altre tecniche cromatografiche dove sono determinanti i gruppi funzionali, è che la struttura porosa della matrice stessa sta alla base del principio funzionale della tecnica, anche se ovviamente possono esistere delle interazioni secondarie. I materiali usati come matrice hanno una struttura tridimensionale che funziona come un setaccio, da cui il termine di *filtrazione*: il termine *gel* si riferisce al fatto che le prime resine, rigonfiate, assumevano la forma di un gel. I gel sono diffusi anche ora, ma si affiancano anche matrici particolari, quali alcune resine acriliche e il vetro poroso, che hanno portato a utilizzare il termine più generico di *cromatografia di esclusione*. Il principio è relativamente semplice. Durante l'eluizione del letto della resina, l'esclusione dipende dalle dimensioni dei pori. Le molecole di maggiori dimensioni potranno attraversare il letto di resina transitando solo tra gli spazi interstiziali tra le particelle di resina. Diversamente, le molecole di soluto più piccole passeranno sia nello spazio interstiziale che nella trama tridimensionale dei pori della resina. Il *volume totale di solvente* a disposizione delle proteine sarà ripartito tra lo spazio compreso tra le varie particelle e quello nella matrice tridimensionale dei pori della resina. Si avrà quindi un *volume vuoto* V_0, o volume escluso, somma dei volumi interstiziali tra le particelle del letto resina, e un *volume interno* V_i relativo al solvente contenuto nella trama tridimensionale dei pori della resina. Il volume totale del solvente sarà dato dalla somma dei due valori:

$$V_t = V_0 + V_i$$

Le molecole escluse dal volume interno tenderanno perciò ad attraversare il letto di resina più velocemente rispetto a quelle più piccole, proprio perché queste ultime saranno distribuite sia in V_0 che in V_i, impiegando quindi più tempo per l'eluizione attraverso il letto resina. Si costituisce quindi un *coefficiente di distribuzione o ripartizione* K_d del soluto tra il solvente interno o esterno alle particelle di matrice. Il coefficiente di distribuzione ha valori compresi tra 0 e 1; è pari a 0 quando la molecola viene totalmente esclusa dal volume interno, mentre il valore è 1 se le dimensioni del soluto permettono la completa permeazione attraverso il volume interno alle particelle di resina. Una molecola può accedere anche parzialmente al volume interno, per cui il suo coefficiente di distribuzione sarà compreso tra 0 e 1. Il *volume di eluizione* di un dato soluto è tipico di quella determinata molecola e dipende dai tre fattori descritti: il volume vuoto, il volume interno e il coefficiente di distribuzione secondo la relazione:

$$V_e = V_0 + K_d V_i$$

V_i può essere determinata noti il peso secco della matrice e il suo coefficiente di rigonfiamento: l'aumento subìto rispetto al peso secco deriva dall'assorbimento del solvente. Anche V_0 può essere determinato sperimentalmente, eluendo attraverso la colonna una molecola sicuramente esclusa dal volume interno (coefficiente di distribuzione pari a 0). Un tipico standard utilizzato per questo scopo è il blu destrano, un polisaccaride con peso molecolare estremamente elevato. Il volume di eluizione è un dato sperimentale molto importante, in quanto una buona separazione deve comportare una differenza tra i volumi di eluizione di due molecole tale da evitare, ad esempio, sovrapposizione di bande proteiche eluite. La differenza tra i volumi di eluizione è quindi un parametro cruciale e limita il volume di campione applicabile in colonna. Il volume di eluizione dipende dal tipo di colonna usato e dalle sue dimensioni, in quanto variazioni nella geometria determinano modifiche nell'efficienza della matrice. Il coefficiente di distribuzione invece non è influenzato dalla geometria della colonna, ma è tipico di ogni particolare soluto.

7.5.2 Matrici e range di frazionamento

Anche nel campo della gel filtrazione vi è una gamma di matrici disponibili. Oltre al polimero che sta alla base della struttura della matrice, vi è la differenza nella trama tridimensionale dei pori della resina. Storicamente, le prime matrici avevano l'aspetto di un gel, e tale aspetto è comune per molte matrici anche oggi: l'evoluzione avvenuta è nella definizione della trama tridimensionale e nella struttura delle particelle, che hanno una struttura sferica e non più irregolare. I gel sono disponibili sia allo stato secco che umido, pronti all'uso. Quando il gel è allo stato secco, per poter essere utilizzato deve subire una fase di *swelling* (rigonfiamento). Il rigonfiamento del gel diventa tanto maggiore quanto più alto è il taglio molecolare nell'intervallo di frazionamento del gel. Per una resina quale Sephadex, si passa da 2-4 ml ottenuti da 1 g secco, per i Sephadex G-10 e G-15, fino a 40 ml da 1 g secco per Sephadex G-200. Con l'incremento dello *swelling* aumenta anche il tempo necessario per completare il rigonfiamento, che può variare da poche ore ad alcuni giorni. Si può comunque ridurre questi tempi, se la matrice non subisce danni, scaldando la soluzione aggiunta al gel fino a circa 80-90°C. I gel commercialmente disponibili sotto forma di sospensioni sono in soluzione acquosa, con aggiunta di preservanti quali alcool etilico o sodio azide. In tal caso il gel può essere posto direttamente in colonna ed eluito con tampone per l'eliminazione della soluzione conservante. I gel utilizzati sono in genere composti da polimeri polisaccaridici, tra i quali i principali sono il destrano e l'agarosio, già menzionati. A questi si sono affiancate anche altre matrici, con base strutturale costituita da composti di diversa natura polimerica, quali acrilamide e metacrilati. Tra questi ultimi vi sono valide matrici, in grado di supportare bene eventuali sollecitazioni senza comprimere la struttura tridimensionale interna delle particelle. Oltre alla natura del polimero, la parte di interesse è proprio composta dal reticolo tridimensionale del polimero stesso. Tra le catene che compongono i polimeri vi sono molti legami crociati che tendono a compattare e legare meglio la struttura (Tab. 7.3). Maggiore sarà il numero di legami trasversali tra le catene, più fitta diventerà la trama polimerica della matrice: questo è in pratica simile a quanto descritto per il crosslinkage, nelle resine steriniche. Nei gels, specie se di destrano, tra gli agenti in grado di dare legami trasversali vi sono l'epicloridrina e la N,N' metilen bisacrilamide, quest'ultima usata anche nei copolimeri di acrilamide. Ogni matrice per gel filtrazione è caratterizzata da un *limite di esclusione*, che è rappresentato dal peso molecolare di quelle sostanze che non riescono a penetrare nei pori della matrice. Naturalmente si tratta di un valore approssimativo, in quanto è riferito a molecole globulari, mentre la struttura

Tabella 7.3 Alcune matrici usate nella gel filtration

Prodotto	Natura chimica del polimero	Produttore/Fornitore
Sephadex G-50 Coarse	agarosio	Amersham Pharmacia Biotech
Sephadex 75 prep grade	agarosio	Amersham Pharmacia Biotech
Sephacryl S-200 HR	agarosio	Amersham Pharmacia Biotech
Sepabeads FP-HG	polimetacrilato	Resindion
Cellufine GCL-90	cellulosa	Millipore
Cellufine GC-700	cellulosa	Millipore
Trisacryl GF 05 LS	copolimero acrilico	BioSepra
Trisacryl GF 2000 M	copolimero acrilico	BioSepra

tridimensionale di molte proteine può permettere parziali attraversamenti della trama del gel. Il limite di esclusione è il dato di riferimento per utilizzare una cromatografia di esclusione.

7.5.3 Fasi operative nella cromatografia di esclusione

Anche nella gel filtrazione si ha un impaccamento iniziale della matrice e fasi operative che si suddividono in equilibramento, caricamento del campione, eluizione del medesimo e rigenerazione finale della resina. Si evidenzieranno perciò le particolarità o le differenze di ogni fase rispetto a quanto è stato già descritto. Come detto prima, buona parte delle matrici per cromatografia di esclusione hanno l'aspetto di un gel, per cui occorre porre attenzione durante le fasi di preparazione della colonna, per evitare impaccamenti drastici che tenderebbero a deformare le particelle. Nella gel filtrazione non si hanno particolari gruppi funzionali e l'equilibramento è dato dal passaggio del tampone prescelto. Ma è proprio il caricamento del campione uno dei passaggi critici. In base a quanto detto nelle considerazioni generali, si immagini di avere due composti A e B, ognuno con il proprio volume di eluizione. Il volume di campione massimo caricabile è dato dalla differenza dei volumi di eluizione di A e B: se si superasse questo valore, la colonna non riuscirebbe a separare adeguatamente i due componenti, se non cambiando colonna e variando quindi i parametri che condizionano la separazione. Il volume applicabile in colonna nella pratica risulta minore della differenza dei volumi di eluizione dei composti, in quanto le bande di ogni soluto, muovendosi lungo la colonna, sono soggette a una certa diffusione browniana. Il volume opportuno di campione è compreso tra lo 0,5 e 2% del volume di letto di resina, arrivando in alcuni casi al 5% e più per particolari applicazioni (20% per la dissalazione). Il campione proteico deve anche essere applicato sul letto di resina in maniera adeguata, per evitare già all'inizio diffusioni e bande irregolari. Diverse sono le metodiche: in un primo metodo, il tampone presente sopra il letto di matrice viene eliminato, senza però mandare a secco la resina stessa. Si carica quindi delicatamente la soluzione del campione e lentamente la si fa assorbire nella matrice con lenta apertura della valvola di uscita. Si integra al termine la sommità della colonna con altro tampone e si prosegue con l'eluizione. Questa metodica richiede una manualità adeguata per evitare che la matrice si asciughi durante le fasi di deposizione. Nella seconda modalità un volume di tampone è mantenuto sulla superficie del letto di resina e il campione è applicato sulla superficie stessa mediante una siringa, una pipetta o un tubo adatto, in base alla grandezza della colonna. L'operazione deve essere eseguita lentamente e con attenzione, ma è in genere più semplice della precedente. Per ridurre i fenomeni di diluizione, il campione viene in genere reso più denso del tampone aggiungendo composti che non alterino la stabilità del campione, quali sodio cloruro o saccarosio. Caricato il campione, questo migra man mano lungo il letto di resina e i soluti, quali appunto le proteine, si separeranno in base alle loro dimensioni. Per poter avere differenze nei volumi di eluizione, e a causa delle restrizioni di volume del campione, le colonne in gel filtrazione sono in genere alte e strette. Spesso le colonne industriali per purificazione di enzimi non sono più alte di un metro.

Oltre alla geometria delle colonne, particolare attenzione va posta ai flussi lineari, che in genere sono ben più bassi di quelli usati in altre tecniche, arrivando in alcuni casi a flussi lineari di alcuni cm/h. Il tampone usato per l'eluizione della colonna influenza la risoluzione della purificazione. L'aspetto più determinante della fase mobile non è la sua composizione, ma il volume disponibile che genera nel letto di resina. Il tampone deve anche evitare le interazioni elettrostatiche o di adsorbimento con la resina, le alterazioni conformazionali, la dissociazione di eventuali subunità o fenomeni di instabilità o di precipitazione. Quando la frazione enzimatica purificata dalla gel filtrazione deve essere sottoposto a operazioni di stoccaggio e confezionamento che coinvolgono delle liofilizzazioni è possibile valutare, stabilità dell'enzima permettendo, l'uso di tamponi volatili facilmente eliminabili come i sali di ammonio (ammonio acetato o ammonio carbonato). Quando l'eluizione è terminata, la colonna viene rigenerata e riequilibrata: la continua eluizione con tampone dovrebbe in teoria permettere l'eluizione di tutte le molecole. Nella pratica la complessità delle miscele biologiche può far si che molecole di natura non proteica tendano col tempo ad adsorbirsi sulla matrice, oppure che date proteine precipitino nella trama tridimensionale del letto di resina. Sarà la pratica a suggerire la necessità di eseguire rigenerazioni più o meno frequenti, con agenti in grado di pulire la matrice da sedimenti e composti adsorbiti. Per la scelta degli agenti rigeneranti più adatti è possibile considerare quanto già detto per la cromatografia a scambio ionico.

7.5.4 Messa a punto della procedura cromatografica

La regola comune, anche per la gel filtrazione, rimane la sperimentazione "sul campo". Nella cromatografia di esclusione, il parametro essenziale della proteina che condiziona il principio della tecnica è il suo peso molecolare. Questo può essere determinato preliminarmente con varie tecniche, quali l'*elettroforesi con SDS* o la gel filtrazione stessa. L'elettroforesi con SDS è eseguita solitamente su gel di poliacrilamide. Per determinare il peso molecolare, le proteine sono trattate in modo tale da annullare le differenze di carica tra le proteine presenti e far si che queste migrino sotto l'azione del campo elettrico solo in relazione al proprio peso molecolare. Questo è ottenuto dapprima trattando la soluzione proteica a temperature denaturanti: si ricorre se necessario anche all'azione di urea, che è in grado di separare le subunità di un enzima, se ne ha, o al 2-mercaptoetanolo per ridurre i ponti disolfuro. Essenziale è il trattamento con *sodio dodecilsolfato* (SDS), un detergente anionico forte, presente sia durante la denaturazione sia nella corsa elettroforetica. Il sodio dodecilsolfato inserisce gruppi ionici a intervalli regolari nella catena proteica, in modo tale da avere un rapporto carica/massa costante. Le particelle migrano quindi in base alle proprie dimensioni. Il peso molecolare è determinato confrontando la migrazione del campione con quella di una serie di proteine standard, a peso molecolare noto Il peso molecolare può però anche essere già noto semplicemente dalla letteratura, se l'enzima è particolarmente noto e studiato. La corsa elettroforetica rimane comunque utile per un'idea generale della distribuzione dei pesi molecolari delle proteine presenti nel campione che si intende sottoporre a gel filtrazione. Avere l'intervallo di distribuzione dei pesi molecolari significa avere l'opportunità di scegliere una matrice con un corrispondente range di frazionamento adatto al campione. Le prove sperimentali in colonna permetteranno di ottimizzare il processo in relazione ai parametri principali e critici per la gel filtrazione, quali flusso lineare, volume del campione, temperatura, geometria della colonna. Se l'altezza crea qualche problema operativo si può ricorrere a più colonne collegate in serie.

7.5.5 Applicazioni della gel filtrazione, vantaggi e limitazioni della tecnica

Tra le varie applicazioni possibili della gel filtrazione vanno ricordate la risoluzione di monomeri proteici quando questi, per le condizioni del mezzo, sono organizzati in dimeri o aggregati, e la determinazione del peso molecolare delle proteine. In quest'ultimo caso la gel filtrazione può permettere la determinazione del peso molecolare di diverse proteine in condizioni native (non possibile nell'elettroforesi SDS) o anche denaturanti, utilizzando le condizioni di pH, forza ionica e temperatura più adatte allo scopo. Anche in questo caso, sulla medesima colonna si eluiscono campioni di molecole standard quali Blu destrano, citocromo, albumina di siero bovino, α-chimotripsinogeno, ecc., determinando il volume di eluizione corrispondente. Per un dato intervallo di peso molecolare, il volume di eluizione, ricavabile sperimentalmente, è una funzione circa lineare del logaritmo del peso molecolare. Una interessante applicazione pratica della gel filtrazione è anche la dissalazione: in una colonna con una matrice con un basso limite di esclusione, le proteine si muoveranno tutte o quasi attraverso il volume vuoto. Gli ioni del sale invece si muoveranno attraverso tutto il volume di solvente disponibile, sia quello vuoto che quello interno. Lungo la colonna, le proteine scenderanno velocemente mentre i sali subiranno un ritardo. Il metodo è molto veloce e con buona efficienza. Attualmente però le tecniche di filtrazione, tra cui spicca l'ultrafiltrazione, sono estremamente efficienti e veloci, permettendo anche una contemporanea concentrazione della soluzione. Ritornando all'applicazione più ampiamente considerata, la purificazione di proteine sulla base dei loro diversi pesi molecolari, la gel filtrazione è una tecnica applicabile nei passaggi finali della purificazione, o comunque con soluzioni limpide e bassa viscosità. L'eluizione dei composti caricati è molto semplice, spesso isocratica, senza necessità di eluizioni a step o a gradiente continuo. Alcune limitazioni della tecnica sono associate al volume del campione, ai flussi lineari solitamente piuttosto bassi e alle altezze delle colonne che al disotto di certi valori determinano un abbassamento sensibile dell'efficienza della colonna.

7.6 Cromatografia di interazione idrofobica

7.6.1 Principio della tecnica

La complessità delle proteine fa sì che spesso nella loro struttura vi siano porzioni idrofile con altre più idrofobe: queste ultime sono in genere almeno parzialmente protette nella disposizione tridimensionale della molecola, presente in ambiente acquoso. La *cromatografia di interazione idrofobica* (HIC) sfrutta proprio la presenza di parti o *patches* idrofobiche nella struttura terziaria delle proteine, suscettibili di interazione con altri gruppi idrofobici disposti su una matrice utilizzata come fase stazionaria cromatografica. Il fondamento teorico del meccanismo è abbastanza dibattuto, ma è possibile fare alcune considerazioni di base. L'interazione matrice-proteina è stata paragonata all'associazione spontanea che avviene tra le molecole alifatiche organiche messe in acqua. Per capire il concetto, si immagini di aggiungere delle gocce di olio sulla superficie di una scodella di acqua. Nel tempo, le macchie tenderanno a unirsi per formarne una o poche più grosse, con struttura più stabile. In tal modo, infatti, la superficie esposta verso l'acqua è minore e l'associazione tra le gocce è favorita. Per avere successo, l'interazione idrofobica necessita di concentrazioni saline medio-alte nella fase mobile. Alcuni definiscono l'esistenza di un parallelismo tra l'effetto del salting out, visto nella precipitazione proteica con sali inorganici, e l'interazione idrofobica in cromatografia. È comunque un dato sperimentale che l'aumento della forza ionica della fase mobile esalti l'interazione tra i gruppi idrofobici; a ciò si aggiunge il fatto che probabilmente il sale, sottraendo acqua alle proteine, faccia esporre maggiormente alcuni gruppi, più liberi di reagire con gruppi esterni. Il fenomeno pare anche essere favorevole dal punto di vista termodinamico. Si ipotizza che lo spostamento di molecole di acqua, che si dispongono in posizioni circostanti alle proteine e ai ligandi idrofobici, generi un incremento di entropia (ΔS) con conseguente abbassamento del valore di energia libera (ΔG). In relazione al tipo di interazione esistente tra soluti e fase stazionaria, si considera spesso l'instaurarsi di forze di Van der Waals tra proteine e gruppi funzionali.

7.6.2 Matrici e gruppi funzionali

La HIC ha subìto una ottimizzazione che ha permesso di superare alcune difficoltà legate alle procedure di rigenerazione e allo scaling-up della tecnica. Ormai l'applicazione è una consolidata realtà industriale, con matrici di facile gestione e in grado di supportare flussi lineari e condizioni operative simili a quelle di tecniche usate da tempo nell'ambito industriale. Le matrici disponibili sul mercato sono diverse, con una diffusa rappresentanza delle resine polisaccaridiche, specialmente destrano. A queste si sono aggiunte anche matrici con base stirenica e acrilica. Rimandando a quanto già detto sulla descrizione dei vari polimeri presenti nelle resine, la distinzione tra i vari tipi si riferisce ai gruppi funzionali covalentemente legati alla resina (Tab. 7.4).

Tabella 7.4 Principali gruppi funzionali presenti sulle matrici per cromatografia di interazione idrofobica

Denominazione matrice	Gruppo funzionale
Butil derivato	$-OCH_2CH_2CH_2CH_3$
Octil derivato	$-OCH_2CH_2CH_2CH_2CH_2CH_2CH_3$
Fenil derivato	—⟨◯⟩

7.6 Cromatografia di interazione idrofobica

Tabella 7.5 Diverse fasi stazionarie per cromatografia di interazione idrofobica

Prodotto	Natura chimica del polimero	Gruppo funzionale	Produttore/Fornitore
Butyl Sepharose 4 Fast Flow	agarosio	butile	Amersham Pharmacia Biotech
Octyl Sepharose Fast Flow	agarosio	ottile	Amersham Pharmacia Biotech
Phenyl Sepharose 6 Fast Flow	agarosio	fenile	Amersham Pharmacia Biotech
Source 15ETH	agarosio	etere	Amersham Pharmacia Biotech
Source 15ISO	agarosio	isopropile	Amersham Pharmacia Biotech
Sepabeads FP-BU	polimetacrilato	butile	Resindion
Butyl-Cellufine	cellulosa	butile	Millipore
Octyl-Cellufine	cellulosa	ottile	Millipore
Phenyl-Cellufine	cellulosa	fenile	Millipore
MEP HyperCel	cellulosa	4-mercapto-etil-piridina	BioSepra

L'aumento della lunghezza della catena alifatica sembra incrementare la capacità di legame proteico. I gruppi alifatici sono in genere in grado di instaurare interazioni completamente di carattere idrofobico, mentre con resine con gruppi fenilici, l'interazione è un insieme di interazioni aromatiche e idrofobiche (Tab. 7.5).

7.6.3 Fasi operative nella HIC

La HIC presenta comunque delle somiglianze con quella a scambio ionico, almeno per quanto riguarda la logica generale operativa. Per eseguire una purificazione con HIC i passaggi sono praticamente gli stessi menzionati per lo scambio ionico e nella descrizione generale della cromatografia su colonna. Le matrici usate non hanno grossi problemi di equilibramento, in quanto non avendo cariche nette il pH rimane costante senza difficoltà: è bene però prestare attenzione alla fase di impaccamento, in quanto l'idrofobicità può favorire in qualche caso fenomeni di galleggiamento della matrice e di inglobamento di bolle di aria. L'equilibramento consiste quindi nel passaggio in colonna del tampone scelto per l'adsorbimento delle proteine, solitamente uguale a quello del campione. Per un' interazione ottimale, la soluzione ha una forza ionica medio-alta, mantenuta tale anche per tutta la durata della fase di caricamento. Occorre fare attenzione in questa fase ai fenomeni di salting out con precipitazioni durante il caricamento. In tal caso, si diminuisce la forza ionica o si cambia sale. Le proteine possono essere eluite tramite gradiente continuo o a step. Poiché la concentrazione di ioni salini favorisce l'adsorbimento sulla matrice, il decremento della forza ionica è la metodica più utilizzata in fase di eluizione. Il gradiente viene operativamente formato come già descritto, con i due contenitori uniti. In colonna la forza ionica decrescerà e gradualmente l'interazione delle proteine con i gruppi della matrice diminuirà fino a che queste saranno eluite dalla fase mobile, rivelate dal monitor UV e raccolte in frazioni adeguate. Per rigenerare la resina, è sufficiente eluire con una soluzione con forza ionica molto bassa: il lavaggio finale può essere eseguito anche con acqua; è possibile usare anche agenti chimici differenti che permettono una perfetta pulizia dei composti rimasti assorbiti, come l'idrossido di sodio diluito. Per i passaggi di sanitizzazione e conservazione si può ricordare quanto detto per la cromatografia a scambio ionico. Come ultima nota, oltre al sodio idrossido l'eliminazione di molecole rimaste in colonna (lipidi, ecc.) può essere eseguita anche con solventi in miscela con acqua (etanolo, butanolo) o soluzioni diluite di detergenti non ionici.

7.6.4 Messa a punto della procedura cromatografica

Le proteine in maggioranza contengono parti strutturali relativamente idrofobiche, a causa della sequenza di alcune zone ricche di amminoacidi con bassa polarità. Non è facile ottenere indicazioni preliminari su questo aspetto. Qualche aiuto viene dalla struttura primaria della proteina, se è conosciuta. Proteine ricche di amminoacidi apolari sono probabilmente adsorbibili su una resina per interazione idrofobiche. A parte questo, è consigliabile passare subito allo screening delle resine e delle condizioni operative direttamente in colonna, valutando gli effetti di concentrazione salina e corrispondente forza ionica, pH, temperatura, flussi lineari. L'effetto di *salting in* dei sali e dell'adsorbimento in cromatografia si può rilevare caricando campioni proteici a diverse concentrazioni saline: all'aumento della molarità si ha anche un incremento dell'adsorbimento proteico. La scelta del tipo di sale e della sua concentrazione è influenzata da due fattori: l'effetto più o meno marcato di salting in e il punto di precipitazione proteica del campione. I sali a disposizione hanno un diverso effetto sulle proteine. Quelli con alto effetto di salting out agevolano l'adsorbimento proteico. Un utile guida alla scelta è data dalla *serie di Hofmeister* (Tab. 7.6), che indica una scala degli effetti di diversi anioni e cationi sulla precipitazione proteica.

Nella pratica, i solfati sono quelli solitamente utilizzati, in genere di ammonio ma anche di sodio o potassio; si è potuto constatare che questi sali, in accordo con la serie di Hofmeister, promuovono l'interazione tra proteine e ligandi durante l'adsorbimento in colonna. I sali migliori per l'interazione idrofobica sono anche quelli che possono provocare più agevolmente fenomeni di precipi-

Tabella 7.6 Serie di Hofmeister: fornisce una scala degli effetti di cationi e anioni nella precipitazione di proteine

	⟵ *Incremento dell'effetto di precipitazione (salting out)*								
Anioni:	PO_4^{3-}	SO_4^{2-}	CH_3COO^-	Cl^-	Br^-	NO_3^-	ClO_4^-	I^-	CN^-
Cationi:	NH_4^+	Rb^+	K^+	Na^+	Cs^+	Li^+	Mg^{2+}	Ca^{2+}	Ba^{2+}
	Incremento dell'effetto caotropico (salting in) ⟶								

tazione (ad es. l'ammonio solfato). Sperimentalmente è necessario quindi determinare quale molarità salina porta alla precipitazione nel campione, con un controllo temporalmente almeno pari a quello della durata della cromatografia. Infatti la precipitazione può essere piuttosto lenta e aumentare durante il caricamento, agevolata da aumenti di temperatura. Determinata la molarità che provoca la precipitazione, il procedimento è quello di diminuire la concentrazione, trovando quella sufficiente per l'adsorbimento. Nella pratica, il sale viene spesso aggiunto come solido alla soluzione proteica: i fenomeni di precipitazione vengono in diversi casi evitati usando una soluzione concentrata di sale da aggiungere gradualmente al campione fino alla concentrazione desiderata. Attenzione va posta all'eventuale presenza di agenti caotropici che interferiscono con il salting out o molecole idrofobiche, in particolare lipidi, che si possono legare alla resina. Relativamente al volume del campione, la HIC permette il caricamento di campioni anche diluiti. Due parametri da ottimizzare non solo in fase di caricamento del campione ma anche nei successivi passaggi sono pH e temperatura. Il pH deve essere quello ottimale sia per caricare l'enzima in colonna sia per eluirlo. In generale, un incremento di pH tende a indebolire l'interazione idrofobica, probabilmente a causa di una variazione dei gruppi carichi delle proteine e un corrispondente aumento della idrofilicità. In genere però per avere sensibili variazioni di comportamento è meglio, se la stabilità lo permette, mantenere il pH a valori superiori o inferiori a 5-8. Anche la temperatura influenza l'interazione idrofobica, che in genere aumenta incrementando la temperatura, proprio perché aumentano le forze di Van der Waals nell'interazione proteina-ligando. Alcuni dati sperimentali hanno però evidenziato comportamenti più complessi, in cui l'innalzamento di temperatura portava forse a modifiche conformazionali della struttura proteica, che influenzavano l'idrofobicità. Per avere un'idea di quanto influenzi il processo una variazione di temperatura, un confronto utile è la ripetizione della cromatografia a parità di condizioni, sia a temperatura ambiente, a circa 25° C, sia a 4-5° C. Le differenze tra queste due daranno informazioni sull'effetto della temperatura. Come nel caso dello scambio ionico, anche con HIC l'enzima da purificare può seguire due diverse procedure; in buona parte delle applicazioni si tende a far si che la proteina venga adsorbita sulla resina. In maniera opposta, l'enzima può non essere trattenuto dalla fase stazionaria mentre la maggior parte delle proteine rimane adsorbita sulla matrice. Anche in questa cromatografia l'eluizione può essere eseguita con gradiente continuo o discontinuo. Il gradiente solitamente è un decremento nel tempo della forza ionica, ma questo può essere ulteriormente ottimizzato con contemporanee variazioni di altri parametri, soprattutto del pH. Se non dannoso per le proteine, nell'eluizione può anche essere considerato l'uso di solventi organici in miscela con soluzioni acquose. Il solvente provoca la diminuzione della polarità o della tensione superficiale, con conseguente decremento della forza di legame con la resina. Possono essere abbinati anche due gradienti in cui con l'incremento di concentrazione del solvente organico si ha corrispondentemente una diminuzione di concentrazione salina. L'uso di solventi riguarda però più le cromatografie a fase inversa che non quelle a interazione idrofobica. Una terza alternativa, oltre a sali e solventi organici, è l'uso di detergenti non ionici nel tampone di eluizione, in concentrazione in genere non superiore all'1%. I detergenti possono comunque creare qualche problema operativo, come interazioni molto forti con la matrice o difficoltà di smaltimento dei reflui. Se quindi la cromatografia è destinata a una applicazione industriale, è opportuna l'eluizione con gradiente di forza ionica, accompagnato o meno da variazioni di pH. La scala industriale ricorre spesso all'eluizione a step, in grado di dare ottimi risultati con la preparazione di pochissime soluzioni, che permettono tra l'altro di interrompere se necessario l'eluizione. L'ottimizzazione del processo riguarda anche la messa a punto del flusso lineare e la capacità di legame proteico dinamica, come per lo scambio ionico. La rigenerazione viene spesso eseguita mediante eluizione con acqua. Se rimangono comunque delle molecole fortemente adsorbite, si esegue al termine anche un trattamento più drastico (idrossido di sodio). Le procedure di CIP e SIP devono ovviamente essere messe a punto per l'esecuzione diretta in colonna. Se la sanitizzazione non deve diventare una vera sterilizzazione, i trattamenti con sodio idrossido o altri agenti così drastici possono anche essere eseguiti dopo un certo numero di cicli operativi. Solventi organici o detergenti possono essere impiegati, ma dove possibile il sodio idrossido rappresenta ancora la soluzione migliore per i vantaggi già descritti. Anche per la conservazione della colonna, vale quanto detto per lo *storage* nella cromatografia a scambio ionico. Le caratteristiche di applicazione del campione e il principio di adsorbimento rendono la tecnica applicabile anche nei primi passaggi di purificazione. Presentandosi come una tecnica versatile, la HIC può essere usata in combinazione con altri passaggi in modo da sfruttarla al meglio, quali:

- *Dopo una precipitazione con ammonio solfato.* Se un trattamento di purificazione preliminare con ammonio solfato è compreso nel processo di purificazione, la HIC è una delle possibili cromatografie che richiedono meno operazioni. Soluzioni derivate da precipitazioni con ammonio solfato o gli stessi precipitati proteici riportati in soluzione possono contenere concentrazioni del sale sufficienti per l'adsorbimento su una matrice idrofobica. In questo caso HIC rappresenta una tecnica interessante in quanto può essere applicata senza concentrazione e dialisi, con anche una riduzione del volume del campione.
- *Dopo una cromatografia a scambio ionico.* La tecnica di interazione idrofobica può essere utilizzata in sequenza a uno scambio ionico. L'aggiunta eventuale di sale è quasi sempre l'unico trattamento del campione necessario per l'applicazione sulla colonna di interazione idrofobica, eccezione fatta per eventuali correzioni del pH.
- *Prima di una gel filtrazione.* La cromatografia di interazione idrofobica, così come altre cromatografie di adsorbimento, è adatta a precedere un passaggio nelle fasi di gel filtrazione utilizzata negli steps finali della purificazione.

Quando una purificazione comprende più passaggi cromatografici, se non si ha nessuna indicazione precedente, inizialmente si utilizza spesso una sequenza data da scambio ionico, interazione idrofobica e gel filtrazione.

7.6.5 Vantaggi della cromatografia di interazione idrofobica

Anche per la HIC è possibile evidenziare alcuni dei vantaggi che hanno portato al successo questa tecnica.

- Le matrici per interazione idrofobica hanno buone capacità ed è possibile caricare quantità considerevoli di proteine.
- La tecnica di HIC non è modificata sensibilmente dal volume del campione caricato.
- Le colonne possono essere applicate nei primi passaggi di purificazione.
- La cromatografia può essere eseguita subito dopo altri passaggi di purificazione senza dialisi o concentrazioni.
- Vi sono a disposizione matrici con gruppi funzionali con diversa idrofobicità.
- Il passaggio di scala non comporta particolari problemi.

Ricordiamo comunque lo svantaggio di avere soluzioni con alta concentrazione di sale, spesso rappresentato da ammonio solfato. Questo deve essere tenuto in considerazione, ricordando le precauzioni da adottare per lo smaltimento di soluzioni concentrate di questo sale.

7.7 Cromatografia di affinità

7.7.1 Principio della tecnica

La cromatografia di affinità è la tecnica più specifica e selettiva tra i vari tipi di cromatografie. Ciò è dovuto al principio di base, non relativo a proprietà fisico-chimiche generiche, ma ad interazioni altamente specifiche delle biomolecole, quali:

    anticorpo - antigene
    enzima - inibitore reversibile
    enzima - substrato
    acido nucleico - frammento acido nucleico complementare
    ormone - recettore proteico
    enzima - coenzima
    lectina - glicoproteina

La cromatografia di affinità si basa quindi sul fatto che la molecola da purificare interagisca in maniera reversibile con un ligando covalentemente fissato sulla matrice insolubile della fase stazionaria; si forma così un complesso tra molecola da purificare e ligando:

$$\text{Molecola} + \text{Ligando} \underset{k_{-1}}{\overset{k_1}{\rightleftarrows}} \text{Complesso Molecola-Ligando}$$

La specificità con la quale si forma questo complesso reversibile fa sì che il ligando riconosca la molecola complementare nella fase mobile anche in presenza di molte altre molecole estranee. Tale tecnica permette quindi di legare selettivamente la molecola da purificare in campioni grezzi e, in linea teorica, di purificare all'omogeneità un enzima in un singolo passaggio da un grezzo. La selettività del legame permette inoltre di isolare enzimi con attività catalitica intatta, escludendo quelle danneggiate o denaturate in quanto non in grado di interagire correttamente con il ligando (Fig. 7.5). Attualmente molte molecole sono state già purificate in tal modo, non solo enzimi ma anche anticorpi, ormoni, nucleotidi, acidi nucleici e anche cellule. Oltre alla specificità dell'interazione, il parametro basilare che garantisce il successo è la reversibilità dell'interazione, per il recupero della molecola purificata. Non è possibile quindi usare un inibitore irreversibile o ligandi che reagendo con dei residui amminoacidici della catena proteica la fissino sulla fase stazionaria, mantenendo l'attività catalitica ma non permettendone il distacco e il recupero. Quest'ultimo caso, improponibile per una buona cromatografia di affinità, ha però aperto la strada a un'altra tecnica molto importante industrialmente come l'immobilizzazione covalente di enzimi. Sono disponibili anche tecniche che possono essere considerate come delle diversificazioni della cromatografia di affinità. Tra queste la più importante coinvolge l'utilizzo di chelati metallici, ed è conosciuta con le sigle *IMAC* (*Immobilized Metal ion Adsorption Chromatography*) o *MCAC* (*Metal Chelate Affinity Chromatography*). Tale tecnica si basa sulla interazione della biomolecola con ioni metallici complessati con un chelante: la separazione con metalli chelati è influenzata, oltre che dalla natura del metallo, dal pH in quanto condiziona sia il legame metallo-resina che quello proteina-metallo. L'istidina, il triptofano e la cisteina sono amminoacidi coinvolti in queste interazioni. Questa tecnica è impiegata nella purificazione di proteine ricombinanti alle quali è stata aggiunta alla sequenza una *coda* N– o C– terminale di alcuni residui di istidina (*His-tagged protein*). Questa procedura è diventata ormai comune nei processi biotecnologici.

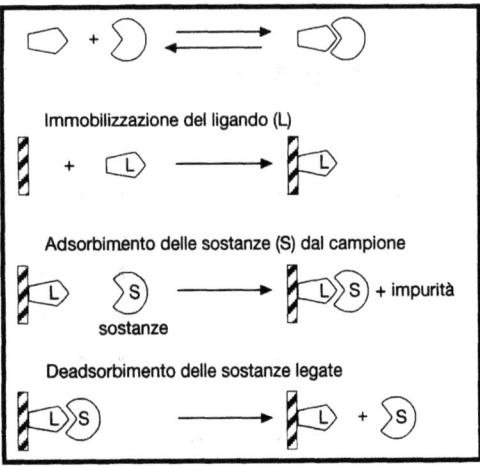

Figura 7.5 Principio della cromatografia di affinità

7.7.2 Matrici, ligandi e bracci spaziatori

Nella cromatografia di affinità, per le particolari interazioni su cui si basa, molto selettive, la fase stazionaria deve rispondere a dei requisiti:

- La matrice deve possedere un basso potere adsorbente, in modo da limitare le interazioni aspecifiche con le altre molecole presenti non desiderate.
- La presenza di gruppi chimici, facilmente attivabili con composti bifunzionali, sono indispensabili per l'attacco covalente dei ligandi sulla matrice, senza che questa venga danneggiata in alcun modo. I gruppi chimici reattivi del supporto devono anche essere presenti in numero adeguato.
- La stabilità chimica della resina deve essere buona con i vari reagenti e con le variazioni dei parametri fisici impiegati nella fase di eluizione.
- Le caratteristiche di porosità e rigidità della matrice devono essere tali da permettere l'uso di flussi lineari adeguati e il passaggio delle molecole nella struttura tridimensionale della fase stazionaria.

Diversi sono i polimeri costitutivi dei supporti con queste caratteristiche e usati nelle applicazioni di affinità come in diverse altre cromatografie trattate: polisaccaridi come agarosio e destrano, la poliacrilamide, la silice, i supporti di metacrilato. I vari supporti sono anche adatti all'aggiunta di un *braccio spaziatore*. I gruppi chimici attivabili per questo fine sono di varia natura, e tra questi possiamo ricordare i residui ossidrilici, amminici primari, carbossilici, epossiranici e sulfidrilici. Modificando tali gruppi e/o facendoli reagire con reagenti particolari (glutaraldeide, bisepossirani, carbodiimidi, ecc.) è possibile legare covalentemente catene alifatiche di varia lunghezza alla matrice, come bracci alla cui estremità libera verrà a sua volta legato covalentemente il ligando. Qualche esempio di reattivi usati spesso su alcuni gruppi funzionali delle matrici sono riportati in Tabella 7.7.

In scala industriale, si tende a evitare o limitare l'uso di diversi attivatori, a causa della tossicità e spesso dell'alto costo: tra questi in particolare l'epicloridrina e il bromuro di cianogeno. Il braccio spaziatore ha in genere una lunghezza non superiore a 10-12 atomi di carbonio. Se troppo lunga, la catena può ripiegarsi o dare interazioni idrofobiche durante la cromatografia. Se il braccio è troppo corto può essere ugualmente inadatto: negli enzimi il sito attivo può ave-

Tabella 7.7 Gruppi funzionali di una matrice attivabili per l'attacco di ligandi per cromatografia di affinità

Gruppo funzionale della matrice	Reattivo per attivazione e/o braccio spaziatore
–OH	*Bromuro di cianogeno, Sodio periodato, Epicloridrina, Divinilsulfone*
–NH_2	*Glutaraldeide, Carbodiimidi, Bisepossirani*
–COOH	*Carbodiimidi, N-idrossisuccinimide*
–SH	*Bisepossirani, Epicloridrina*

re una posizione relativamente interna e per poter interagire col ligando quest'ultimo deve essere distanziato adeguatamente dalla superficie del supporto per evitare ingombri sterici. In commercio si trovano matrici già attivate pronte per l'aggiunta del braccio spaziatore o direttamente disponibili con il braccio spaziatore pronto all'uso Per ultimo occorre immobilizzare sull'estremità del braccio spaziatore o direttamente sulla matrice attivata il ligando più adatto per avere un complesso con l'enzima o altra molecola che si vuole purificare. Le caratteristiche più importanti di un ligando si riferiscono a concetti già espressi:

- deve avere un'alta affinità verso la molecola che deve adsorbire.
- L'interazione deve essere reversibile ma la costante di legame non deve essere così elevata da compromettere la possibilità di recuperare la molecola.
- Il ligando deve avere nella sua struttura un gruppo chimico, non coinvolto nell'interazione di affinità con la biomolecola durante la purificazione, in grado di reagire con il braccio spaziatore.
- Una volta legato alla matrice, il ligando deve rimanere stabile nelle condizioni operative.

La cromatografia di affinità è la tecnica cromatografica più "personalizzabile", ma sono disponibili sul mercato matrici per affinità già pronte all'uso, per la purificazione di molecole di particolare interesse oppure per la separazione di classi di molecole con caratteristiche comuni: ad esempio immunoglobuline G, proteine contenenti gruppi –SH, mRNA con sequenze di poli(A), fattori di coagulazione, ecc.

Tra i ligandi disponibili su matrici vi sono:

Proteina A. Questo polipeptide è isolato da *Staphylococcus aureus* e ha la capacità di interagire con la parte F_c delle immunoglobuline G (IgG) di molte specie, uomo compreso. Permette ottime purificazioni nel campo degli anticorpi.

Proteina G. Tale proteina ha un comportamento simile a quella della proteina A, legando la parte F_c delle immunoglobuline G. La cromatografia con tale ligando permette di ampliare lo spettro applicativo con ulteriori specie di IgG.

Lectine. Le lectine sono proteine in grado di interagire reversibilmente con zuccheri specifici. Immobilizzate su una matrice solida, permettono di separare glicoproteine, glicolipidi, polisaccaridi, organelli e membrane cellulari.

Eparina. È un glucosaminoglicano solfato in grado di interagire con un gran numero di molecole quali enzimi, fattori di crescita, recettori di ormoni e proteine strutturali. Oltre che per affinità, le matrici con eparina funzionano in diversi casi come uno scambiatore cationico, grazie ai numerosi gruppi solfato.

Poli (U). L'acido poliuridilico, abbreviato come poli(U), permette la separazione veloce e selettiva di RNA messaggero (mRNA) e altri acidi nucleici. Rispetto ai soliti bracci spaziatori, le catene di poli(U) immobilizzate sono piuttosto lunghe, anche di un centinaio di nucleotidi, permettendo un'interazione abbastanza stabile con le molecole di RNA.

Coloranti. Una serie di coloranti sintetici policiclici (Cibacron Blue, Procion Red, ecc.) presenta delle somiglianze strutturali con cofattori di enzimi quali NAD^+ e $NADP^+$: questa caratteristica permette di legare per affinità diverse classi diverse di proteine, dalle lipoproteine ai fattori di coagulazione del sangue (Tab. 7.8).

7.7 Cromatografia di affinità

Tabella 7.8 Alcune matrici pronte all'uso per cromatografia di affinità, con ligandi specifici già definiti. A queste si aggiungono le matrici con braccio spaziatore attivabile al quale legare il ligando desiderato (non riportate in tabella)

Prodotto	Natura chimica del polimero	Gruppo funzionale	Produttore/Fornitore
rProtein A Sepharose Fast Flow	agarosio	proteina A	Amersham Pharmacia Biotech
Glutathione Sepharose 4 Fast Flow	agarosio	glutatione	Amersham Pharmacia Biotech
Blue Sepharose 6 Fast Flow	agarosio	Cibacron Blue	Amersham Pharmacia Biotech
Chelating Sepharose Fast Flow	agarosio	acido iminodiacetico	Amersham Pharmacia Biotech
Protein A Ceramic HyperD F	ceramica e polimero di gel	proteina A	BioSepra
Blue Trisacryl M	copolimero acrilico	Cibacron Blue	BioSepra
Heparin-Cellufine	cellulosa	eparina	Millipore
Gelatin-Cellufine	cellulosa	gelatina	Millipore

La disponibilità di resine pronte all'uso si estende anche alla tecnica di affinità con metalli chelati: in commercio vi sono resine con lo ione metallico già complessato. In genere si tratta di Ni^{2+}, Zn^{2+}, Cu^{2+}, Ca^{2+} o Mg^{2+} ma si possono utilizzare in alcuni casi metalli particolari come Hg^+ o Co^{2+}. Naturalmente sono disponibili su larga scala le resine chelanti sulle quali è possibile legare uno ione metallico desiderato. Il gruppo funzionale più utilizzato su questo tipo di matrici è l'*acido iminodiacetico*, che con la sua struttura simile a una "chela" riesce a complessare ioni metallici.

$$-CH_2N\begin{cases} CH_2COOH \\ CH_2COOH \end{cases}$$

7.7.3 Fasi operative nella cromatografia di affinità

Malgrado la singolarità dell'interazione, la cromatografia di affinità si articola nei consueti passaggi operativi. Nella fase di caricamento del campione è essenziale che la soluzione sia nelle condizioni adeguate per permettere l'interazione tra il soluto e il ligando della fase stazionaria. Oltre a forza ionica, temperatura e pH ottimali è quindi necessaria la presenza di tutti i cofattori necessari per l'interazione, quali ioni metallici, composti riducenti, ecc. Spesso il tampone usato per il campione contiene una certa quantità di sale, in genere NaCl, per evitare attrazioni per lo più elettrostatiche tra soluti e matrice. Relativamente al volume del campione, questo non è limitante, e la purezza del prodotto è poco influenzata dalle caratteristiche del campione, grazie alla selettività dell'interazione. Una limitazione è possibile però se l'interazione tra soluto e ligando è relativamente debole: se il volume è troppo elevato, le molecole che hanno interagito con il ligando potrebbero essere eluite dal materiale non adsorbito. In tal caso è bene utilizzare volumi ridotti di campione, (10% del volume di letto resina). Può essere adatto caricare il campione e fermare il flusso di eluizione, in modo da agevolare l'interazione. Segue l'eluizione di lavaggio con il medesimo tampone in cui era disciolto il campione, per eluire tutte le molecole non adsorbite. Per eluire l'enzima legato alla matrice, sono adatti agenti chimici o variazioni di condizioni tali da alterare e diminuire le interazioni che stabilizzano il complesso ligando-macromolecola. L'eluizione può essere definita *specifica* o *aspecifica*. In quest'ultimo caso si variano uno o più parametri in grado di indebolire le interazioni in maniera generica: una variazione di pH può alterare la ionizzazione dei gruppi chimici coinvolti nel legame, con il conseguente distacco della molecola. In genere il deadsorbimento viene eseguito appunto mediante diminuzione del pH, ma i valori utilizzabili dipendono dalla stabilità sia del prodotto da purificare sia del ligando. Oltre al pH, frequentemente l'eluizione aspecifica è eseguita variando la forza ionica. Il cloruro di sodio è il sale solitamente usato, a concentrazione di circa 1M. Alternativamente a pH e forza ionica è possibile anche modificare la polarità dell'eluente della fase mobile (in genere acquoso) o alterare la struttura delle proteine da recuperare, con l'aggiunta di agenti quali diossano o glicole etilenico nel primo caso, oppure guanidina-HCl o urea nel caso di alterazione strutturale. In questi casi però è maggiore il rischio di denaturare le proteine, e negli eluati si avrà la presenza di molecole da eliminare con dialisi. L'eluizione specifica presuppone invece la presenza nel tampone di sostanze in grado di competere con il ligando nel legame di affinità, permettendo il distacco della molecola dalla matrice grazie alla formazione di un nuovo complesso con l'agente complementare presente nel tampone di eluizione. Ad esempio, delle glicoproteine possono essere recuperate da una matrice con lectina immobilizzata mediante eluizione con zuccheri liberi. Nel caso degli enzimi l'eluente può contenere un substrato o un inibitore reversibile dell'enzima. In alternativa, si può utilizzare una molecola che abbia una più alta affinità con il ligando, in modo da competere nel legame. Le matrici in genere usate possono supportare flussi lineari simili a quelli di altre tecniche cromatografiche. La conoscenza della natura dell'interazione determina anche il valore ottimale di temperatura: valori di 4-5° C permettono una maggiore stabilità delle biomolecole, se l'interazione a queste temperature non è troppo debole o lenta. Relativamente alla tecnica IMAC, l'eluizione può essere anche in questo caso specifica o aspecifica. Per l'eluizione aspecifica vale quanto già detto, è spesso usata la variazione di pH, normalmente con intervalli compresi tra 4 e 7. Nell'eluizione specifica si usa un agente che competa nell'interazione con il ligando, quali ammonio cloruro, imidazolo, glicina o, visto che abbiamo a che fare con metalli sequestrati, un agente chelante come EDTA (acido etilendiamminotetracetico). La validità di un processo di rigenerazione è in relazione al tipo di molecola che è stata immobilizzata sulla matrice; spesso la rigenerazione si riduce a lavaggi con forza ionica medio-alta in tampone, accompagnata da variazione di pH e presenza in soluzione di detergenti e agenti denaturanti se necessario. La rigenerazione delle colonne per IMAC si può compiere eluendo con EDTA (ad esempio 50-100 mM) ed eventualmente anche con NaCl. Usando EDTA però è necessario, prima di iniziare un nuovo ciclo cromatografico, ricaricare lo ione metallico in quanto il precedente è stato sequestrato dall'EDTA. La conservazione delle colonne con resina impaccata può essere fatta con soluzioni dei conservanti già menzionati precedentemente, purché compatibili con i ligandi.

7.7.4 Messa a punto della procedura cromatografica

La cromatografia di affinità utilizza principalmente la specificità di un enzima. Per le migliori performance di questa tecnica è quindi necessario conoscere le caratteristiche dell'enzima da purificare, quali quelle cinetiche e catalitiche, e quali molecole siano le più adatte per una interazione (con la relativa costante di dissociazione). L'enzima può essere anche adsorbito sfruttando il fatto che sia una glicoproteina, o che utilizzi cofattori (come NAD^+ o $NADP^+$) oppure che venga legato in un complesso con anticorpi specifici immobilizzati. È quindi necessario avere anche informazioni relative alla configurazione strutturale dell'enzima e alla eventuale presenza di gruppi prostetici. Definite le possibili interazioni enzima-ligandi, occorre valutare se commercialmente è disponibile una matrice pronta all'uso. Come già detto, è possibile anche immobilizzare il ligando desiderato, con il braccio spaziatore migliore, se non è disponibile una matrice adatta. Questo approccio non pone problemi in laboratorio, ma può essere però più complesso nell'industria, con l'utilizzo di reattivi costosi o tossici. Più semplice con la tecnica IMAC, dove se non si utilizzano le resine già con il metallo complessato, è possibile aggiungere lo ione desiderato in maniera relativamente meno complessa di una affinità tradizionale. Resine chelanti, alle quali aggiungere solo il metallo, sono facilmente reperibili. Scelta la matrice, la messa a punto riguarda le ottimizzazioni dei parametri comuni a tutte le cromatografie: forza ionica, pH, temperatura, flusso lineare e capacità di legame della matrice. Il flusso lineare deve anzitutto permettere una buona interazione iniziale, in modo da adsorbire al meglio le proteine sulla resina. In ogni passaggio attenzione deve sempre essere posta ai gruppi chimici dei ligandi; cautela questa particolarmente importante durante la fase di rigenerazione. Ma a quale livello è possibile introdurre questa cromatografia? La tecnica di affinità, grazie alla sua selettività può essere usata sia all'inizio sia alla fine di un processo di purificazione. La capacità di selezionare una o un gruppo specifico di proteine anche da miscele grezze e complesse e la possibilità di usare volumi non limitati permette di considerarla come un passaggio in grado di ottenere ottimi livelli di purezza. Per ottenere su scala produttiva proteine ricombinanti, vaccini, anticorpi monoclonali, fattori di coagulazione che devono avere un'alta qualità ed elevatissima purezza, la cromatografia di affinità rappresenta sicuramente una tecnica di valore strategico.

7.7.5 Vantaggi e svantaggi della cromatografia di affinità

Alcuni dei vantaggi più rilevanti della cromatografia di affinità sono i seguenti:

- L'interazione tra matrice e proteina è estremamente selettiva e specifica.
- La tecnica non è strettamente dipendente dal volume di campione.
- La selettività del legame permette di utilizzare la cromatografia di affinità fin dai primi passaggi di purificazione.
- Nel caso degli enzimi, se la selezione è basata sull'uso di ligandi che interagiscono a livello del sito attivo, la cromatografia è in grado di selezionare le molecole cataliticamente attive.
- Rispetto ad altre tecniche cromatografiche, quella di affinità raggiunge i più alti indici di purificazione.

Aspetti negativi della cromatografia di affinità possono invece essere:

- la necessità di reazioni di attivazione delle matrici, qualora sia necessario preparare un gruppo selettivo non disponibile commercialmente. Da non trascurare il fatto che diversi reattivi attivanti sono tossici e vanno utilizzati con molta attenzione.
- Il costo di molte matrici attivate o con ligando pronto all'uso è elevato.
- Se si utilizza una eluizione specifica, potrebbero essere poi necessarie filtrazioni per eliminare i ligandi.

7.8 Chromatofocusing

Il *chromatofocusing* è una tecnica cromatografica per la separazione di proteine che si basa su differenze di punto isoelettrico delle stesse. Per capire la tecnica ci si può riferire all'*isoelectric focusing*, dove le proteine con carica netta migrano nel gel per il potenziale elettrico applicato e quando raggiungono un punto nel quale il valore di pH è uguale a quello del loro punto isoelettrico si immobilizzano. Nella colonna cromatografica le proteine, attraversando il letto di resina, si fermeranno nel letto cromatografico là dove il gradiente di pH preparato precedentemente corrisponde al punto isoelettrico delle varie molecole. Durante la preparazione della colonna, la matrice viene equilibrata a un pH relativamente alto, dopodiché un gradiente di pH discendente viene prodotto direttamente in colonna eluendo con miscele di anfoliti (immobiline) con un intervallo di pH simile a quello desiderato. Il chromatofocusing è una tecnica con un elevato potere di risoluzione, in grado di concentrare la proteina desiderata e di separarla efficacemente (si riescono a separare proteine che differiscono di 0,02-0,03 unità di pH). Malgrado queste prestazioni elevate, il chromatofocusing rappresenta una tecnica prevalentemente di laboratorio, per la caratterizzazione e la purificazione di una proteina. Industrialmente non ha un grande peso, per diversi motivi:

- Costo elevato delle matrici.
- Necessità di allestire un gradiente di pH prima della corsa cromatografica con i tamponi adatti.
- Relativa complessità della tecnica rispetto ad altri tipi di cromatografie.

7.9 Cromatografia in fase inversa

7.9.1 Principio della tecnica

Nella *cromatografia in fase inversa* (*reversed phase chromatography*) il meccanismo di separazione si basa sull'interazione idrofobica tra il soluto nella fase mobile e un ligando immobilizzato sulla fase stazionaria. La matrice è idrofobica e il solvente variamente polare. I principi di attacco sulla fase stazionaria e di eluizione ricalcano quanto detto per la tecnica HIC, anche se le metodologie usate sono differenti. Nella fase inversa non si hanno decrementi di forza ionica mediante diluizioni di soluzioni saline, ma si varia gradualmente la polarità della fase di eluizione con solventi organici, determinando così il deadsorbimento delle molecole.

7.9.2 Matrici e gruppi funzionali

La matrice usata in una cromatografia a fase inversa è essenzialmente una matrice insolubile con gruppi funzionali idrofobici legati covalentemente. Commercialmente, le matrici disponibili sono composte da silice o da polimeri sintetici di polistirene. La silice è stata il primo supporto utilizzato in fase inversa. Attualmente ha un vastissimo impiego, grazie anche al fatto che è utilizzata nel campo analitico: basti ricordare le colonne commerciali per HPLC. La silice è

Tabella 7.9 Qualche esempio di matrici per cromatografia in fase inversa

Prodotto	Natura chimica del polimero	Produttore/Fornitore
Source 15RPC	polistirene/divinilbenzene	Amersham Pharmacia Biotech
Sepabeads FP-RPOD	polimetacrilato	Resindion
Diaion HP20 SS	polistirene/divinilbenzene	Resindion
C18-160 A 47-60 µm	silice granulare	Millipore

disponibile anche per colonne industriali, è meccanicamente resistente, supporta bene flussi elevati e pressioni, si può attivare per l'introduzione dei gruppi funzionali desiderati e presenta porosità adeguata per le applicazioni cromatografiche. Uno svantaggio è l'instabilità chimica a valori di pH alcalini, superiori a circa 7,5. Le resine polistireniche e acriliche sono una buona alternativa alla silice e presentano una ottima stabilità chimica senza problemi a pH molto acidi o basici: valori di pH da 1 a 12 sono utilizzabili senza alterazione della matrice. Questa stabilità operativa permette anche di usare in fase di rigenerazione il sodio idrossido diluito, non utilizzabile con la silice. La tecnica di fase inversa è possibile grazie ai gruppi funzionali covalentemente legati al supporto. Quelli più utilizzati sono catene lineari idrocarburiche, tra i più diffusi gruppi n-alchilici vi sono i ligandi octilici (C8) e octadecilici (C18). In genere le matrici con ligandi C18 sono adatte per peptidi e oligonucleotidi, mentre i gruppi C8 hanno dato buoni risultati con proteine. Nel caso delle matrici di silice, i gruppi idrocarburici sono legati al supporto grazie ai gruppi silanolo -Si-OH presenti e in grado di reagire con clorotrialchilsilani. Residui di silanolo non reagiti possono creare delle interazioni con i soluti generando allungamenti dei tempi di ritenzione e allargamenti dei picchi. Questo effetto può essere contenuto mediante la *soppressione ionica*, con aggiunta di agenti in grado di modulare o impedire le ionizzazioni o facendo reagire i silanoli con piccole molecole di silani come clorotrimetil o clorotrietilsilani. Questo processo viene definito *end-capping* (Tab. 7.9).

7.9.3 Fasi operative nella cromatografia in fase inversa

La sequenza delle fasi operative è simile a quanto detto per le altre cromatografie: cambiano invece i principi applicativi e gli accorgimenti da adottare nei vari passaggi. La fase inversa è la tecnica nella quale le condizioni operative possono generare maggiori effetti denaturanti, per la presenza di solventi organici o valori di pH abbastanza estremi. La tecnica in fase inversa è una tecnica di adsorbimento, per cui il volume del campione anche in questo caso non è un fattore limitante. Nella fase di eluizione le molecole adsorbite vengono eluite diminuendo la polarità della fase mobile, mediante aggiunta di solventi organici alla soluzione. Oltre al solvente organico, fattore importante è il pH, in quanto questo influenza la ionizzazione di gruppi presenti nei soluti, specie nel caso di molecole di natura peptidica. In ambiente acido, ad esempio, i gruppi carbossilici sono praticamente neutralizzati. In fase inversa si utilizzano in tali situazioni acidi forti, quali l'acido ortofosforico e l'acido trifluoroacetico (TFA).

Quest'ultimo è molto usato nell'analisi e nella separazione dei piccoli peptidi, che vista la loro stabilità a pH acidi e in presenza di diversi solventi organici sono adatti per la cromatografia in fase inversa. L'aggiunta di composti quali il TFA o la trietilammina permettono, oltre alla variazione del pH e all'influenza sulla ionizzazione, anche l'appaiamento con cariche opposte presenti sul soluto, in modo da aumentare l'idrofobicità del soluto. Poiché l'eluizione comporta la variazione di polarità della soluzione, questa si ottiene con gradienti, incrementando la concentrazione del solvente organico gradualmente. Una fase A è prettamente o totalmente acquosa, spesso con TFA o altro acido, mentre una fase B è costituita dal solvente organico. Anche il passaggio di rigenerazione successivo si avvale spesso di trattamenti simili a gradiente o comunque con soluzioni al 100% di A o B (fase tutta acquosa o tutta organica). Quando si usano resine sintetiche come detto, è possibile l'uso di soluzioni di idrossido di sodio.

7.9.4 Messa a punto della procedura cromatografica

Per la messa a punto del processo occorre scegliere operativamente la matrice più adatta, in base alle possibili informazioni relative al peptide o alla proteina da purificare. Oltre che stabile, il campione deve essere anche solubile nella soluzione che andrà applicata in colonna. Fenomeni di precipitazione possono essere dovuti anche a molecole presenti nella miscela del campione ed estranee a ciò che si intende purificare. In ogni caso, se fenomeni di opalescenza o precipitazione avvengono, pur senza danneggiare l'integrità del prodotto, una filtrazione o centrifugazione della soluzione del campione è indispensabile. È stato detto che i solventi organici sono in genere gradualmente aggiunti per la variazione della polarità. La stabilità dei peptidi o proteine da purificare va verificata nei solventi organici che possono far parte della fase mobile eluente. Un solvente organico adatto deve essere miscibile con acqua e trasparente nell'ultravioletto (UV), per non interferire nella lettura dei rivelatori all'uscita dalla colonna, in genere a 280 nm per le proteine e 210-220 nm per i piccoli peptidi. I solventi che rispondono meglio a questi requisiti sono il metanolo e l'acetonitrile; anche l'isopropanolo soddisfa le caratteristiche di miscibilità e trasparenza, ma le soluzioni concentrate di questo alcool generano viscosità maggiori nelle fasi mobili (utile per la pulizia delle colonne). La scelta degli agenti adatti per la soppressione o l'accoppiamento ionico è basata sull'esperienza e si riferisce spesso all'uso di TFA per pH acidi e trietilammina per valori di pH più elevati. Scelto il solvente organico, saranno le prove preliminari a definire il gradiente più adatto. In ogni caso, ricordando le considerazioni generali per la cromatografia, si dovrebbero ripetere le necessarie valutazioni della geometria della colonna, della capacità di legame proteico, temperatura, pH, forza ionica, flusso lineare, ecc. Sostanze organiche rimaste adsorbite, oltre che a sottrarre superficie di scambio potrebbero essere eluite nel corso dei cicli operativi fino a comparire come un picco sconosciuto. Questo fenomeno viene definito come *ghosting* (formazione di picchi fantasma). Per la messa a punto della procedura di Cleaning In Place più adatta non va dimenticato il limite di stabilità al pH della silice. I gel di silice non devono essere conservati in soluzioni acquose, quanto piuttosto in solventi organici per evitare il possibile deterioramento progressivo delle matrici silicee in acqua. La colonna può ad esempio essere conservata in metanolo, mentre nelle matrici polistireniche e acriliche sono impiegabili ambedue le soluzioni, organica o acquosa. La cromatografia in fase inversa non è in genere il primo passaggio cromatografico di un processo di purificazione. Oltre a purificare un determinato prodotto, è in grado anche di eseguire dissalazioni. I piccoli ioni salini vengono eliminati nelle soluzioni eluite mentre la resina separa i soluti adsorbiti. Poiché si ha a che fare con una tecnica di adsorbimento, non strettamente dipendente dal volume, il sale esce in testa nel profilo di eluizione e il campione dissalato può essere concentrato durante il processo cromatografico.

7.9.5 Vantaggi e svantaggi della cromatografia in fase inversa

Con brevissime considerazioni, i vantaggi sono i seguenti:

- La cromatografia in fase inversa è in grado di purificare un'ampia gamma di prodotti.
- La tecnica ha assunto una grande importanza nel campo analitico, essendo alla base di innumerevoli applicazioni cromatografiche nel campo della High Pressure Liquid Chromatography (HPLC).
- Essendo una cromatografia di adsorbimento, il volume del campione non è strettamente vincolante.
- Le matrici utilizzate sono disponibili in grande quantità e spesso hanno un costo contenuto.

Non si deve però trascurare di ricordare qualche svantaggio:

- L'uso di solventi organici può porre problemi per diverse proteine causando precipitazione o denaturazione.
- Gli eluati devono essere sottoposti a una separazione della componente organica relativa al solvente.
- Occorre considerare un ambiente antideflagrante nell'impianto in cui viene eseguita la cromatografia, a causa dell'infiammabilità dei solventi usati.

7.10 Cromatografia a letto espanso

7.10.1 Introduzione e principi della tecnica

La cromatografia a letto espanso non si basa su un differente principio di separazione, bensì su un differente approccio tecnologico. Infatti, la differenza sta nella modalità di impiego del letto di resina. Cromatografie già conosciute quali lo scambio ionico e l'affinità possono essere utilizzate quindi con una tecnologia diversa. In tutte le cromatografie tradizionali su colonna un fattore comune è l'utilizzo di campioni chiarificati, privi di corpi solidi. Nel processo di purificazione di proteine i passaggi cromatografici sono sempre preceduti da operazioni di chiarificazione, mediante centrifugazione o filtrazione. La tecnica a letto espanso ha cercato di sorpassare questa sequenza operativa, per avere una tecnologia di adsorbimento e separazione in grado di processare campioni grezzi e con detriti solidi. Inizialmente, l'unica alternativa alla colonna di matrice impaccata era il batch in agitazione: un reattore con agitatore a pala in cui la resina veniva agitata in presenza della soluzione del campione. Questo approccio dà discreti risultati in quanto riesce ad adsorbire spesso varie molecole da campioni grezzi dando soluzioni più purificate e limpide. Ritornando alla colonna, da tempo si applica la tecnica del letto fluido, dove il supporto viene mantenuto risospeso mediante un flusso di eluizione ascendente, dal fondo della colonna verso l'alto. Tale tecnica ha permesso lo sviluppo di processi per il recupero semi-continuo di vari prodotti, ad esempio antibiotici come streptomicina e novobiocina. La resina nel letto fluido si muove comunque con un andamento simile a un moto browniano, con spostamenti casuali, turbolenze e canalizzazioni del flusso di fluido. Questa distribuzione caotica permette il recupero delle molecole dalla fase liquida ma in genere si effettua con un riciclo della soluzione di carico in colonna. Oltre agli adsorbimenti in batch o con letto fluido, l'interesse verso queste tecniche ha portato a cercare soluzioni alternative per poter ottimizzare anche un letto fluido stabilizzato, definito meglio come letto espanso. In tal caso, il letto di resina rimane fluido grazie al flusso ascendente della fase liquida ma non presenta moti turbolenti. Diverse sono le soluzioni proposte, dalle matrici magnetiche fino alla silice: un tipo di supporto adatto a mantenere un letto espanso stabile, disponibile commercialmente, è la *Streamline*, matrice distribuita da Amersham Pharmacia Biotech composta da particelle di agarosio con al proprio interno un cristallo di quarzo inerte per fornire alle particelle la giusta densità. Grazie a ciò, con un adeguato flusso ascendente la matrice comincia ad espandersi fino a raggiungere una certa altezza, diversa a seconda del flusso adottato. Si ottiene quindi il letto espanso stabile, ovvero le particelle rimangono sospese in equilibrio grazie a un bilanciamento tra la velocità di sedimentazione e la velocità del flusso di liquido in direzione ascendente. I lavaggi per eliminare le particelle solide presenti nel campione sono più agevoli in colonna con letti fluidi ed espansi che in batch, in quanto possono essere eseguiti direttamente in coda al caricamento in ascendente del campione. Il letto espanso stabile è più efficiente rispetto al letto fluido tradizionale: ciò permette di abbinare i vantaggi di avere un letto non impaccato e una distribuzione delle particelle costante, mimando il comportamento di una cromatografia tradizionale con letto impaccato.

7.10.2 Matrici e gruppi funzionali

Il supporto per cromatografia a letto espanso deve soddisfare le condizioni idrodinamiche e meccaniche richieste per poter rimanere sospeso senza movimenti turbolenti. La scelta è meno vincolante nel caso di un letto fluido tradizionale, dove la possibilità di ricircolo della fase mobile pone meno restrizioni al letto di resina. La granulometria delle matrici rimane in genere non superiore a 0,3-0,4 mm; particelle molto piccole, inferiori a 0,05 mm non sono adatte in quanto tendono a muoversi da una posizione stabile nel letto espanso. Se le particelle non hanno una densità adeguata è necessario aumentare le dimensioni delle particelle stesse. Se però queste aumentano troppo, l'efficienza diminuisce in relazione alla diminuzione dell'area superficiale totale. La stabilità di un letto espanso è condizionata anche dalla colonna in cui si trova. Nella parte inferiore della colonna vi sono apposite piastre forate calibrate in modo da essere dei diffusori della fase mobile che si muove verso l'alto attraverso la colonna con un flusso omogeneo. Attraverso il setto in cima alla colonna, invece, devono passare senza problemi le parti solide del campione durante il caricamento, quali cellule intere o lisate, impedendo la fuoriuscita delle particelle di resina. Nella definizione di questa cromatografia si è detto che la sua singolarità è solamente procedurale e non si avvale di un meccanismo di scambio differente da quelli già considerati. La principale applicazione è senz'altro quella con lo scambio ionico. Attualmente anche la cromatografia di affinità ha trovato maggior impiego, sia con ligandi immobilizzati per la purificazione di composti vari sia mediante resine chelanti per la tecnica IMAC. Le potenzialità sono molto ampie, per cui nuove prospettive applicative sono possibili per il letto espanso, una tecnica sempre più consolidata nel campo biotecnologico più avanzato.

7.10.3 Fasi operative nella cromatografia a letto espanso

Il buon impaccamento della resina in colonna, nel letto espanso è sostituito dall'espansione del letto. Ricordando quanto detto in precedenza, la sequenza può essere definita dai seguenti passaggi:

- Equilibramento della resina ed espansione del letto (flusso ascendente)
- Caricamento del campione e lavaggio (flusso ascendente)
- Eluizione delle molecole adsorbite (flusso discendente)
- Rigenerazione (flusso ascendente)

Non è solo importante quindi la sequenza dei passaggi, ma anche la direzione del flusso della soluzione alternata per poter avere il legame delle molecole dal campione, l'eliminazione della parte corpuscolata esausta, l'eluizione della resina e una rigenerazione efficiente. L'alternanza del flusso ascendente o discendente, con possibili varianti, avviene in genere con una sequenza come segue.

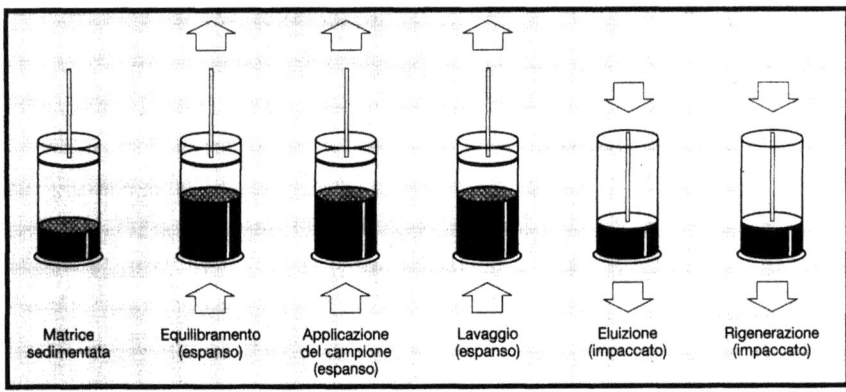

Figura 7.6 Sequenza dei passaggi operativi durante una cromatografia a letto espanso

Letto di resina iniziale. Prima di iniziare, la resina si trova sedimentata in colonna. In questa prefase è possibile valutare l'altezza del letto di resina a riposo, importante in quanto la si può confrontare con l'altezza in fase di espansione.

Espansione ed equilibramento. Per espandere la resina dalla parte inferiore della colonna si pompa la fase eluente con un flusso lineare predefinito, in modo che la resina si muova dalla sua posizione sedimentata e cominci a sollevarsi. Quando viene raggiunta l'espansione massima al flusso considerato e il letto assume un aspetto stabile, la resina è pronta per iniziare la cromatografia. L'adattatore a pistone viene mantenuto nelle fasi ascendenti nella parte alta della colonna.

Caricamento del campione e lavaggio. Allestito il letto espanso, sempre mantenendo il flusso ascendente si carica il campione, non chiarificato. La proteina che si intende purificare si adsorbe sulla matrice; cellule, frammenti cellulari, colloidi e particelle solide di varia natura attraversano invece il letto espanso e vengono allontanati mediante eluizione sempre verso l'alto con un tampone di lavaggio adeguato.

Eluizione. Quando tutto il materiale solido è stato spostato mediante il lavaggio, il flusso ascendente viene interrotto e la resina può risedimentarsi sul fondo della colonna. Il pistone viene abbassato a filo del letto sedimentato di resina: a questo punto, applicando un flusso discendente con un tampone adeguato, si esegue l'eluizione vera e propria, del tutto simile a quella vista per le altre cromatografie di adsorbimento.

Rigenerazione e Cleaning In Place. Terminata l'eluizione della molecola da recuperare, sempre con un flusso discendente si esegue una rigenerazione in maniera identica alle altre cromatografie, in modo da eliminare le eventuali proteine adsorbite sulla resina. Al termine è necessaria una procedura di Cleaning In Place ad hoc per l'applicazione specifica e in grado di eliminare dalla matrice solidi, colloidi e molecole tenacemente adsorbite. Una sequenza indicativa con le resine a scambio ionico, tra le più usate, è la seguente:

- Espandere il letto di resina con soluzione tampone o salina dopo aver alzato il pistone, a flusso abbastanza sostenuto (300 cm/h).
- Abbassare il flusso di espansione (in genere non si superano valori di 50 cm/h) e stabilizzare il livello del letto di resina.
- Eluire in ascendente con una soluzione di sodio cloruro 1M in sodio idrossido 0,5-1M, protraendo l'eluizione anche per alcune ore. In questo modo viene mantenuto un determinato tempo di contatto tra soluzione rigenerante e resina.
- Eluire in ascendente con acqua o tampone per allontanare il sodio idrossido e il materiale staccatosi dalla matrice, aumentando il flusso lineare in genere ad almeno 100 cm/h.
- Continuare l'eluizione in ascendente con il tampone per equilibramento della resina, in modo da prepararla ad un successivo ciclo di cromatografia.

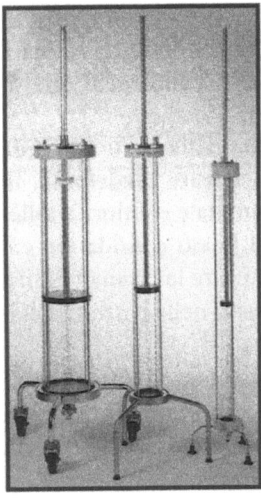

Figura 7.7 Colonne Streamline per cromatografia a letto espanso (per gentile concessione Amersham Pharmacia Biotech)

Naturalmente quanto elencato rimane una delle possibili procedure, ma la procedura CIP viene personalizzata a seconda dell'esigenza. Altri agenti rigeneranti possono affiancare o in alcuni casi sostituire il trattamento con NaOH/NaCl. Eluizioni con isopropanolo, acqua calda (fino a 60-90°C), acido acetico diluito o detergenti permettono spesso di eliminare alcune categorie di composti come lipidi, membrane cellulari e acidi nucleici. Per quanto riguarda le procedure di sanitizzazione, sterilizzazione e conservazione delle matrici è possibile riferirsi a quanto detto nei paragrafi precedenti (Fig. 7.7).

7.10.4 Messa a punto della procedura cromatografica

L'impiego di un letto resina non sedimentato e l'utilizzo di campioni con parti solide richiede una maggior attenzione all'ottimizzazione delle operazioni iniziali (stabilizzazione del letto e caricamento del campione) e finali (rigenerazione della matrice). Punto importante quando si intende usare una tecnica a letto espanso è l'ottenimento di una condizione stabile del letto durante la fase in espansione. Il mantenimento di un letto espanso stabile può essere valutato in tre modi, dal più empirico al più preciso:

- analisi visiva;
- valutazione del rapporto di espansione;
- determinazione del numero di piatti teorici.

L'ispezione visiva si basa sull'osservazione del letto espanso: se è stabile, si possono osservare solo piccoli movimenti rotatori delle particelle sospese. Comportamenti anomali sono rappresentati da movimenti ampi e casuali delle particelle, o canali preferenziali che partono dal fondo del letto. Questi inconvenienti sono in genere causati dalla presenza di bolle d'aria imprigio-

7.10 Cromatografia a letto espanso

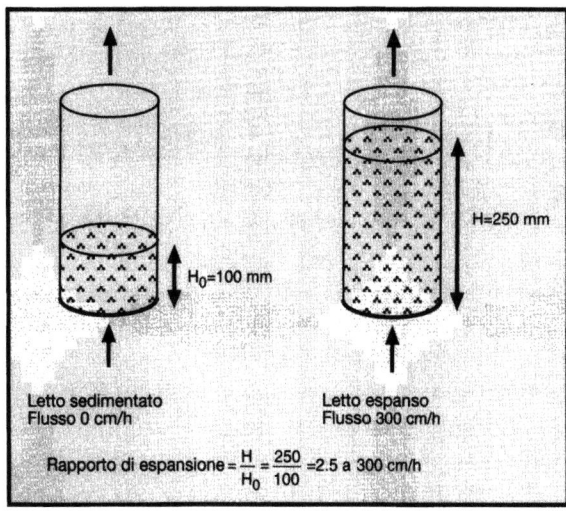

Figura 7.8 Determinazione del rapporto H/H_0 di un letto espanso, per la valutazione della stabilità del letto ottenuto (Amersham Pharmacia Biotech)

nate nel diffusore alla base della colonna, da una rigenerazione della resina non efficace o da qualche ostruzione nel diffusore inferiore. L'osservazione visiva del letto resina risulta naturalmente impossibile quando si ha a che fare con colonne industriali di grandi dimensioni in acciaio. Un metodo sempre applicabile e veloce è la valutazione del rapporto di espansione, inteso come il rapporto tra l'altezza del letto in fase di espansione e l'altezza del letto resina sedimentato (H/H_0) (Fig. 7.8). Gli inconvenienti descritti per l'ispezione visiva determinano infatti una minore espansione del letto rispetto ai valori attesi (determinati sperimentalmente dalla ditta fornitrice). La valutazione è piuttosto semplice, e l'espansione sarà tanto maggiore quanto più elevato sarà il flusso lineare adottato. Il rapporto tra le altezze del letto H/H_0 è quindi un parametro concretamente misurabile della stabilità del letto espanso, veloce e di facile applicazione. Ripetere frequentemente la determinazione del rapporto di espansione permette anche un monitoraggio della qualità del letto nel tempo e dell'efficienza della procedura di rigenerazione adottata. La determinazione del numero di piatti teorici rappresenta la procedura più accurata per la valutazione della stabilità del letto espanso, eseguita con un tracciante in fase di eluizione (solitamente acetone). La modalità della determinazione del numero di piatti teorici è resa disponibile dai fornitori di matrice. Pur rappresentando la procedura più accurata, è comunque anche quella che richiede più tempo, per cui nella pratica si ripiega spesso sulla determinazione del rapporto di espansione del letto. L'ottimizzazione delle condizioni operative, complicate dal tipo di campioni considerati, è condizionata da fattori in genere differenziati in *fisici* e *chimici*. I parametri chimici influenzano la separazione cromatografica e la capacità di adsorbimento della cromatografia. Forza ionica, pH, tipo di tampone rientrano tra questi parametri, simili ai medesimi considerati nella cromatografia con letto impaccato. I parametri fisici sono invece responsabili della stabilità del letto espanso, della sua buona espansione e idrodinamicità. Caratteristiche legate al campione, sono il contenuto di biomassa, la densità cellulare e la viscosità della sospensione. Naturalmente nei parametri fisici da considerare rientrano anche quelli che condizionano l'effetto detto della biomassa, quali temperatura, flusso di eluizione e altezza del letto. I parametri chimici sono molto spesso ottimizzati direttamente su un letto impaccato della resina in questione. Fatto questo si può affrontare il letto espanso su scala da laboratorio considerando in seguito lo scaling-up. Passando al letto espanso, risulta necessario definire la messa a punto dei parametri fisici. Come già detto, la densità cellulare e il contenuto di biomassa, condizionano direttamente la viscosità del mezzo e di conseguenza la buona espansione del letto. Il rapporto H/H_0 viene quindi direttamente influenzato a scapito di una adeguata capacità di adsorbimento. Quantità troppo elevate di corpuscoli possono inoltre complicare la rigenerazione della resina. In genere è opportuno non superare valori di peso secco superiori a 5-8% (eventualmente con una diluizione del campione). Poiché la temperatura influenza la viscosità del campione, molto spesso si eseguono adsorbimenti a temperatura ambiente, a 20-25°C. Lo sforzo sperimentale di ottimizzazione è quindi focalizzato in buona parte sul passaggio iniziale di adsorbimento e recupero della proteina dalle sospensioni non chiarificate. Rientra in un ambito più convenzionale l'eluizione delle molecole adsorbite, in quanto è messa a punto sperimentalmente su una colonna impaccata. L'impegno di ottimizzazione è diretto, oltre alla fase di assorbimento, all'ultimo passaggio di rigenerazione e sanitizzazione della matrice, con le procedure CIP e SIP più adatte per permettere la ripetibilità dei passaggi critici di assorbimento ed eluizione.

7.10.5 Vantaggi e svantaggi della cromatografia a letto espanso

Le caratteristiche dei campioni solitamente impiegati nella cromatografia a letto espanso condizionano i vantaggi derivati dall'utilizzo di tale tecnica. Tali vantaggi possono essere ricordati di seguito.

- Il letto espanso può sopportare campioni molto grezzi, con del solido in sospensione, quali brodi di fermentazione e lisati cellulari.
- I passaggi di chiarificazione dei campioni biologici da applicare sulle colonne non sono in genere necessari. Questo permette di evitare flocculazioni, separazioni con centrifughe o filtri, concentrazioni o dialisi.
- L'uso del letto espanso può portare a risparmi nel processo grazie alla diminuzione di passaggi operativi e del tempo totale.

Come per ogni tecnica, possono essere presenti degli svantaggi:

- l'utilizzo di campioni molto grezzi comporta la messa a punto di procedure di Cleaning e Sanitization In Place spesso più lunghe e complesse.
- Nella separazione vi può essere una sequenza alternata di letto espanso e impaccato, con un controllo più complesso delle varie fasi cromatografiche.

- Su scala industriale con utilizzo di colonne di acciaio, il costo di un sistema cromatografico completo è significativo se comprende anche un software gestionale.

7.11 Scaling-up di una cromatografia

La definizione di un processo industriale comporta inevitabilmente un passaggio di scala. A questa regola di scaling-up non si sottrae naturalmente nemmeno la cromatografia. Considerando la colonna cromatografica, è inevitabile che per aumentarne le dimensioni occorra modificarne la geometria. Ma quali sono, tra i vari parametri geometrici e operativi, quelli che si possono variare senza stravolgere le condizioni messe a punto in laboratorio? Modificare la colonna in modo da rispettare le condizioni di assorbimento ed eluizione ma riuscendo a soddisfare la richiesta produttiva è possibile seguendo alcuni semplici principi. Alcuni parametri vanno mantenuti costanti e precisamente:

- altezza del letto resina;
- flusso lineare;
- concentrazione del campione (caricamento proteico della resina in colonna)

Saranno invece modificati, e precisamente incrementati, i valori di:

- area superficiale del letto resina;
- flusso volumetrico;
- volume del campione caricato (a parità di concentrazione proteica).

Il concetto di scaling-up può essere meglio chiarito con un esempio. Consideriamo una colonna utilizzata per definire i parametri di una purificazione in laboratorio, con diametro interno di 1,6 cm e un'altezza del letto resina di 30 cm: il volume totale di resina sarà di circa 60 ml. Consideriamo anche che nella caratterizzazione si siano fissati i seguenti parametri:

- 80 ml di soluzione caricata, con una concentrazione proteica di circa 15 mg/ml (20 mg proteine/ml resina);
- flusso lineare di 100 cm/h, pari a 200 ml/h.

Immaginiamo che un primo scaling-up, ad esempio per un impianto pilota, comporti l'uso di 48 l di resina. Per rispettare le indicazioni sopra riportate, la colonna per la scala maggiore è assemblata con una medesima altezza del laboratorio (30 cm) ma con un diametro di 45 cm, tale da avere un letto resina di 48 l. Operando in tal modo, la stessa altezza permette di non alterare gli scambi lungo il letto e il numero di piatti teorici. Sarà mantenuto il flusso lineare di 100 cm/h, parametro che influenza la risoluzione. Se il campione su grande scala ha un contenuto proteico simile a quello usato in laboratorio

(15 mg proteine/ml), il volume da caricare sarà proporzionalmente maggiore, precisamente di 64 l (occorre rispettare la capacità di 20 mg/proteine/ml resina). Per mantenere il flusso lineare a 100 cm/h come scritto sopra, l'ampliamento della sezione del letto (nel caso specifico un diametro di 45 cm) comporta ovviamente la variazione del flusso volumetrico, che aumenterà a 159 l/h. Con questo ipotetico scaling-up è stato quindi possibile esemplificare come variare certi parametri e mantenerne costanti altri. Se si manifestasse la necessità di modificare parametri quali l'altezza della colonna o il flusso lineare occorrerà standardizzare in laboratorio la cromatografia sulla base dei nuovi parametri.

Capitolo 8
Enzimi e cellule immobilizzati

La biocatalisi rappresenta una delle principali applicazioni degli enzimi. Se una reazione di interesse può essere condotta grazie ad un enzima, quest'ultimo deve essere utilizzato nella forma più idonea per avere bioconversioni efficienti, ripetibili, con ottime rese e tempi di reazione accettabili. L'ottimizzazione delle condizioni operative verrà discusso nel capitolo delle biotrasformazioni, mentre in questo si descrivono i tipi principali di biocatalizzatori e le tecniche di preparazione di una loro categoria particolarmente importante: gli *enzimi immobilizzati*.

8.1 Tipi di biocatalizzatori

Per i biocatalizzatori, si definiscono schematicamente le seguenti categorie:

$$\text{enzimi} \begin{cases} \text{liberi} \\ \text{immobilizzati} \end{cases} \qquad \text{cellule} \begin{cases} \text{libere} \\ \text{immobilizzate} \end{cases}$$

In termini generali, l'enzima può essere impiegato sia nella cellula in cui è contenuto, mantenendolo nell'ambiente più adatto alla propria struttura, sia in forma molecolare, privato del suo intorno naturale. In entrambi i casi, come riportato sopra, è possibile considerare enzimi e cellule in forma sia libera sia immobilizzata. Nel primo caso, il biocatalizzatore è in forma solubile nella soluzione di reazione, mentre nella forma immobilizzata cellule o enzimi sono in genere associati, in forma reversibile o irreversibile, a un supporto solido. Ciascuna categoria presenta vantaggi e svantaggi. Sono il tipo di bioconversione e le caratteristiche catalitiche dell'enzima a condizionare la scelta. Nel considerare l'uso di enzimi o cellule immobilizzate, vi sono alcune considerazioni preliminari. Se l'immobilizzazione può portare un enzima dalla forma solubile a quella solida, le cellule sono già una forma non solubile. Una volta aggiunte alla soluzione in cui svolgere la reazione danno origine a una catalisi eterogenea. Perché allora conviene in alcuni casi associarle a un supporto solido? I vantaggi eventuali sono una maggiore stabilità meccanica, un aumento delle dimensioni e della sedimentabilità delle particelle. Considerando gli enzimi liberi, invece, si tratta di una vera *insolubilizzazione*. Alcune tecniche di immobilizzazione sono reversibili e l'enzima può ritornare nella forma solubile.

8.2 Vantaggi operativi dell'immobilizzazione

Alcuni vantaggi dell'immobilizzazione delle cellule, in buona parte di ragione meccanica, sono già stati indicati. Per quanto riguarda l'immobilizzazione enzimatica essa è una tecnica presente da diversi decenni, da quando si è riscontrato che alcuni enzimi sono in grado di conservare la propria attività dopo averli adsorbiti su supporti solidi naturali, quali le argille. Lo sviluppo continuo della cromatografia ha poi agevolato lo sviluppo delle tecniche di immobilizzazione, fino ad arrivare ai tempi attuali in cui gli enzimi immobilizzati rappresentano una realtà consolidata anche nell'ambito industriale. Ma la domanda più interessante spesso è: cosa ha permesso ai biocatalizzatori di avere successo nell'industria? I vantaggi principali sono:

- L'enzima può essere utilizzato in più cicli operativi, sia in "batch" che in flusso continuo, con la possibilità di recuperare il catalizzatore a fine reazione, essendo questo in una forma fisica differente da substrati e prodotti di reazione (catalisi eterogenea).
- Maggiore controllo della reazione, in quanto l'enzima può essere separato velocemente dalla soluzione: questo aspetto è particolarmente importante nel caso di prodotti labili o di inconvenienti operativi.
- Possibilità di sviluppare diverse tecnologie applicative per reazioni in continuo, sia in colonna sia in batch.
- Possibilità di effettuare più reazioni consecutivamente, ad esempio co-immobilizzando due o più enzimi sulla stessa matrice oppure trasferendo il prodotto di una reazione in un secondo reattore per la trasformazione enzimatica successiva.
- Modifiche delle proprietà chimico-fisiche degli enzimi, con distorsioni configurazionali e possibili incrementi dell'efficienza catalitica.
- Frequente incremento della stabilità operativa dell'enzima, specialmente alla temperatura e al numero di cicli di reazione effettuabili.

A questi si aggiungono i vantaggi intrinsecamente legati all'enzima, quali la selettività, le condizioni blande di reazione e il contenuto impatto ambientale.

8.3 Tecniche di immobilizzazione di enzimi e cellule

Dare una idea esauriente delle metodologie utilizzate per l'immobilizzazione non è semplice: esse sono molteplici e il loro numero cresce ancora di più considerando anche i supporti, i reattivi per attivazione o cross-linking e altre variabili. Il proposito è quello di fornire una visione generale delle possibilità focalizzandosi maggiormente sulle tecniche di maggior rilievo in termini di industrializzazione. Nella classificazione dei metodi di immobilizzazione, in alcuni testi si effettua una prima suddivisione tra enzimi *insolubili* e *solubili*. Questo perché si considera una forma di immobilizzazione il mantenimento dell'enzima libero in un ambiente circoscritto, ad esempio da una membrana di ultrafiltrazione che non ne permetta la fuoriuscita. Sebbene questa applicazione possa essere di inte-

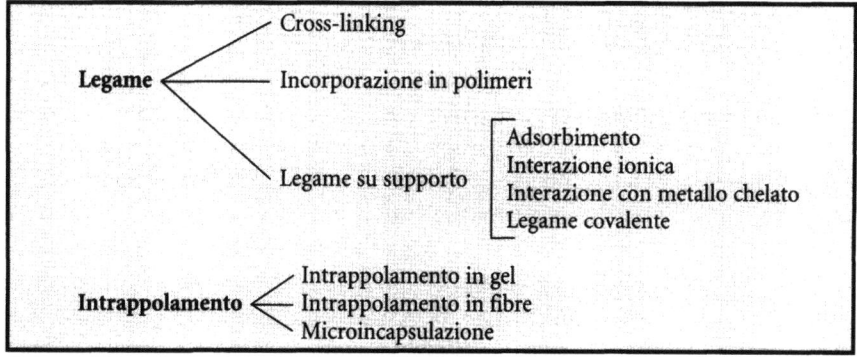

Figura 8.1 Classificazione dei metodi di immobilizzazione in tecniche di legame e tecniche di intrappolamento

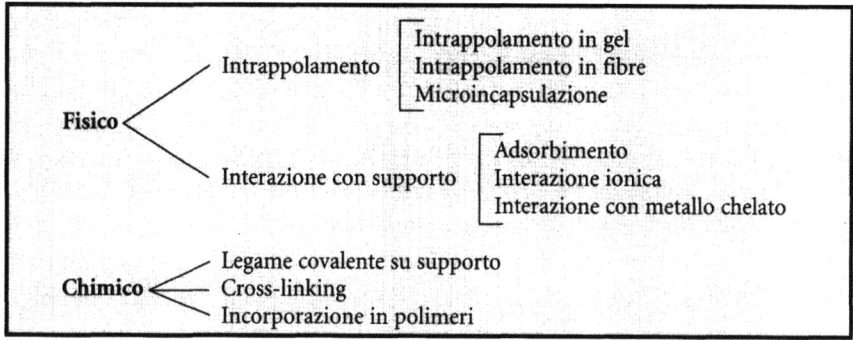

Figura 8.2 Classificazione delle immobilizzazioni in metodi fisici e chimici

resse per le biotrasformazioni, consideriamo qui solo le tecniche di insolubilizzazione degli enzimi, in grado di dare biocatalizzatori adatti per catalisi eterogenee. Vi sono diverse modalità di classificazione: una prima suddivisione può essere tra tecniche di *legame* e di *intrappolamento* (Fig. 8.1).

Una suddivisione alternativa può essere quella in metodi *fisici* e *chimici*; l'aggettivo fisico si riferisce a metodi che non comportano modifiche dell'enzima mediante reazioni chimiche, con formazione di legami covalenti. Può distorcersi la configurazione tridimensionale della proteina, ma non vi è modifica chimica. Nei metodi chimici, come fa supporre il nome, l'immobilizzazione comporta invece la formazione di legami covalenti, con il coinvolgimento diretto degli amminoacidi dell'enzima. Adottando la suddivisione tra metodi fisici e chimici, l'elenco precedente può essere rivisto nella Figura 8.2.

8.3.1 Intrappolamento

La tecnica di intrappolamento, sia essa eseguita in *gel*, *fibre* o *microcapsule*, comporta l'inglobamento delle molecole enzimatiche o delle cellule entro la trama tridimensionale di un polimero. Questo funge da barriera fisica alla fuoriuscita dei biocatalizzatori, che pur essendo imprigionati conservano la propria attività e reagiscono con i substrati che permeano attraverso i pori del polimero. La metodica di intrappolamento comporta nei vari casi la miscelazione dell'enzima o delle cellule con i monomeri: questi ultimi, polimerizzando, inglobano nella propria trama tridimensionale il biocatalizzatore. Nell'intrappolamento in un gel la forma finale del polimero è spesso quella di uno strato relativamente sottile, simile a un foglio. Un esempio tipico è l'inglobamento in poliacrilamide, con procedure praticamente uguali a quelle per la preparazione dei gels elettroforetici. Enzimi così preparati hanno interessanti applicazioni: lo strato sottile applicato su elettrodi permette la preparazione di biosensori specifici (basti ricordare quelli con glucosio ossidasi o ureasi), che trovano impiego in settori diversi, quali quello ambientale o diagnostico. Per l'intrappolamento in fibre l'esempio più importante è la miscelazione del biocatalizzatore con l'acetato di cellulosa in un medium acqua/solvente organico: acetone e metilene cloruro sono tra i solventi più utilizzati. Una tale miscela subisce poi un'estrusione che permette una rapidissima evaporazione del solvente e la formazione di fibre di acetato di cellulosa, sotto forma di sottili fili, che inglobano entro la propria struttura enzimi o cellule aggiunte in fase di miscelazione. Questa tecnica ha avuto applicazione su scala industriale; enzimi inglobati in fibre di acetato di cellulosa sono state utilizzate in grandi impianti: alcune acilasi ad esempio producono parecchie tonnellate annue di intermedi farmaceutici, con l'ausilio di grosse "filiere" per la preparazione delle fibre. Attualmente le fibre sono state tuttavia in maggioranza sostituite da altre tecniche, in seguito alla sempre più ampia espansione dell'immobilizzazione su resine. Nella microincapsulazione l'inglobamento avviene all'interno di micelle che si formano, sotto agitazione, aggiungendo polimero disciolto in solvente organico a una sospensione enzimatica contenente un detergente, in grado di diminuire la tensione superficiale e agevolare la formazione delle microcapsule. Nell'immobilizzazione di enzimi, si possono anche aggiungere proteine inerti, quali l'albumina: in diversi casi si ottiene una maggiore stabilità. Alla polimerizzazione in presenza di solventi organici e monomeri si affianca però una serie di prodotti di origine in genere naturale, con un comportamento simile all'acrilamide ma non tossici, in grado di formare anche particelle sferiche. Tra i più noti vi sono: *agar*, *chitosano*, *gelatina*, *carragenano* e *alginato*, tutti di origine vegetale o animale (chitosano e gelatina). Con questi composti la polimerizzazione avviene spesso con tecniche semplici, come la variazione di temperatura o l'aggiunta di ioni comunemente usati (soprattutto di calcio e potassio). I gels che si ottengono hanno dato buoni risultati nel caso di intrappolamento di cellule. Per chiarire alcune delle tecniche utilizzate, si farà riferimento a due polimeri molto diffusi come l'alginato e il carragenano. Entrambi hanno origine vegetale, precisamente da alghe marine. L'acido alginico, dal quale si ottiene l'alginato di sodio, è ricavato da alghe brune marine, soprattutto *Laminaria*, *Macrocystis* e *Ascophylum*, diversamente diffuse nei mari del mondo. L'acido alginico è un polimero di β-D-acido mannuronico e α-L-acido guluronico uniti mediante legami glicosidici. L'alginato di

8.3 Tecniche di immobilizzazione di enzimi e cellule

sodio è in grado di formare polimeri in presenza di cationi bivalenti, in particolare Ca^{2+}. Questa caratteristica permette di intrappolare le cellule o anche enzimi all'interno del polimero durante la sua formazione in soluzioni acquose. In maniera sintetica, è possibile descrivere (considerando le cellule) i seguenti passaggi per l'immobilizzazione:

- Si prepara la soluzione di alginato di sodio, in acqua e in genere a temperatura ambiente, evitando formazione di grumi. Le concentrazioni non sono mai troppo elevate per evitare soluzioni troppo dense e viscose.
- Alla soluzione di sodio alginato si addizionano le cellule, in genere sotto forma di pasta o sospensione molto concentrata, in maniera omogenea e in agitazione. Preventivi saggi danno indicazioni sul rapporto migliore tra quantità di cellule, volume di soluzione e concentrazione di alginato. Si utilizzano spesso rapporti di 3-5 ml di soluzione di alginato 1% per ogni grammo umido di cellule.
- Una volta omogenea, la sospensione di cellule in alginato viene fatta gocciolare in una soluzione di un sale di calcio (in genere $CaCl_2$): può essere sufficiente una concentrazione circa 0,1M. Le gocce che cadono nella soluzione di calcio danno origine a delle piccole sfere di gel al cui interno rimangono intrappolate delle cellule. In laboratorio si può usare una siringa o una piccola pipetta. Aumentando la scala, si ricorre in genere a pompe, che possono avere un singolo tubo o un gocciolatore multiplo. Un diametro del tubo o dell'ago di circa 1 mm può essere sufficiente per ottenere particelle adeguate (è permessa una certa oscillazione nelle misure del diametro del tubo).

Le particelle di alginato con le cellule intrappolate presentano i vantaggi di tecniche di preparazione semplici, scaling-up contenuto nei costi e impatto ambientale ridotto. Tra gli svantaggi vi è la scarsa resistenza meccanica, e la sensibilità riguardo ad agenti chelanti. Aggiungendo ad esempio EDTA, sotto agitazione si può avere la completa distruzione delle particelle di alginato in quanto gli ioni calcio vengono sequestrati. Per rendere il gel più resistente a tale effetto si può ricorrere a due strategie: la sostituzione del calcio con altri ioni bivalenti, quali Ba^{2+} e Sr^{2+}, più resistenti all'azione dei chelanti, oppure con un cross-linking del gel mediante legami chimici, ad esempio con polietilenimmina e glutaraldeide. In tal caso si hanno però delle limitazioni operative: il settore alimentare industriale non accetta in genere l'utilizzo di ioni diversi dal calcio e di composti nocivi. Il carragenano è un altro importante polisaccaride estratto da alghe rosse marine di diversi generi: *Gigartina*, *Hypnea*, ecc. Strutturalmente i carragenani possono essere definiti come polimeri di D-galattosio e 3,6-anidro-D-galattosio, con gruppi solfato. Vi sono diversi tipi di carragenano, i più importanti dei quali sono denominati kappa, iota e lambda. Per le procedure di immobilizzazione il più adatto è il κ-carragenano, in quanto forma gel più facilmente e con maggiore resistenza. Il carragenano forma il gel alla diminuzione della temperatura o in presenza di cationi, in particolar modo quelli monovalenti come K^+ e NH_4^+. Le procedure di intrappolamento dei biocatalizzatori in carragenano sono simili a quanto detto per l'alginato, con gocciolamento in soluzioni ad esempio di cloruro di potassio. Con gel di questo tipo si possono avere forme diverse oltre alle piccole sfere (beads); formando un piccolo strato sottile di sospensione, raffreddando e ricoprendo con la soluzione di KCl si possono ottenere delle membrane sottili, o addirittura dei beads più grossi, quasi dei piccoli cubi con uno strato di sospensione più alto che una volta solidificato può essere tagliato. Procedure di utilizzo simili a carragenano e alginato si adottano anche per il chitosano. Viene in genere solubilizzato come acetato, agitando la sospensione acquosa con l'aggiunta di acido acetico e gocciolando, dopo l'aggiunta delle cellule, in soluzioni di polifosfati. Diversi polimeri per intrappolamento possono essere utilizzati in condizioni sterili, ad esempio quando si intende immobilizzare cellule molto giovani o spore: una volta intrappolate nei gel beads, possono essere mantenute e crescere in un terreno di coltura, recuperandole quando necessario. Come detto per le fibre, anche con l'intrappolamento in gel sotto forma di beads vi sono importanti realizzazioni industriali, anche su ampia scala e utilizzando colonne per processi continui o semicontinui.

L'intrappolamento, in mancanza di legami chimici stabili, non altera sensibilmente le caratteristiche del catalizzatore. Malgrado ciò, vi sono anche aspetti negativi che hanno spesso portato alla sostituzione delle tecniche di intrappolamento nei processi industriali:

- La trama tridimensionale dei polimeri non è perfettamente ripetibile nei suoi vari punti: i pori hanno dimensioni differenti e questo può determinare un lento rilascio proteico nel tempo.
- La struttura polimerica rappresenta una parziale barriera alla permeazione dei substrati e al rilascio dei prodotti. Questo può rallentare la reazione o anche impedirla se i substrati sono di grande dimensione.
- Fibre, gel e microcapsule sono sensibili alle condizioni operative, quali agitazione, pH, alte concentrazioni di soluti, ecc. La loro gestione deve essere quindi piuttosto accurata; le fibre di acetato di cellulosa ad esempio sono in genere utilizzate in colonna, sospese alla parte superiore della colonna in modo che possano fluttuare nella soluzione con flussi non eccessivi.
- La tecnica di intrappolamento, quando coinvolge polimeri di natura sintetica, comporta l'utilizzo di solventi organici, anche se in miscela. Possono così avvenire denaturazione degli enzimi o danneggiamento delle membrane cellulari.

8.3.2 Interazione con supporto solido

Questo tipo di immobilizzazione è stato il primo sperimentato, grazie alla sua semplicità. Le interazioni con il supporto di tipo fisico, si basano su legami deboli, quali attrazioni di tipo polare, ionico, forze di Van der Waals. Le interazioni con la matrice vengono per comodità suddivise in base al tipo principale di legame reversibile che si forma tra supporto ed enzima o cellula. Le categorie principali sono quelle già elencate: adsorbimento, interazione ionica e con metalli.

Adsorbimento. È una delle tecniche più semplici: si basa su attrazioni non ioniche o comunque interazioni di bassa e media intensità, come le forze di Van der Waals. Diversi sono i supporti disponibili per questo tipo di immobilizzazione, organici o inorganici. Questi ultimi comprendono composti facilmente reperibili, quali quarzo, carboni, vetro poroso e argille (le bentoniti, delle argille naturali, sono state tra i primi supporti impiegati). Quarzo e vetro adsorbono in genere abbastanza debolmente, mentre carboni e argille hanno legami più forti con cellule e proteine. Entrambi questi materiali sono usati anche per eliminare materiale biologico dalle soluzioni, grazie alle loro alte capacità adsorbenti. L'elevata area di superficie permette di adsorbire sia enzimi che cellule, ma naturalmente la capacità varia in relazione alle dimensioni di ciò che si immobilizza: è ovvio che una cellula ha un ingombro sterico ben maggiore di un enzima. Altri materiali inorganici sono stati utilizzati nel tempo, ad esempio la silice e le terre di diatomee, delle quali fa parte il tipo denominato *Celite*, un supporto costituito anch'esso perlopiù da silice, con presenza di ossidi di alluminio, ferro e calcio. Diversi enzimi sono stati adsorbiti con successo, e lo stesso dicasi per le cellule: *Saccharomyces cerevisiae* e *S. uvarum* su silice, *Penicillium chrysogenum* su Celite, ecc. Ai materiali inorganici disponibili si aggiungono naturalmente quelli organici, sia naturali sia sintetici, traendo anche vantaggio dallo sviluppo avvenuto nella polimerizzazione delle resine. Matrici su base stirenica o acrilica, hanno dato in diverse applicazioni buoni risultati, grazie anche al vantaggio di poter modulare diversi parametri in fase di sintesi del polimero della resina, quali la granulometria, la porosità, il crosslinkage, ecc.

Interazione ionica. Questo tipo di immobilizzazione si basa sull'attrazione tra gruppi di carica opposta come per la cromatografia a scambio ionico. Come possibili supporti per l'immobilizzazione vi sono le fasi stazionarie cromatografiche. Attenzione va posta qualora l'immobilizzato debba essere utilizzato, durante le biotrasformazioni, in reattori agitati invece che in colonna. In tal caso la matrice deve avere una consistenza meccanica adeguata per sopportare i continui urti e movimenti di una agitazione. A parte ciò, potenzialmente la scelta può spaziare tra i vari tipi di matrice con gruppi funzionali ionizzabili e naturalmente in funzione della carica netta dell'enzima o delle cellule: dalla cellulosa al destrano, dalle resine polistireniche alle acriliche. L'interazione ionica dà intensità di legame spesso maggiori del semplice adsorbimento, ma pur sempre un legame reversibile. Innalzamenti di forza ionica o variazioni di pH possono infatti determinare un rilascio di proteine con conseguente inquinamento della soluzione di bioconversione e una repentina diminuzione dell'attività immobilizzata. In alcuni casi, uno dei possibili vantaggi della reversibilità del legame ionico (e di altre interazioni quale l'adsorbimento) è il riutilizzo della matrice. È possibile rigenerare e sanitizzare la resina, riequilibrare e adsorbire un nuovo biocatalizzatore. Questo può ridurre il consumo di matrice e i costi, ma occorre valutarne la possibilità caso per caso. Per un riutilizzo occorre accertare il mantenimento dell'integrità della matrice e il ripristino della sua capacità di scambio (in fase di bioconversione possono assorbirsi anche altri composti presenti in soluzioni grezze, difficili da eliminare).

Interazione con metallo chelato. Come in cromatografia, un enzima può interagire con uno ione metallo complessato sulla matrice mediante gruppi funzionali chelanti, quali zinco, rame, calcio e altri, come già descritto per la tecnica cromatografica IMAC. Ulteriori sviluppi hanno portato anche all'utilizzo di particolari metalli di transizione, quali il titanio, in grado di coordinare diversi enzimi. L'uso di metalli meno comuni può però renderne piuttosto complessa la gestione industriale.

8.3.3 Metodi chimici

Riferendoci allo schema precedente dei metodi chimici, i biocatalizzatori sono covalentemente legati alla matrice coinvolgendo alcuni amminoacidi. Il legame covalente su supporto, vista la sua importanza e la varietà che presenta, verrà trattato indipendentemente in maniera più ampia.

Cross-linking. La tecnica del cross-linking comporta il legame covalente tra le varie molecole di enzima o tra una cellula e l'altra. In tal modo si forma una rete tridimensionale, con ponti trasversali che stabilizzano la struttura. Per permettere ciò la sospensione o soluzione è trattata con agenti chimici bifunzionali, simili a quelli considerati per l'attacco dei ligandi nella cromatografia di affinità. Il reattivo senz'altro più usato è la glutaraldeide, che lega covalentemente residui amminici di due diverse molecole o cellule, unendole. La struttura finale dà origine ad un immobilizzato, ma la stabilità meccanica non è in genere molto elevata. I legami crociati causati dal reattivo bifunzionale stabilizzano in diversi casi il biocatalizzatore, che rimane in un certo senso bloccato in una determinata conformazione. Oltre alla glutaraldeide, la più utilizzata, vi sono altri agenti bifunzionali, quali isocianati, diazobenzidine e suberimidati, più usati in laboratorio o su scale applicative contenute. Il cross-linking può essere utilizzato anche per stabilizzare immobilizzati ottenuti con altre metodiche: un esempio è quello relativo ai gel di alginato. Particolarmente interessante è il caso di immobilizzazioni mediante interazioni su un supporto solido. Se la reversibilità del legame è critica per il processo, una volta che enzima o cellule sono immobilizzate sul supporto possono essere trattate con glutaraldeide. Se la matrice non possiede gruppi amminici primari, la dialdeide formerà una rete tra le molecole assorbite che avvolgerà la particella di supporto senza instaurare con essa legami covalenti. Questo stratagemma ha permesso di minimizzare o annullare i fenomeni di deadsorbimento, con biocatalizzatori più stabili e in grado di sopportare variazioni di pH e alte forze ioniche. Con diversi immobilizzati industriali è stato utilizzato questo accorgimento, in particolare con supporti rappresentati da scambiatori ionici, quali DEAE e Q in quanto spesso si usano con valori di pH di immobilizzazione idonei per la reazione della glutaraldeide.

Incorporazione in polimeri. Non è da confondere con l'intrappolamento fisico entro gel, fibre o microcapsule. In questo caso l'enzima è miscelato con monomeri sintetici: durante la polimerizzazione si forma un copolimero nella trama tridimensionale del quale si alternano monomeri e molecole di enzima. Una sorta di cross-linking quindi, ma in questo caso eterogeneo. Usando monomeri acrilici o ammidici si ottengono polimeri meccanicamente più stabili del cross-linking precedentemente descritto: inoltre, come succede anche con l'intrappolamento in gel, avendo una miscelazione iniziale dei componenti si possono utilizzare grandi quantità di enzima, che risulterà più concentrato nelle singole particelle di immobilizzato. La stabilità degli enzimi nelle condizioni operative di immobilizzazione rappresenta il maggiore svantaggio: perdite di attività cospicue possono avvenire a causa dei solventi organici utilizzati e delle distorsioni strutturali che le molecole possono subire nel rigido reticolo polimerico.

8.4 Immobilizzazione covalente su supporto solido

La preparazione di forme immobilizzate che coinvolgono legami covalenti tra il supporto solido e l'enzima, o cellula, rappresenta una delle tecniche più interessanti e sempre più in uso, grazie alla stabilità del legame e alla flessibilità operativa. Lo sviluppo a suo tempo della cromatografia di affinità ha portato anche all'affermarsi dell'immobilizzazione covalente. Le problematiche sono le medesime: matrici con valori adatti di porosità, idrofilicità e numero di gruppi reattivi, importanza o meno dei bracci spaziatori, tipo di agente attivante per permettere il legame covalente sul supporto. La diversità rispetto alla cromatografia di affinità consiste nel fatto che il ligando non è più una molecola in grado di interagire reversibilmente con enzimi, anticorpi o altro, ma è l'enzima stesso o la cellula. Per l'immobilizzazione si impiega il legame covalente al supporto, con i passaggi di attivazione della resina, introduzione di un eventuale braccio spaziatore e attacco del *ligando* enzima. Tutti sono critici per poter ottenere un valido biocatalizzatore solido.

Gruppi chimici proteici coinvolti nel legame. Proteine e cellule, per poter essere fissate covalentemente devono avere dei gruppi chimici adatti, gli stessi coinvolti durante le reazioni di cross-linking e incorporazione in polimeri trattate precedentemente. Riferendoci in particolare modo agli enzimi, gli amminoacidi che li compongono contengono diversi gruppi suscettibili di legami covalenti con la matrice. Tra i più importanti:

- I gruppi amminici, principalmente quello in posizione ε della lisina e il residuo amminico N-terminale della catena proteica. In misura minore, con particolari reattivi, vengono coinvolti anche il gruppo guanidinico dell'arginina, l'imidazolo dell'istidina e l'indolo del triptofano
- I gruppi carbossilici, forniti dal C-terminale della proteina e dagli amminoacidi che ne possiedono nella catena laterale, come gli acidi aspartico e glutammico
- I gruppi sulfidrici dei residui di cisteina; il gruppo tioetere della metionina è molto meno reattivo. Cisteine adiacenti nella struttura terziaria della proteina, possono formare ponti disolfuro di cistina. Anche questi disolfuri possono partecipare ad altri legami covalenti, ma la loro rottura potrebbe portare a modifiche irreversibili dell'enzima e a una sua inattivazione

- Gli idrossili sono un quarto tipo di residui disponibili, ma la loro reattività non è elevata se paragonata, ad esempio, alle ammine. Il più importante è quello della serina: in misura minore, il gruppo -OH di treonina e tirosina (quest'ultimo però è fenolico, gruppo molto stabile).

Supporti per l'immobilizzazione. La scelta del supporto comporta l'analisi di diversi parametri almeno in parte considerati nella cromatografia. Anche per l'immobilizzazione sono disponibili matrici diverse: dai polisaccaridi alle resine polistireniche, fino alle formofenoliche e acriliche. La caratteristica essenziale che il supporto deve possedere è la disponibilità di gruppi chimici che, direttamente o dopo modifica, siano in grado di formare il legame covalente con i residui reattivi delle proteine o cellule. I gruppi funzionali della resina adatta sono simili a quelli menzionati per gli amminoacidi proteici, con qualche importante eccezione. Ricordiamo quindi gruppi ossidrili –OH, comuni nelle matrici polisaccaridiche quali cellulosa e destrano. A queste si sono aggiunte matrici di altra natura, spesso sintetica, con ulteriori gruppi reattivi quali i carbossili –COOH e le ammine primarie –NH_2; disponibili, anche se in maniera molto più ridotta, resine con gruppi funzionali sulfidrilici –SH. L'affermarsi in maniera sempre più ampia dell'immobilizzazione covalente e della cromatografia di affinità, tecniche con fini diversi ma con simile approccio, ha permesso di mettere a punto e commercializzare, delle resine pronte all'uso, ovvero con un gruppo reattivo in grado di legare immediatamente l'enzima o la cellula senza la necessità di passaggi intermedi. I gruppi funzionali più importanti delle resine pronte all'uso sono:

- Epossidico (oxirano)
- Formile
- N-Idrossisuccinimmide (NHS)

Tutti questi gruppi sono disponibili su matrici di diversa natura. Basti ricordare qualche esempio commercialmente disponibile quali Eupergit (Röhm GmbH), Sepabeads FP-EP (Resindion s.r.l.) e Epoxy Sepharose (Amersham Pharmacia Biotech) aventi gruppi oxiranici, presenti in polimeri di acrilamide, metacrilati e destrano. Eupergit e Sepabeads sono inoltre disponibili per applicazioni industriali su grande scala, anche con molti metri cubi di resina. Possiamo citare come esempi anche NHS-Sepharose (Amersham Pharmacia Biotech), su polimero destrano, per i gruppi *N*-idrossisuccinimmide, e Formyl Cellufine (Millipore), su base cellulosica, per quanto riguarda il gruppo formile Nella trattazione delle caratteristiche generali delle matrici cromatografiche si è avuto modo di considerare aspetti chimico-fisici importanti del supporto stesso, che condizionano le capacità di scambio e assorbimento. Questo vale anche quando la matrice funge da supporto solido per l'immobilizzazione. Granulometria e porosità quindi condizionano la capacità di legare più molecole enzimatiche (si ricordi il concetto di area superficiale disponibile) e la possibilità di utilizzare anche l'interno dei pori della matrice se con dimensioni sufficienti. Tali aspetti diventano ancora più critici se si vogliono immobilizzare delle cellule. Il mercato ha risposto a questa richiesta con matrici a granulometria differente e porosità variabili, da 50-100 μm fino a 2000 e più μm di diametro, arrivando alle macroporose che hanno delle vere *caverne*. La matrice deve anche essere adeguatamente idrofila, per evitare che la superficie del supporto, se troppo idrofobica, determini una repulsione nei confronti dell'enzima rendendone più difficile il legame.

Attivazione dei gruppi funzionali e immobilizzazione. Per avere il legame covalente tra la matrice solida e l'enzima o cellula è necessario che le due parti abbiano gruppi funzionali sufficientemente reattivi. Molte volte però questo non succede: se usiamo una resina con gruppi carbossilici, nessun amminoacido di una proteina potrà in condizioni operative blande reagire covalentemente con la matrice. Ancora più improbabile è utilizzare l'ammina primaria di un supporto per poter legare covalentemente i residui amminici lisinici di un enzima. Ma come è possibile superare queste difficoltà? Il problema è il medesimo che si riscontra spesso con l'attacco dei ligandi in cromatografia di affinità, e si risolve con una fase di *attivazione*. Con questa metodica, i gruppi funzionali di una resina vengono fatti reagire con composti chimici in grado di modificare il gruppo in una forma tale da renderlo molto più reattivo e in grado di legare covalentemente enzimi o cellule. Per comprendere la varietà di possibilità a disposizione, si riportano le principali tecniche di attivazione, con i gruppi funzionali coinvolti, l'agente chimico usato e i gruppi delle proteina che possono reagire. Poiché è il supporto ad essere modificato, si elencano qui le metodiche in base al gruppo funzionale della matrice coinvolto (gli schemi di reazione sono in figura 8.3).

Gruppo funzionale ossidrile –OH

Bromuro di cianogeno. I gruppi ossidrile delle matrici, tipicamente quelle polisaccaridiche, sono resi altamente reattivi mediante il bromuro di cianogeno (CNBr) (Fig. 8.3a). Le resine attivate con CNBr reagiscono con diversi residui amminici delle proteine e in modo stabile, formando legami di isourea. Tale metodica è impiegata per prodotti molto costosi. Un problema è l'estrema tossicità del CNBr, che ne rende molto pericolosa la manipolazione. Peraltro commercialmente esistono resine già attivate con CNBr e quindi pronte all'uso in immobilizzazione. Lo svantaggio principale diventa a questo punto l'alto costo di queste matrici, proibitivo se usato in processi con prodotti con valore economico medio-basso e preparazioni di ampio volume.

Sodio periodato. È una semplice attivazione che si esegue secondo la reazione in Figura 8.3b. Il gruppo –OH viene ossidato ad aldeide dall'azione del periodato IO_4^-; anche in questo caso le ammine primarie della struttura proteica sono coinvolte. Il sodio periodato è un reattivo con costo piuttosto contenuto e non tossico come CNBr; attivazione e immobilizzazione sono relativamente semplici e in alcuni casi potrebbero essere eseguite in maniera opposta, con biocatalizzatori che presentano una parte glucosidica nella propria struttura. Gli

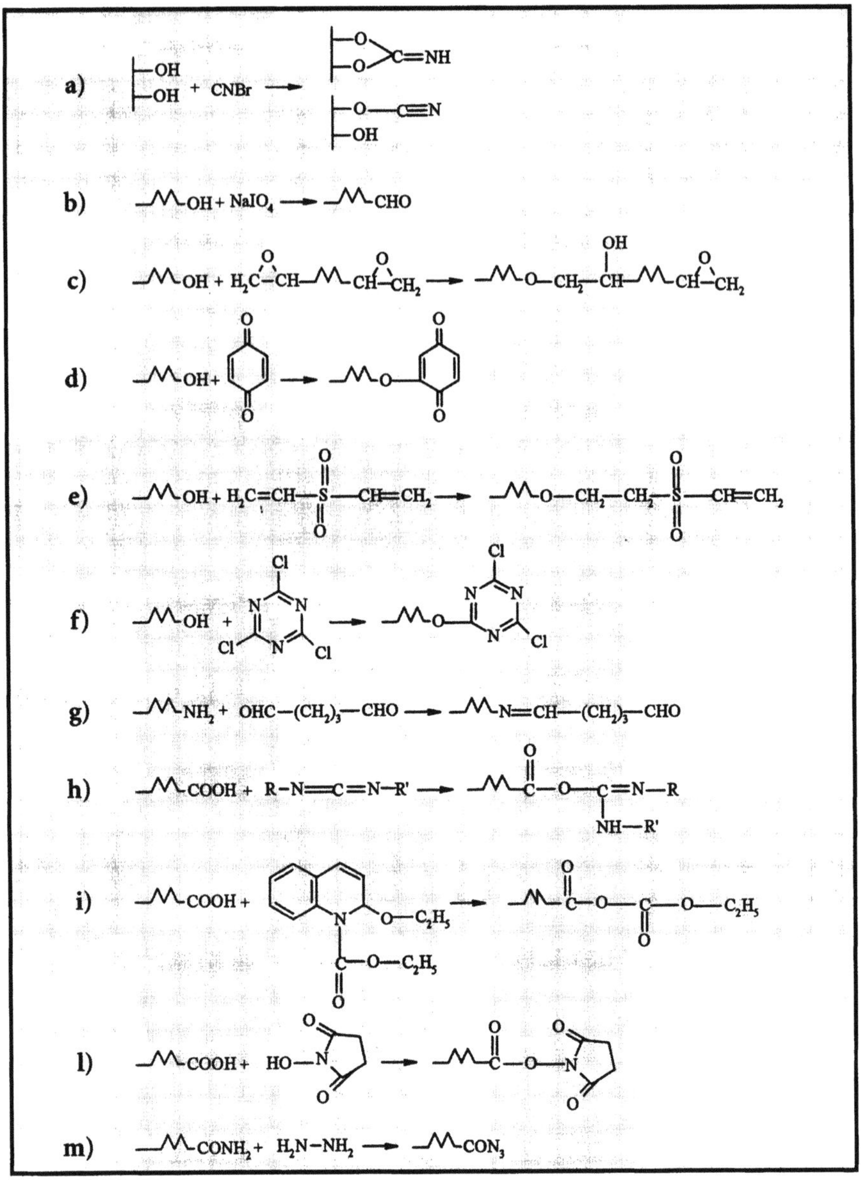

Figura 8.3 Reazioni di attivazione coinvolte nella immobilizzazione covalente di enzimi

–OH dello zucchero potrebbero essere ossidati da NaIO$_4$ e la proteina così modificata immobilizzata su una resina con gruppi amminici primari. Una procedura così non è però semplice: l'enzima dovrebbe ad esempio essere in grado di sopportare l'ossidazione senza subire inattivazione. Inoltre i tempi di incubazione sono in alcuni casi piuttosto lunghi (più di 15 ore) e le rese di modificazione dei gruppi non elevate.

Bisepoxirani. Molecole bifunzionali, con due gruppi oxiranici, possono reagire con i gruppi ossidrili di una matrice in modo da legarsi covalentemente a un estremo e lasciare l'altro gruppo di epossido libero per poter legare le proteine. Commercialmente vi sono diversi composti bisepoxiranici disponibili, quali il 1,4-butandiol diglicidiletere o il bis-epoxypropil etere, di prezzo contenuto e spesso non tossici. La reazione va eseguita in ambiente basico, con sodio idrossido, e la reazione di attacco è la c della medesima figura 8.3. Gli epossidi sono estremamente interessanti in quanto possono immobilizzare diversi gruppi delle proteine: principalmente ammine primarie in genere a un valore di pH di 7-9, ma anche tioli (–SH) specialmente a pH di 5-7 e ossidrili (di zuccheri prostatici o amminoacidi) ma a valori di pH elevati, almeno 11. Come svantaggi, ricordiamo le rese di attivazione spesso non elevate e la reattività del gruppo epossido che può aprirsi e perdere la capacità di legame: per tale ragione viene in genere conservato a 5-10° C (in alcuni casi addirittura congelato per lunghi periodi). L'attivazione viene ormai superata vista la disponibilità sul mercato di resine già pronte all'uso, come ricordato precedentemente. È una delle tecniche per *pronto all'uso* industrialmente più interessanti.

Epicloridrina. L'attivazione dei gruppi con questo agente fornisce un prodotto finale uguale a quanto visto con i bisepoxirani, con la differenza eventuale della lunghezza e tipo di catena. Anche in questo caso la reazione di attivazione avviene a pH molto alcalini. Spesso il principale svantaggio dell'epicloridrina è la sua elevata tossicità.

Benzochinone. Anche questo reattivo organico permette l'immobilizzazione delle proteine sfruttandone i gruppi amminici primari. La reattività del benzochinone è piuttosto elevata (Figura 8.3d) ma non va sottovalutata la tossicità del prodotto.

Divinilsulfone. È un reattivo bifunzionale (Figura 8.3e) e ha delle somiglianze con le metodiche viste con bisepoxirani, compresi i pH molto alcalini in fase di attivazione. La resina ottenuta può reagire covalentemente con gruppi amminici e anche ossidrilici. In genere il divinilsulfone ha una limitata scala applicativa, come anche benzochinone, a causa dell'elevata tossicità e dell'alto costo.

Tricloro- s-triazina. Composto organico ciclico che attiva gli ossidrili rendendoli in grado di immobilizzare gruppi amminici primari, come mostrato dalla reazione f della stessa Figura 8.3. Anche in questo caso la reazione è agevolata a pH alcalino, con la liberazione di acido cloridrico durante l'attivazione. Anche questa tecnica è limitata dall'alta tossicità dell'attivante e dalla sua insolubilità in acqua, comportando l'uso di solventi organici.

Gruppo funzionale ammina primaria –NH_2

Glutaraldeide. È una delle metodologiche più utilizzate e reagendo con le ammine del supporto permette di avere gruppi aldeidici in grado di legare i gruppi amminici delle proteine (reazione g, Figura 8.3). L'attivazione è veloce e semplice, si esegue in condizioni blande a pH 6-9, in soluzioni acquose, con temperature che non superano in genere i 40° C e concentrazioni estremamente variabili di glutaraldeide, da molto basse fino a 50%. Con diverse matrici di colore chiaro la glutaraldeide può far assumere colorazioni che variano dal giallo-rossastro fino al marrone, arrivando in alcuni casi anche al verde tenue. Il meccanismo di reazione durante l'attivazione è inoltre più complesso di quanto si pensasse, in quanto la glutaraldeide può reagire sotto forma di diversi addotti presenti in genere nelle soluzioni commerciali. Al termine dell'immobilizzazione il doppio legame tra matrice ed enzima può essere eventualmente ridotto con reattivi quali il sodio boroidruro ($NaBH_4$). Gli idruri, specie su scala industriale, oltre a rappresentare un ulteriore passaggio da eseguire vanno trattati con cautela per lo sviluppo di idrogeno. La facile reperibilità del reattivo e il costo contenuto hanno reso questa reazione applicabile anche su grandi volumi. Uno dei principali svantaggi è relativo alla manipolazione della glutaraldeide, attualmente classificata come reattivo tossico. Attenzione va posta anche allo smaltimento delle soluzioni esauste, dove la glutaraldeide deve essere ossidata per evitare gravi danni nel trattamento delle acque reflue.

Carbodiimidi. Questa categoria di composti è particolarmente interessante. Le carbodiimidi, note come reattivi di condensazione, sono spesso usate per consentire il legame tra gruppi carbossilici e ammine. Proprio questo tipo di condensazione viene sfruttato per il legame covalente sulla matrice. Non vi sono fasi distinte di attivazione e immobilizzazione ma i componenti supporto con ammina, carbodiimide ed enzima sono miscelati insieme. La condensazione riguarda il legame tra l'ammina della resina e i gruppi carbossilici della proteina con la sequenza riportata in fig. 8.3h. Si evitano i solventi organici utilizzando alcune carbodiimidi solubili in acqua, quali *N*-etil-*N'*-(3 dimetilamminopropil) carbodiimide (*EDC*) e *N*-cicloesil-*N'*-2-(4' metilmorfolino) etil carbodiimide p-toluene solfonato (*CMC*). Per avere buoni risultati, l'enzima è disciolto nella soluzione per immobilizzazione, a pH compreso tra 4,5 e 6, e aggiunto in questo modo alla matrice. La reazione di condensazione inizia con l'aggiunta, sotto agitazione, della carbodiimide. Saranno le prove preliminari a definire le condizioni operative di temperatura e tempo di incubazione: il pH in genere viene controllato durante il processo in quanto può subire una diminuzione. Sia l'enzima sia la carbodiimide sono aggiunti in concentrazioni tali da essere in eccesso stechiometrico rispetto ai gruppi amminici della resina (che sono analiticamente quantificabili). Una nota importante: avvenendo una condensazione, il mezzo di reazione non deve contenere tamponi che possano interferire nei legami, quali soluzioni con ammine, acetati e fosfati.

Gruppo funzionale carbossile –COOH

Carbodiimidi. Quanto detto per le matrici con gruppi amminici è ripetibile anche per quelle carbossiliche. Infatti la reazione di condensazione sarà uguale ma avverrà, in maniera opposta, tra i gruppi amminici enzimatici e i carbossili della resina.

EEDQ. Tale composto, il cui nome esteso è N-etossicarbonil-2 etossi 1,2-diidrochinolina, è in grado di attivare i gruppi carbossilici formando un'anidride mista capace di immobilizzare i gruppi amminici di un enzima (vedi Figura 8.3i). EEDQ non è tossico e il costo non è in genere proibitivo. I tempi di attivazione sono piuttosto brevi ma vanno eseguiti in miscele acqua-solvente organico, ad esempio etanolo.

N-idrossisuccinimide. La reazione di carbossil derivati con *N*-idrossisuccinimide dà origine a esteri attivati che in presenza dei gruppi amminici enzimatici reagiscono a formare un'amide stabile, come in figura 8.3l. Il gruppo attivato è relativamente stabile se mantenuto in assenza di acqua. Questo ha permesso di comprendere questa forma attivata tra le resine pronte all'uso, mantenendola in solventi organici quali isopropanolo. Al momento dell'uso, si allontana il solvente e si procede all'immobilizzazione covalente.

Gruppo funzionale amide o estere

Idrazina. Attiva in maniera abbastanza particolare i gruppi amidici (ad esempio acrilamidici) e gli esteri carbossilici secondo la reazione mostrata in Figura 8.3m), a dare la corrispondente idrazina che con sodio nitrito in ambiente acido (HCl) viene trasformata in azide, in grado di legare i gruppi $-NH_2$ dell'enzima.

Gruppo funzionale anello aromatico

Sali di diazonio. Vista l'alta reattività dei sali di diazonio, si possono usare supporti che contengono gruppi aromatici, rappresentati tipicamente dalle resine stireniche. L'attivazione è una sequenza di passaggi tipici della chimica organica e i sali di diazonio ottenuti sono in grado di reagire con l'enzima a livello dei residui quali il gruppo aromatico della tirosina (meno reattivi triptofano e fenilalanina) e la guanidina dell'arginina. La reazione di attivazione rimane comunque relativamente complessa e con un rilevante impatto ambientale.

Ai vari reattivi citati per attivazione e immobilizzazione se ne aggiungono altri, ad esempio i suberimidati, diversi imidoesteri, ecc. Sono state menzionate le metodiche più note, ma il tutto va valutato con un ottica industriale. Molti reattivi per attivazione sono tossici, oppure costosi o utilizzati in condizioni operative tali da richiedere solventi organici, sviluppare sostanze aggressive o aver bisogno di reagenti aggiuntivi particolari. L'industria privilegia l'uso di reattivi il meno pericolosi possibile, o qualora siano nocivi o tossici, che si possano rendere non più tali nelle soluzioni reflue con processi semplici, come nel caso della glutaraldeide. Si ribadisce quindi che una strada promettente e sempre più consolidata, è quella delle resine pronte all'uso, da utilizzarsi direttamente diminuendo i tempi operativi ed eliminando l'uso di reattivi *scomodi*.

Il braccio spaziatore. La vicinanza della superficie della resina alla molecola può creare delle distorsioni alla struttura degli enzimi, che possono essere ridotte distanziando l'immobilizzato con il braccio spaziatore. Molto importante è l'eventuale ingombro sterico: se il gruppo attivo per il legame covalente sulla matrice non è facilmente accessibile, vi possono essere problemi di interazione. Anche bracci spaziatori troppo lunghi (più di una decina di atomi di carbonio) possono dare inconvenienti quali ripiegamenti e interazioni non desiderate. I bracci spaziatori permettono anche di incrementare o mantenere meglio l'idrofilicità o idrofobicità della matrice: nel primo caso la catena può avere gruppi che ne aumentino l'affinità con ambienti acquosi (ad esempio gruppi –OH), mentre nel secondo caso il braccio può essere una semplice catena metilenica. La modifica e il possibile allungamento del braccio spaziatore viene eseguito durante l'attivazione. Lo stesso reattivo attivante funge da braccio spaziatore, oppure si può aggiungere una differente catena. Immaginiamo di considerare una resina con gruppo epossido, pronta all'uso ma con un braccio estremamente corto. Da queste si possono ottenere resine con braccio più lungo ad esempio trattando con delle diammine di diversa lunghezza, quali etilendiammina, che introduce due soli atomi di carbonio, o esametilendiammina con sei atomi di carbonio. Il braccio così allungato andrà di nuovo attivato (si è ottenuta una matrice amminica) con la metodica ritenuta più opportuna. Se invece un gruppo –OH di un supporto è attivato con due bisepossirani di diversa lunghezza, si avrà un aumento del braccio direttamente con il reattivo responsabile dell'attivazione. Le possibilità operative, quindi, sono parecchie. Naturalmente, più passaggi per l'allungamento comportano maggior complessità del processo industriale.

8.5 Modificazioni del supporto dopo l'immobilizzazione

Al termine dell'immobilizzazione alcuni gruppi attivi della matrice potrebbero non aver reagito. Questi, se resistono alle condizioni operative usate, potrebbero rappresentare un inconveniente: infatti potrebbero legare molecole di prodotto durante l'eluizione nella cromatografia di affinità o in fase di bioconversione nel caso degli immobilizzati. Se si riscontrano sperimentalmente questi inconvenienti con i gruppi residui presenti, si può procedere al cosiddetto *blocking excess groups*. Piccole molecole in grado di legarsi covalentemente ai gruppi residui vengono aggiunte, in modo da saturarli. Scegliendo opportunamente queste molecole, è possibile modificare almeno parzialmente le caratteristiche del microambiente superficiale del supporto. Renderlo più idrofilo con tioglicerolo, o più idrofobo con benzil mercaptano (ottimo ad esempio con gruppi oxiranici). Anche la carica totale può essere variata, ad esempio bloccando i gruppi residui con molecole che possono essere ionizzate positivamente (TRIS) o negativamente (acido tioacetico). Se un passaggio aggiuntivo come quelli elencati fosse necessario, occorre verificare che gli agenti chimici aggiunti non arrechino danno all'attività del biocatalizzatore. Modifiche superficiali della matrice potrebbero dare vantaggi alla stabilità dell'enzima o facilitare l'interazione in fase di bioconversione con i substrati.

8.6 Vantaggi e svantaggi dell'immobilizzazione covalente

I biocatalizzatori immobilizzati covalentemente rappresentano una realtà industriale con sempre nuove potenzialità. I vantaggi dell'utilizzo coincidono con quelli elencati per i biocatalizzatori immobilizzati in genere. A questi si aggiungono ulteriori aspetti positivi:

- La stabilità del legame con la matrice fa si che non ci sia praticamente rilascio nel tempo, condizione estremamente vantaggiosa nelle bioconversioni in quanto garantisce l'assenza di materiale proteico non desiderato nei prodotti di reazione.
- Le molecole enzimatiche sono fissate in maniera piuttosto rigida dai legami, soprattutto se i gruppi attivi legano la proteina in più punti. Questo può rendere più stabile l'enzima ai processi di denaturazione e alle variazioni di pH, temperatura e all'attacco di muffe e microrganismi.
- L'immobilizzazione può essere eseguita con diverse tecniche operative, sia in batch come in colonna.

Il principale aspetto negativo, comune anche ad altri tipi di immobilizzazioni, è la formazione di legami poco specifici. È possibile infatti selezionare una particolare categoria di residui dell'enzima, ad esempio $-NH_2$ piuttosto che $-COOH$, ma non si è in grado di legare solo un amminoacido piuttosto di un altro, evitare di bloccare gli N o C terminali o di coinvolgere amminoacidi molto importanti per il sito attivo. Questa mancanza di selettività può in alcuni casi dare immobilizzati con attività ridotta rispetto alle aspettative o addirittura denaturati. La rigidità dei legami e la forte interazione della matrice possono essere altre cause in grado di diminuire l'attività o la stabilità dell'enzima, in seguito a distorsioni molecolari.

8.7 Caratteristiche chimico-fisiche e cinetiche degli enzimi immobilizzati covalentemente

Ogni enzima immobilizzato può essere caratterizzato nelle sue principali proprietà cinetiche, come attività, K_M e V_{max}, e chimico-fisiche, in particolar modo per gli intervalli di stabilità a pH, temperatura, forza ionica e agenti chimici denaturanti. È stato citato il fatto che l'immobilizzazione blocca in un certo senso la molecola in una data conformazione. Se questa è in una forma adatta per la propria azione può risultare più stabile alle variazioni operative se paragonato allo stesso enzima libero in soluzione. Stabilità minori sono causate viceversa dal legame dell'enzima in una conformazione non ottimale, che rende più esposta la molecola. L'attività dell'immobilizzato può assumere valori oscillanti: da zero, con inattivazione completa, fino a valori uguali o maggiori dell'enzima libero. Spesso non è però facile confrontare la resa di attività tra libero e immobilizzato: si dovrebbero dosare con lo stesso metodo, ma non sempre è possibile. Anche i valori dei parametri che compaiono nella equazione di Michaelis-Menten possono variare. La K_M è un parametro in grado di dare indicazioni sull'affinità dell'enzima nei confronti del substrato. Questa può variare a causa delle interazioni presenti nell'ambiente superficiale del supporto. La matrice può avere cariche opposte al substrato, agevolando l'attrazione nei suoi confronti e facilitando di conseguenza l'interazione enzima-substrato, con possibile diminuzione della K_M. Viceversa, se la matrice tende ad allontanare il substrato, la K_M tenderà ad aumentare. I parametri cinetici subiranno quindi delle sensibili variazioni. Anche il peso molecolare dei substrati e i problemi di diffusione nei pori possono influenzare l'attività enzimatica, così come modifiche della molecola proteica stessa. Non va dimenticato che, oltre alla struttura tridimensionale, anche alcuni gruppi di amminoacidi vengono coinvolti nel legame, sottraendoli almeno in parte al loro posizionamento conformazionale e variando la carica della proteina.

8.8 Scaling-up del processo di immobilizzazione

Finora si sono considerati vari aspetti di una immobilizzazione, con una visione industriale. Ma il vero obiettivo si raggiunge quando la linea di processo prescelta è in grado di concludere con successo la fase di scaling-up. Per un passaggio di scala occorre decidere il tipo di biocatalizzatore (cellule, enzima purificato, ecc.) e la tecnica idonea di attivazione e/o immobilizzazione, in seguito a prove preliminari. L'immobilizzato rappresenta un punto cruciale di un processo: eseguire un'immobilizzazione vuol dire completare l'ultimo gradino di tutto un cammino strategico. La purezza dell'enzima o la decisione di utilizzare cellule, le varie modalità possibili di bioconversione, la scala produttiva che occorre affrontare sono aspetti che condizionano lo scaling-up. La fase di ottimizzazione comporta spesso la formulazione di più ipotesi operative e di conseguenza di immobilizzati preparati con diverse metodiche o supporti: ad esempio, cellule o enzimi, supporti di diversa composizione polimerica per valutarne gli effetti, interazioni reversibili o irreversibili con la matrice. Le ricerche e l'ottimizzazione su piccola scala permetteranno di affrontare lo scaling-up con uno o pochi immobilizzati. Considerando metodiche con intrappolamento, l'aspetto critico è senz'altro la formazione delle sferette di gel (beads). In genere, come accennato, delle pompe multicanale sono adatte per poter gocciolare nella soluzione di sali di calcio o altro le sospensioni di polimero e cellule (o enzimi). Particolare attenzione deve essere data anche al recupero dei beads: si tratta di gel, per cui è bene evitare filtrazioni o centrifugazioni con flussi o velocità elevate che potrebbero causare impaccamenti e danneggiamenti del biocatalizzatore. Le cose cambiano quando i supporti non vanno formati al momento ma sono già pronti. Si tratti di immobilizzazione reversibile o covalente, tecnologicamente vi sono approcci simili relativi all'impiantistica utilizzata. Le varie possibilità sono riconducibili in genere a *colonne* o *reattori con agitatore* (processo in batch). Con questi si possono eseguire praticamente tutte le fasi dell'immobilizzazione, come attivazione, assorbimento di enzima, lavaggi dell'immobilizzato. Il batch con agitatore rappresenta probabilmente il metodo

8.8 Scaling-up del processo di immobilizzazione

più semplice mantenendo un'alta efficienza. Ha i vantaggi di avere uno scaling-up semplice e veloce, di disperdere omogeneamente supporto e soluzioni e permettere un controllo continuo di parametri quali pH e temperatura mediante apposite sonde. Vi sono reattori in grado di soddisfare le varie esigenze industriali; in genere presentano un'intercapedine esterna per la termostatazione con fluido esterno. A questa si aggiungono le sonde per il controllo della temperatura del campione e gli elettrodi di misura del pH, collegati se necessario a un dosatore automatico in grado di aggiungere acidi o basi per mantenere costante il pH. Sulla sommità del reattore sono sistemati uno o più aperture, a boccaporto, per le aggiunte dei vari composti, le ispezioni o per aspirare le soluzioni esauste. La rimozione delle soluzioni viene spesso eseguita dal fondo dei reattori flangiati in modo da inserire un filtro con maglie fitte per non far passare le particelle del supporto usato per l'immobilizzazione. Aprendo una valvola sul fondo ed eventualmente applicando una leggera pressione nel reattore chiuso, si può recuperare la soluzione: questa è in genere la tecnica più usata, anche se i reattori flangiati e con filtro hanno un costo maggiore. All'interno del reattore vi è anche l'asta collegata all'albero motore che permette la rotazione dell'agitatore posto sulla sommità interna. Questo permette la risospensione della resina o matrice e la miscelazione omogenea con la soluzione. Vi sono agitatori con geometrie diverse, a seconda della necessità: pala piana, ancora, elica marina, ecc. Ogni tipo ha una diversa cinetica di agitazione, con moti differenti di distribuzione di solido e fluido e la presenza o meno di vortici. In genere si evitano moti troppo violenti e vorticosi, o agitatori che si muovano lambendo a pochissima distanza le pareti interne del reattore. In entrambi i casi il supporto subirebbe rotture a causa di urti violenti o abrasioni tra agitatore e pareti. Gli agitatori a pala sono ad esempio molto utilizzati, a differenza di quelli ad ancora. La grandezza variabile dei reattori permette di eseguire passaggi con molti metri cubi di soluzione e centinaia di chilogrammi o litri di matrice; naturalmente, la fase produttiva terrà conto del percorso più conveniente: eseguire l'immobilizzazione in un singolo grande reattore o in più volte in batch più piccolo. Sembra una banalità, ma in verità queste sono strategie quotidiane per le progettazioni industriali, e nella loro semplicità occorre non dimenticare di quanto sia importante il tempo impiantisticamente, e di quanto costino i reattori! La distribuzione omogenea delle miscele del campione mediante l'agitatore è strategica: il supporto si trova in contatto continuo con la soluzione, in ogni suo punto, per cui lo scambio è massimo e uguale per tutte le particelle di matrice. L'agitazione del reattore è importante anche per le aggiunte, con una sequenza adatta. In laboratorio è semplice: le soluzioni sono aggiunte alla matrice istantaneamente da un contenitore all'altro, ma in produzione i tempi sono più lunghi e spesso sono necessarie delle pompe per lo spostamento di liquidi. Si può avere una buona miscelazione aggiungendo la resina alla soluzione in agitazione, se la quantità della matrice non è troppo elevata, oppure, in alternativa, la resina è agitata in un volume sufficiente di tampone e l'enzima viene pompato nel reattore, così da miscelarsi in continuo. Carbodiimidi, glutaraldeide e altri composti possono essere aggiunti nello stesso modo, immettendoli nel reattore dove si agita la resina con tampone o con la soluzione enzimatica concentrata. In tal modo si possono manipolare volumi più ridotti di reattivi spesso tossici. Le colonne possono essere anch'esse utilizzate come "reattori" per l'immobilizzazione, ma presentano in vari casi maggiori difficoltà operative. La matrice può essere impaccata come succede in cromatografia, eluendo con le varie soluzioni. Risultati discreti si ottengono quando si satura la resina, con l'enzima o le soluzioni di attivante, in quanto altrimenti si avrebbe una distribuzione graduale e disomogenea delle soluzioni lungo il letto. Ma le procedure di immobilizzazione possono essere eseguite, con esiti migliori, con flusso ascendente tale da mantenere una dispersione della matrice nella soluzione che in genere viene fatta ricircolare all'interno della colonna. In tal modo si può simulare il contatto continuo tra matrice e soluzione come in batch. Saranno però necessari flussi piuttosto elevati per la sospensione del supporto e volumi di liquido, specialmente per i lavaggi, anch'essi piuttosto elevati. I volumi in gioco, in ogni procedura di immobilizzazione rappresentano un punto importante, in quanto oltre alle soluzioni di enzima, di attivante o altro, sono necessari anche dei lavaggi. Soluzioni saline o tamponi sono usati per lavare gli immobilizzati tra un passaggio e l'altro, oppure per eliminare tutte le molecole o cellule non ben immobilizzate. I reattori in batch sono in genere molto più utilizzati in fase di immobilizzazione rispetto alle colonne, in quanto permettono praticamente l'applicazione della totalità delle metodologiche trattate: basti ricordare, oltre all'intrappolamento non possibile in colonna, anche il cross-linking o l'incorporazione in polimeri. L'immobilizzazione su scala industriale rappresenta un passaggio inserito in un contesto produttivo, per cui è necessario considerare aspetti organizzativi non presenti in laboratorio. I livelli di prodotto finale necessario sono condizionati dalle prestazioni catalitiche in fase di bioconversione, che a loro volta determinano il quantitativo totale necessario di immobilizzato. In base a questo, si può facilmente suddividere nel tempo la preparazione del biocatalizzatore immobilizzato, in modo da dilazionare il lavoro avendo sempre disponibile enzimi o cellule per il processo senza accumuli troppo elevati con stoccaggio prolungato. Insomma, la biochimica non basta per aver un processo efficiente! La gestione degli aspetti ingegneristici, analitici e produttivi è indissolubilmente legata alla parte puramente tecnico-scientifica.

Capitolo 9
Determinazioni analitiche

Un processo di purificazione si compone di più passaggi sequenziali e quindi è necessario valutare la purificazione stessa nei vari passaggi in tempo reale. Questo comporta la gestione ottimale dell'aspetto analitico, con le metodiche migliori per avere un controllo accurato dell'attività enzimatica, della stabilità e della purezza. Per un'analisi di processo (controllo analitico *on-line*) di campioni di varia provenienza, siano essi usati come biocatalizzatori o prodotti finiti, la determinazione essenziale è quella dell'attività enzimatica, per accertare eventuali perdite di enzima e ovviamente conoscere il grado di purezza. Questo è possibile con la determinazione dell'attività specifica (U/mg) nei vari passaggi. Per questo, e per determinare anche l'*indice di purificazione* (definito dal rapporto tra le attività specifiche di due diversi passaggi di purificazione), è necessario dosare anche il contenuto di proteine del campione. Quando è necessario eliminare enzimi interferenti occorre disporre anche di metodi analitici adatti per dosare l'attività di tali enzimi. La determinazione dell'attività enzimatica e del contenuto di proteine non è però sempre sufficiente per avere un quadro completo dell'andamento della purificazione; è importante ricordare che l'attività specifica non ha un valore assoluto, ma varia da un enzima all'altro. Questo aspetto è particolarmente rilevante nel caso l'enzima debba essere purificato all'omogeneità. Determinare l'attività specifica non significa avere una totale garanzia dell'assenza di contaminanti. Sono necessarie quindi analisi in grado di visualizzare la presenza di ogni singola specie proteica o di mostrare in che misura sono distribuite le varie proteine durante i diversi passaggi di purificazione. Comuni sono le tecniche elettroforetiche, alle quali si possono affiancare analisi cromatografiche, analisi spettroscopiche e altre determinazioni in grado di dare una caratterizzazione particolareggiata. Gli enzimi utilizzati come biocatalizzatori sono però molto spesso utilizzati nella forma immobilizzata, per cui anche in tale ambito è necessario avere un approccio simile a quanto scritto per gli enzimi liberi. Il processo di immobilizzazione consta di diversi passaggi che vanno monitorati, come una purificazione. Il biocatalizzatore immobilizzato va anch'esso caratterizzato: è un enzima, e quindi è essenziale conoscerne l'attività e i corrispondenti parametri cinetici. Ma l'analisi non finisce qui: il biocatalizzatore verrà usato in una biotrasformazione, e a parte il dosaggio del prodotto in formazione, è cruciale l'analisi nel tempo dell'attività e quindi del decadimento operativo dell'enzima. Libero o immobilizzato che sia, un'analisi precisa e veloce è essenziale per avere un processo industriale affidabile e controllato. I testi di metodologie biochimiche riportano in maniera ampia tutte le tecniche analitiche disponibili per dosare l'attività e verificare la purezza di un enzima. In questo testo si accenna solo in modo sintetico alle tecniche a disposizione, passando poi alla strategia adottabile durante i processi e alla gestione e interpretazione dei dati ottenuti.

9.1 Tecniche analitiche in enzimologia

Le potenzialità tecniche di analisi permettono non solo di poter dosare qualsiasi attività ma di monitorare anche la purezza della proteina nel corso di una purificazione. Si riportano di seguito alcune tecniche analitiche tra quelle più utilizzate nelle fasi di sviluppo e controllo dei processi enzimatici industriali.

HPLC. High Pressure (o Performance) Liquid Chromatography: si tratta, come già ricordato, di una cromatografia che segue i principi base già descritti e le varie tipologie, dalla fase inversa allo scambio ionico, dall'interazione idrofobica alla gel-filtration. La tecnologia si è però orientata verso matrici con granulometria estremamente piccola e con elevata risoluzione: lo sviluppo conseguente di alte pressioni comporta l'uso di colonne di acciaio, permettendo flussi veloci. Ormai sono disponibili sistemi cromatografici estremamente compatti, in un sistema integrato dei vari componenti essenziali: la pompa, l'iniettore del campione, la colonna con l'alloggiamento termostatabile, il rivelatore per l'evidenziamento dei prodotti in uscita e la loro quantificazione. Solo qualche esempio per sottolineare come le tecniche HPLC siano estremamente diffuse e avanzate: la versatilità dei sistemi di iniezione, con il frequente utilizzo di autocampionatori in grado di iniettare automaticamente i campioni in sequenza, eseguendo anche miscelazioni tra loro. I rivelatori anche sono molto diversificati: hanno sensibilità elevate e si basano su principi di determinazione varii. Vi sono i rivelatori UV/visibile, siano essi a lunghezza d'onda variabile o *diod-array* (questi ultimi basilari per l'analisi spettrale dei picchi ottenuti dal campione), ma anche altri basati su misure di fluorescenza, variazioni elettrochimiche o di indice di rifrazione. Le elevate prestazioni strumentali, l'ampia scelta di colonne e l'uso ormai routinario di personal computers con software in grado di gestire ogni modulo e i risultati secondo le più aggiornate procedure di validazione, rendono uno strumento HPLC adatto per l'analisi di un processo biochimico nei suoi molteplici aspetti. La tecnica HPLC, è importante non solo dal punto di vista analitico ma anche preparativo, con colonne e moduli strumentali adeguati che possono anche far parte del processo produttivo.

Tecniche elettroforetiche. Si è menzionata l'elettroforesi nell'ambito della messa a punto di un passaggio cromatografico. Le tecniche elettroforetiche sono estremamente varie e gli esempi fatti durante la trattazione della cromatografia fanno intravedere quanto sia vasta la gamma di tecniche, dalle condizioni native all'isoelettrofocusing, dalle curve di titolazione alle corse elettroforetiche in condizioni denaturanti con SDS. Le tecniche elettroforetiche sono tra quelle in grado di controllare l'effettiva purezza di un campione proteico. Tra le numerose bande o macchie rilevate in una elettroforesi è infatti possibile discriminare quella relativa alla molecola prescelta, valutando anche visivamente il livello di purezza raggiunto e le impurezze residue di ogni passaggio di purificazione. Alla diversificata tecnologia si associa ormai anche un livello elevato di interpretazione e gestione dei dati ottenuti, con determinazioni non solo qualitative ma anche quantitative di estrema sensibilità, con software in grado di eseguire caratterizzazioni particolareggiate di ogni gel. In questo rapido accenno alle elettroforesi è importante ricordare uno sviluppo estremamente interessante, l'*elettroforesi capillare* (CE), una elettroforesi condotta in un capillare con un diametro interno molto piccolo. La tecnica agisce a voltaggi molto elevati, e l'uso di capillari permette, rispetto ai gels classici, di avere grandi superfici, ottima dispersione del calore e riduzione del fenomeno di allargamento delle bande. I vantaggi riguardano anche la sensibilità e possibilità di automazione, importante per analisi sia in fase di sviluppo che di processo. È infatti possibile eseguire analisi quantitative, rilevare in linea i componenti separati e iniettare automaticamente i campioni. Queste due ultime caratteristiche rendono particolarmente adatta all'automazione l'elettroforesi capillare, che da questo punto di vista diventa simile a una HPLC, con uno schema simile dove la colonna è sostituita da un capillare. La possibilità di rilevare in linea i prodotti, ad esempio, è estremamente importante, in quanto permette l'analisi quantitativa detta sopra e l'identificazione dei vari picchi in tempo reale e senza necessità della fase di colorazione usata nelle elettroforesi tradizionali. La CE permette di lavorare con diverse tecniche, alcune comuni alle tradizionali e altre caratteristiche invece della CE, quali l'*elettroforesi zonale capillare* (CZE), in fase libera, e la *cromatografia micellare elettrocinetica capillare*. Nelle separazioni zonali la tecnica si basa sulla differenza di mobilità elettroforetica tra i vari componenti, influenzata da caratteristiche strutturali delle molecole. Nella elettroforesi elettrocinetica la ripartizione avviene tra una fase mobile di solvente e una fase micellare che può essere assimilata a una fase stazionaria cromatografica. Le micelle sono formate con composti quali SDS, che mantengono la parte idrofobica verso l'interno. Le molecole si ripartiranno tra l'interno delle micelle o l'esterno, nella fase mobile, a seconda delle propria maggiore o minore idrofilicità.

Tecniche fotometriche. La spettrofotometria è una tecnica estremamente diffusa nel campo della biochimica delle proteine, in quanto abbina precisione, sensibilità, semplicità e velocità di esecuzione. Si basa sull'interazione tra radiazioni elettromagnetiche di diverse lunghezze d'onda con la materia; quando un raggio colpisce un campione possono avvenire diversi effetti. Il raggio che colpisce l'oggetto può essere assorbito, riflesso, trasmesso almeno in parte attraverso il corpo, provocare nel campione colpito una fluorescenza o un fenomeno di scattering. Quando una radiazione attraversa una soluzione, si definisce la *trasmittanza* T, intesa come il rapporto tra le intensità della radiazione trasmessa e quella incidente sul mezzo. L'*assorbanza*, o *estinzione* (E), è definita come logaritmo di 1/T. La spettrofotometria, specialmente nel campo UV/visibile, permette sia di ottenere spettri di assorbimento delle diverse molecole (andamento dell'assorbanza al variare della lunghezza d'onda) e sia di eseguire analisi quantitative secondo la legge di *Lambert-Beer*, che definisce la diretta proporzionalità tra assorbanza e concentrazione della molecola disciolta nel mezzo (valida per radiazioni di luce monocromatica):

$$A = \varepsilon \, l \, c$$

dove ε è il *coefficiente di estinzione molare* (dipendente dal tipo di molecola e dalla lunghezza d'onda), l è il cammino ottico percorso dalla radiazione attraverso la soluzione del campione e c la concentrazione della specie. L'attività di moltissimi enzimi è dosata mediante tecniche spettrofotometriche, e con i moderni strumenti è possibile eseguire dosaggi con alta precisione e con letture multiple, utilizzando multicelle termostatabili. Anche in questo caso, adeguati software permettono una moderna gestione delle tecniche spettrofotometriche e una quantificazione e archiviazione dei dati.

Tecniche potenziometriche e polarografiche. Spesso le reazioni enzimatiche comportano variazioni di pH, e questa caratteristica viene utilizzata nei dosaggi potenziometrici dove la variazione di pH viene controllata in continuo e compensata mediante l'aggiunta di acidi o basi. In questa pratica sono ormai strumenti estremamente diffusi i titolatori automatici (con pH-stat) in grado di compensare automaticamente il pH nel corso di una reazione enzimatica fornendo il valore di attività, proporzionale al volume di acido o base titolato aggiunto. I titolatori automatici sono forniti di elettrodo di misura del pH (funzionano come pHmetri), buretta per aggiunta, agitatore, possibilità di collegamento a registratore, stampante o PC. Oltre agli elettrodi di misurazione del pH, ve ne sono diversi altri. Importanti le applicazioni polagrafiche con elettrodi a ossigeno; questi ultimi sono adatti per le reazioni enzimatiche che comportano il consumo o la produzione di ossigeno (ossidasi, ossigenasi, ecc.).

Le tecniche riportate sono tra le più rappresentative e utilizzate grazie alla loro sensibilità, possibilità di automazione o flessibilità applicativa, nei processi industriali.

9.2 Metodi analitici e definizione dei dosaggi per il monitoraggio dell'enzima

Nel capitolo 1 è stata data la definizione di attività enzimatica, della sua unità di misura e dei principali parametri cinetici. Valutare l'attività con un metodo adeguato è l'operazione analitica prioritaria per identificare l'enzima, quantificarlo e sapere se un qualsiasi procedimento (purificazione, immobilizzazione, cicli di bioconversione) causi decadimenti. Come si è visto, le tecniche strumentali per determinare l'attività enzimatica non mancano e in ogni caso si esegue sempre la misurazione di una velocità di reazione. Per avere un dato affidabile, il dosaggio dell'attività deve essere eseguito in condizioni tali che la velo-

9.2 Metodi analitici e definizione dei dosaggi per il monitoraggio dell'enzima

cità sia indipendente dalla concentrazione del substrato (reazione di ordine zero rispetto al substrato). Quest'ultima, per soddisfare la condizione richiesta, deve essere saturante: questo si può valutare sperimentalmente in maniera relativamente semplice, dosando l'enzima con quantità crescenti di substrato (mantenendo invariata la quantità di enzima). La concentrazione oltre la quale il valore di attività rimarrà pressoché uguale, senza incrementi, sta ad indicare che la reazione è di ordine zero nei confronti del substrato. Si considera [S]= 10 K_M come condizione soddisfacente: infatti dall'equazione di Michaelis Menten risulta $10K_M \cong 91\% \ V_{MAX}$. Qualsiasi sia il metodo adottato, le tecniche analitiche accennate sono in grado di determinare nel tempo la scomparsa del substrato o la formazione di uno dei prodotti: per fare ciò la velocità di reazione deve venir rilevata alla porzione iniziale lineare del grafico relativo. Il dosaggio di una attività enzimatica, essendo un metodo analitico, deve rispettare alcune proprietà ovvero deve essere:

- selettivo (specifico)
- preciso
- riproducibile
- sensibile
- accurato

La *selettività* o *specificità* è la capacità di un metodo analitico di determinare solamente il componente sottoposto a misura, basandosi quindi su una reazione in grado di discriminare l'attività dell'enzima desiderato anche in presenza di altre molecole proteiche. La *precisione* rappresenta la concordanza tra misure analitiche ripetute più volte, mentre la *riproducibilità* si riferisce alla precisione di più serie di dati eseguiti giorno dopo giorno. La *sensibilità* è definibile come la capacità di un metodo di discriminare significativamente piccole differenze di concentrazione o componenti mentre l'*accuratezza*, più particolare, rappresenta la concordanza tra la migliore determinazione di una quantità e il suo valore reale. Non riportata nell'elenco ma comunque importante per la selezione della tecnica strumentale più adeguata è la *rilevabilità*, intesa come la capacità di un metodo di misurare piccole quantità di un componente *(detectability)*. Quando si ha a che fare con gli enzimi in soluzione, durante una purificazione o eseguendo un confronto tra prodotti di diversa provenienza, è necessario avere anche un parametro che permetta di sapere quanto sia puro l'enzima. Questo grado di purezza viene definito numericamente dall'*attività specifica*, intesa come l'attività dell'enzima per milligrammo di proteine contenute nella soluzione considerata (U/mg). L'attività specifica sarà tanto maggiore quanto minore sarà il quantitativo di proteine contaminanti presenti. Durante una purificazione, quindi, se non si riscontrano perdite di attività tra un passaggio e l'altro, l'attività specifica tenderà ad aumentare progressivamente. Dalla definizione di attività specifica diventa comunque ovvio che per conoscerne il valore occorre eseguire il dosaggio analitico della concentrazione proteica.

9.3 Dosaggio delle proteine

Le proteine hanno delle proprietà comuni, ma variano molto riguardo a numero e tipo di amminoacidi, sequenza, peso molecolare, dimensioni e struttura. I vari metodi di dosaggio proteico, basandosi sulle differenti proprietà, possono dare risultati non uguali tra loro; non c'è quindi un singolo metodo ottimale per ogni applicazione. Nella selezione del metodo di determinazione proteica occorre considerare alcuni criteri quali:

- detectability (o rilevabilità)
- interferenza con altre sostanze presenti
- variabilità della risposta con differenti proteine
- facilità di esecuzione

Sono disponibili diversi metodi e la maggior parte richiede una calibrazione. Idealmente, il metodo dovrebbe essere calibrato con la medesima proteina la cui concentrazione deve essere determinata. Poiché molto spesso questo non è possibile, viene solitamente usata l' *Albumina di Siero Bovino* (BSA) come standard. Nella pratica, i dosaggi vengono solitamente eseguiti spettrofotometricamente, confrontando le assorbanze del campione con quelle ottenute con soluzioni standard di BSA (a concentrazione nota). I dosaggi si eseguono utilizzando appositi reattivi che interagiscono con le proteine determinando un effetto cromoforo misurabile e proporzionale alle proteine presenti. Come esempi di metodi di dosaggio, possiamo citare:

- Assorbanza nell'ultravioletto a 280 nm (metodo diretto)
- Metodo del Biureto
- Metodo con Blue Coomassie
- Metodo di Lowry

L'assorbimento a 280 nm è la metodica più semplice (è necessario un lettore UV ma non servono reattivi specifici) e spesso usata anche per semplici determinazioni qualitative nei processi industriali: basti pensare al monitoraggio dell'eluizione di una colonna cromatografica. Gli altri metodi elencati, solo esemplificativi, si basano sull'utilizzo di reattivi specifici che variano a seconda del dosaggio: ioni rameici per il metodo del Biureto o il Blue Coomassie, molto usato anche nelle elettroforesi. Proprio per rispettare la semplicità di utilizzo, in genere i metodi con reattivi cromofori sono disponibili in kit, con il reattivo già pronto all'uso, la proteina standard per allestire le opportune curve di calibrazione e tutte le informazioni necessarie, comprese le compatibilità del reattivo e la più opportuna manipolazione da adottare. Questo rende il dosaggio proteico applicabile in maniera semplice a qualsiasi controllo di processo industriale.

9.4 Enzimi liberi: controllo della purificazione e parametri utilizzabili

In un processo di purificazione l'analisi deve permettere un continuo monitoraggio del processo in tempo reale, particolarmente riguardo a:

- attività dell'enzima
- attività degli enzimi interferenti
- attività specifica (mediante dosaggio proteico)

Durante tutta la purificazione è quindi importante conservare la maggior quantità possibile di attività, ottenere la diminuzione progressiva delle proteine totali e l'eliminazione totale o quasi delle attività enzimatiche interferenti. Nella sequenza dei passaggi di una purificazione è però inevitabile subire delle perdite di attività: ad esempio attività inglobata nei precipitati durante una chiarificazione, rimasta adsorbita su una resina cromatografica, parzialmente denaturata in un trattamento preliminare drastico. È importante quindi avere un parametro che indichi la percentuale di attività (o proteine) rimasta, sia del prodotto sia di un interferente. Per ottenere ciò si fa riferimento alla *resa*; si parla di *resa parziale* o *progressiva* intesa (riferendosi all'attività) come:

$$\frac{\text{U totali di un passaggio}}{\text{U totali di un passaggio precedente}} \times 100$$

Si ponga di avere una soluzione enzimatica ottenuta mediante concentrazione e dialisi su un modulo di ultrafiltrazione, contenente 100.000 U totali. In un passaggio successivo si effettua una cromatografia e le unità totali nell'eluato sono 86.500. La resa parziale percentuale sarà quindi pari a 86,5%. La *resa totale* si riferisce invece al seguente rapporto:

$$\frac{\text{U totali di un passaggio}}{\text{U totali del passaggio iniziale}} \times 100$$

In un secondo esempio, si consideri la purificazione di un enzima endocellulare partendo da 100 l di brodo di fermentazione contenente in totale 15.400.000 U. I lavori di sviluppo hanno definito un protocollo di purificazione composta da cinque passaggi: recupero delle cellule, lisi cellulare, chiarificazione, diafiltrazione e cromatografia a scambio ionico. Si ottenga al termine della cromatografia 9.856.000 U: la resa totale percentuale sarà data dal rapporto tra le unità del passaggio cromatografico e del brodo di fermentazione (passaggio iniziale), pari quindi a 64%. Un procedimento identico si usa considerando i passaggi precedenti. Naturalmente, per il passaggio immediatamente successivo a quello iniziale resa parziale e totale coincidono. La purezza progressiva dell'enzima viene seguita grazie all'attività specifica. L'efficienza o meno di un passaggio rispetto a un altro viene fornito dall'*indice di purificazione*:

$$\frac{\text{attività specifica di un passaggio}}{\text{attività specifica di un passaggio precedente}}$$

Più alto è l'indice di purificazione maggiore sarà l'incremento di attività specifica raggiunto in un passaggio: si ha quindi una misura diretta del livello di purezza raggiunta. Per quanto riguarda l'attività di enzimi interferenti, o durante le bioconversioni, non si considerano indici di purificazione o rese per il calcolo dell'attività recuperata: l'interferente va eliminato, possibilmente in maniera totale. Risulta più utile considerare, al posto delle rese, la percentuale di attività residua, rimasta dopo ogni passaggio di purificazione. Così risulta possibile valutare velocemente quanto interferente è rimasto e quali sono i passaggi di purificazione più efficienti per l'eliminazione. Durante un processo di purificazione industriale l'analisi in linea, in tempo reale, è essenziale per avere un controllo dell'andamento e sapere conseguentemente se ogni passaggio ha avuto esito positivo, con la possibilità di poter correggere la situazione nel caso di inconvenienti e valori non nella norma. L'andamento di ogni processo, sia esso in laboratorio o già in fase industriale viene in genere opportunamente descritto e registrato, ad esempio sui quaderni di laboratorio o, negli impianti produttivi, su fogli di lavoro che descrivono progressivamente tutti i passaggi e le operazioni svolte, corredati dalle analisi eseguite. Un importante aiuto, in grado di riassumere tutti i dati analitici ottenuti è il compilare una *tabella di purificazione*. Questa tabella riporta qualsiasi dato ottenuto e ritenuto utile per poter avere una visione generale della purificazione. Ma non solo: la tabella di purificazione permette anche di valutare quali sono i passaggi di maggiore efficienza, sia in termini di resa sia di purezza, dove si può operare per migliorare le cose, se durante varie purificazioni vi è una ripetibilità dei dati. In fase di sviluppo è possibile anche confrontare le tabelle di protocolli di purificazione differenti e in base ai risultati decidere quale strategia sia migliore. I parametri riportati in una tabella sono personalizzabili: ve ne sono alcuni costanti, quali attività totale, attività specifica, rese parziali e totali. Ma qualsiasi dato ritenuto utile può essere aggiunto: volume delle soluzioni nei vari passaggi, indice di purificazione, attività degli enzimi interferenti e andamento della loro eliminazione. Per concretizzare quanto detto, è esemplificativa la Tabella 9.1. L'esempio si riferisce all'ipotetica purificazione di un enzima esterasi, passaggio dopo passaggio, considerando la presenza di un altro enzima interferente, una β-lattamasi.

9.4 Enzimi liberi: controllo della purificazione e parametri utilizzabili

Tabella 9.1 Tabella di purificazione, di una esterasi in presenza di un altro enzima interferente (β-lattamasi)

Passaggio di purificazione	Volume (l)	Attività Esterasi (U totali)	Proteine (mg totali)	Attività specifica (U/mg prot.)	Resa parziale (%)	Resa totale (%)	Indice di purificazione	Attività enzima interferente (U tot.)	(Att. residua %)
Brodo di fermentazione	1000	4.000.000	–	–	100	100	–	300.000	100
Recupero cellule	200	3.800.000	–	–	95,0	95,0	–	290.000	96,7
Lisi cellulare	250	3.620.000	2.500.500	1,4	95,3	90,5	1,0	285.000	95,0
Chiarificazione	400	3.000.000	1.348.000	2,2	82,9	75,0	1,6	260.000	86,7
Concentrazione UF	100	2.900.000	1.160.000	2,5	96,7	72,5	1,8	255.000	85,0
Precipitazione con $(NH_4)_2SO_4$	120	2.700.000	519.200	5,2	93,1	67,5	3,7	198.500	66,2
Dialisi	100	2.660.000	492.600	5,4	98,5	66,5	3,9	195.000	65,0
Cromatografia	330	2.400.000	184.600	13,0	90,2	60,0	9,3	450	0,15

9.5 Enzimi immobilizzati: controllo dell'immobilizzazione e parametri utilizzabili

L'aspetto principale da considerare, dal punto di vista analitico, è il dosaggio dell'attività dell'enzima immobilizzato. L'immobilizzazione è un vero e proprio processo con diversi passaggi successivi. In un inglobamento fisico non vi sono molti dosaggi da eseguire; a volte risulta addirittura difficile o non possibile titolare l'immobilizzato, ad esempio nel caso delle fibre. Più complesso è l'aspetto analitico durante una immobilizzazione su resine, e sarà questo il riferimento principale in quanto è una tecnica estremamente diffusa. Per quanto riguarda il dosaggio dell'attività immobilizzata, le considerazioni rimangono simili a quanto descritto per gli enzimi in soluzione. Si ha però una complicazione in più: il fatto che l'enzima sia in forma solida. Nel metodo analitico occorre perciò mantenere in movimento l'immobilizzato nel corso della utilizzazione della tecnica più adatta. A causa della fase solida, alcune tecniche non sono adatte, quali la spettrofotometria (nel caso della cinetica enzimatica). Con i biocatalizzatori solidi l'attività viene espressa come Unità per grammo o millilitro di matrice (asciutta o umida). Ma per evidenziare i parametri più utili per la valutazione dell'andamento di un processo, si consideri l'immobilizzazione covalente di un enzima. Il primo passo è il contatto tra resina (attivata o meno) e soluzione enzimatica, ad esempio in reattore agitato. Al termine, il primo saggio analitico riguarda la soluzione esausta: titolando l'attività e le proteine non legate si è in grado di conoscere quanto è stato realmente immobilizzato sulla matrice. La *resa di immobilizzazione*, in percentuale, evidenzia la buona riuscita o meno del processo (riferendosi all'attività):

$$\left(\frac{\text{U totali nella soluzione iniziale} - \text{U totali nella soluzione esausta}}{\text{U totali nella soluzione iniziale}} \right) \times 100$$

Un dato ancora più preciso si ha esprimendo il valore delle unità immobilizzate, semplicemente con la differenza tra le Unità poste a immobilizzare e quelle rimaste: se per ogni grammo di resina si pongono a immobilizzare 100 Unità e 6 vengono dosate nella soluzione esausta, saranno state immobilizzate 94 U/g. Ma in questo modo si conoscono le unità immobilizzate, ma non si sa ancora se l'enzima è attivo. Se si è verificata una denaturazione anche parziale in fase di immobilizzazione, non è possibile accorgersene. Per poterlo fare occorre infine dosare l'attività immobilizzata e ottenere le U/g o U/ml realmente attive. Se il metodo analitico messo a punto è il medesimo sia per l'enzima libero sia per quello immobilizzato, è possibile ricavare anche una *resa di attività espressa*:

$$\frac{\text{U totali immobilizzate e dosate}}{\text{U totali immobilizzate}} \times 100$$

Riferendoci all'esempio precedente, con 100 U poste a immobilizzare per ogni grammo e 94 U realmente immobilizzate, si immagini di dosare l'attività con un metodo uguale a quello usato per l'enzima libero e di ottenere un titolo

9.5 Enzimi immobilizzati: controllo dell'immobilizzazione e parametri utilizzabili

di 80 U/g. La resa di attività realmente espressa sarà circa 85%, data dal rapporto 80/94. Rimane però ancora un dubbio, particolarmente importante nelle immobilizzazioni con legame covalente: si è certi che l'attività dosata sia dovuta a un enzima realmente legato? Infatti, le molecole potrebbero in parte legarsi e in parte adsorbirsi. Queste ultime durante il dosaggio analitico potrebbero deadsorbirsi e quindi essere titolate: al termine però verrebbero perse e il risultato risulterebbe sovrastimato. Ripetendo consecutivamente il dosaggio con lo stesso prelievo di immobilizzato si riscontrerebbe un calo dell'attività tra il primo e il secondo test. Per evitare il problema degli adsorbimenti aspecifici si ricorre operativamente a dei lavaggi dell'immobilizzato, ad esempio con alta forza ionica, in modo da evitare rilasci indesiderati in fase di bioconversione. Risulta importante anche anticipare che il dosaggio dell'attività immobilizzata è un importante mezzo di controllo nella fase di bioconversione, in quanto dosando l'enzima durante la continuazione dei cicli operativi è possibile misurarne la stabilità, la quantità minima necessaria per terminare la reazione in un tempo prefissato e il momento giusto per sostituire il biocatalizzatore esausto. Come per la purificazione, anche per l'immobilizzazione si può avere un consuntivo dell'andamento analitico del processo mediante una tabella adeguata e la tabella 9.2 riporta degli esempi.

Tabella 9.2 Tabelle utilizzabili durante una immobilizzazione: condizioni sperimentali utilizzate a) e risultati b)

a)

Campioni	Quantità resina (g)	Volume finale soluzione (ml)	pH della soluzione	Temperatura di immobilizzazione	Attività posta a immobilizzare (U/g resina)	Proteine poste a immobilizzare (mg prot/g resina)
1	25	100	7,5	25	100	5,0
2	25	100	7,5	25	250	12,5
3	25	100	7,5	25	500	25
4	25	100	7,5	37	100	5,0
5	25	100	7,5	37	250	12,5
6	25	100	7,5	37	500	25

b)

Campioni	Attività posta a immobilizzare U totali	Attività residua nella soluzione (U totali)	Resa di immobilizzazione (%)	Attività immobilizzata (U/g resina)	Attività immob. espressa (U/g resina)	Resa di attività espressa (%)	Proteine poste a immobilizzare (mg totali)	Proteine residue nella soluzione (mg totali)	Resa di immob. proteica (%)
1	2500	0	100	100	90	90	125,0	0	100
2	6250	125	98	245	196	80	312,5	15,6	95
3	12500	1375	89	445	210	47	625,0	375	40
4	2500	0	100	100	92	92	125,0	0	100
5	6250	125	98	245	206	84	312,5	9,4	97
6	12500	875	93	465	256	55	625,0	312,5	50

Capitolo 10
Biocatalisi

Finora si è descritto come localizzare e purificare in maniera adeguata un enzima. Se il fine è l'utilizzo dell'attività catalitica della biomolecola, l'ottimizzazione delle condizioni di biotrasformazione rappresenta un punto strategico e importante, in quanto è il passaggio che fornisce direttamente il prodotto desiderato. Le biocatalisi o biotrasformazioni possono essere considerate come processi e tecnologie che utilizzano reazioni catalizzate da organismi viventi (cellule) o componenti subcellulari o molecolari (enzimi), al fine di ottenere quantità rilevanti di bioprodotti utili. Per eseguire al meglio la biotrasformazione occorre conoscere bene le caratteristiche sia del biocatalizzatore sia dei substrati e prodotti coinvolti nella reazione. Nel processo occorre controllare e ottimizzare i principali parametri operativi quali ad esempio:

- temperatura
- pH
- "ambiente" di reazione (tampone)
- forza ionica
- eventuali cofattori necessari
- tempo di reazione
- quantità di biocatalizzatore
- agitazione della soluzione o sospensione

Per ogni parametro è necessario valutare l'effetto su qualità e stabilità dei protagonisti della reazione: substrati, prodotti, biocatalizzatore, in modo da utilizzare le condizioni operative più adatte, ricorrendo anche al migliore compromesso. Il tutto deve poi concretizzarsi in un processo tecnologico vero e proprio su scala industriale.

10.1 Biocatalizzatori

Le biotrasformazioni sono in genere eseguite con enzimi o cellule, siano essi immobilizzati o no. Diversi aspetti condizionano la buona riuscita di una biotrasformazione e la qualità dei prodotti ottenuti.

Tipo di biocatalizzatore. Quale è il biocatalizzatore più adatto? Il tipo di reazione da eseguire, il valore commerciale del prodotto da isolare e la qualità richiesta condizionano la scelta. Utilizzare le cellule, come noto, permette di evitare la fase di estrazione e purificazione necessaria per gli enzimi isolati. Si riscontra però spesso una fragilità meccanica e una stabilità operativa limitata. Il fatto di avere però costi contenuti e di rappresentare un ambiente ideale per un enzima fanno delle cellule una soluzione ideale in diverse applicazioni. Tra queste, ricordiamo le bioconversioni basate su reazioni dove sono coinvolti cofattori costosi e instabili (basti pensare alle reazioni con deidrogenasi NADH o NADPH dipendenti) o le trasformazioni condotte in condizioni critiche, ad esempio con solventi organici o temperatura relativamente elevata. In esempi simili, il biocatalizzatore può avere una vita breve, usare cofattori contenuti nella cellula ed essere eliminato dopo uno o pochi cicli di reazione. Con metodi di separazione efficienti le cellule possono essere sostituite da enzimi in genere a bassa purezza ottenuti direttamente con lisi cellulare e una eventuale chiarificazione. Molto utilizzati e disponibili commercialmente sono gli enzimi grezzi liofilizzati, spesso usati su grande scala applicativa: basti ricordare le proteasi, o le pectinasi e cellulasi usate nelle produzioni di succhi di frutta (biotrasformazione particolare in quanto l'enzima non viene separato dal prodotto di reazione). Enzimi immobilizzati covalentemente, con alti valori di attività e assenza di interferenti rappresentano invece il massimo livello di qualità in termini di biocatalizzatore, con la possibilità di eseguire molti cicli consecutivi di reazione con conseguente abbattimento dei costi e quantità rilevanti di prodotto.

Selettività. La capacità di un biocatalizzatore di riconoscere un particolare tipo di substrato è fondamentale e ha giocato un ruolo determinante per l'affermazione dei processi biochimici industriali. Può essere sufficiente un enzima con una bassa specificità di substrato se il processo si basa su reazioni poco selettive, ad esempio la preparazione di idrolizzati proteici utilizzando proteasi attive su diversi substrati. Sarà invece necessaria un'elevata specificità di substrato quando il processo richiede la massima selettività: basti pensare ai processi enzimatici stereoselettivi, dove solo uno degli enantiomeri di una molecola è soggetto all'azione enzimatica. Il concetto di selettività, molto importante, verrà ripreso più avanti.

Stabilità. La stabilità operativa del biocatalizzatore considerato è un altro parametro essenziale per il buon andamento della bioconversione. La condizione ideale è data ovviamente da enzimi che riescano a mantenere quasi inalterata la propria attività nel tempo, ma ciò è impossibile. Una graduale diminuzione dell'attività enzimatica durante il susseguirsi dei cicli di bioconversione è scontato, ma naturalmente varia da un enzima all'altro. Molte proteasi, esterasi, acilasi e lipasi sono estremamente stabili e riescono a eseguire cicli di reazione per centinaia di ore con decadimenti di attività contenuti. Altri enzimi come ossidasi, ossigenasi e deidrogenasi possono essere soggetti a decadimenti repentini. Questi aspetti condizionano la scelta del biocatalizzatore, la sua forma, le condizioni e i tempi di reazione.

Costo e reperibilità. Il costo di un biocatalizzatore varia in base al tipo prescelto e alla purezza richiesta, ma non solo. Fattori che condizionano in maniera consistente il costo sono la reperibilità del biocatalizzatore, se disponibile commercialmente, o della fonte da cui l'enzima viene ricavato. Alla reperibilità vanno aggiunti altri fattori che influenzano il costo, tra i quali la stabilità del biocatalizzatore e l'eventuale necessità di sostituzioni frequenti, la scala produttiva richiesta, il costo del prodotto ottenibile mediante la biocatalisi.

Cinetica di reazione. È importante avere un equilibrio di reazione favorevole, spostato nettamente verso la formazione dei prodotti: avere un residuo significativo di substrato di partenza non trasformato complica il processo, comportandone la separazione dal prodotto con aumento di passaggi e costi. Molto importante anche la verifica di eventuali fenomeni di inibizione durante la reazione, per alte concentrazioni di substrato, di prodotto in formazione o di inibitori presenti in soluzione. Da ricordare anche la necessità o meno di cofattori indispensabili per la reazione enzimatica, quali ioni metallici, ossigeno, NADH o NADPH, ecc. Se richiesti, i cofattori vanno aggiunti alla miscela di reazione: in alcune applicazioni possono anche essere rigenerati mediante reazioni accoppiate. Come esempio, si immagini una biotrasformazione in cui il substrato A viene convertito nel composto B mediante una reazione enzimatica, e che quest'ultima comporti l'ossidazione del cofattore NADH in NAD^+. Per ripristinare il NADH necessario per la continuazione della reazione nel tempo si può ricorrere a una reazione accoppiata: se nella miscela di reazione si aggiunge del formiato con l'enzima formiato deidrogenasi, quest'ultimo può utilizzare il NAD^+ prodotto dalla prima reazione per catalizzare la trasformazione di formiato a biossido di carbonio, con conseguente ripristino di NADH richiesto dalla biotrasformazione A $\rightarrow$ B.

Conservazione. Una programmazione corretta di un processo industriale di biocatalisi comporta la disponibilità di una scorta di biocatalizzatore, necessaria per poter affrontare senza rischi l'attività produttiva entro un periodo prefissato. Il biocatalizzatore necessario come scorta deve quindi essere conservato in condizioni idonee a mantenere nel tempo l'attività catalitica e a impedire l'insorgere di fenomeni di contaminazione microbica: comune l'utilizzo di basse temperature (non superiori a 5-10° C), l'aggiunta di stabilizzanti (alte concentrazioni di sali, composti riducenti, glicerolo, ecc.) e di antibatterici.

10.2 Substrati e prodotti di reazione

Lo scopo prioritario è il recupero di un prodotto qualitativamente elevato, con buone rese, costi di produzione sopportabili e impatto ambientale del processo di ottenimento il più basso possibile. Ottenere un prodotto da bioconversione competitivo richiede la valutazione di alcuni parametri operativi che possono influenzare il risultato finale:

Condizioni di reazione. L'ambiente di reazione deve essere compatibile con la stabilità delle molecole dei substrati e dei prodotti desiderati. Le condizioni sono spesso un compromesso tale da preservare la stabilità dei substrati e prodotti ma contemporaneamente permettere anche una biocatalisi efficiente. La stabilità dei composti condiziona anche il fattore tempo: composti labili devono essere trasformati in cicli operativi piuttosto brevi per evitare decadimenti consistenti.

Purezza. Le biocatalisi possono essere eseguite partendo da soluzioni di substrato di aspetto e composizione estremamente varie: mentre in alcuni casi si hanno soluzioni relativamente pure con basso contenuto di contaminanti, in altre applicazioni si utilizzano sospensioni o miscele grezze, o addirittura fasi solide disperse. Questo condiziona il processo in quanto l'isolamento dei prodotti di reazione è molto più oneroso.

Pericolosità. La gamma di substrati coinvolti nelle biocatalisi e conseguentemente dei prodotti ottenuti, è estremamente varia e ampia. In ciascun caso va comunque valutata la pericolosità o meno dei reattivi utilizzati; i substrati o prodotti stessi possono essere nocivi, tossici o appartenere a qualche altra classe di pericolosità. In base a ciò vanno predisposti tutti i mezzi di prevenzione necessari per evitare spargimenti nell'ambiente o danni agli operatori. Conseguentemente si avrà una ricaduta economica; la valutazione di pericolosità va estesa a qualsiasi reattivo che entra a far parte del processo. Se ad esempio si eseguono biotrasformazioni in miscele con solventi organici, se questi sono infiammabili tutto l'impianto coinvolto deve essere antideflagrante per evitare principi di incendio o scoppio. Di qualsiasi processo si tratti, la pericolosità di ogni reattivo deve essere conosciuta riferendosi a schede di sicurezza facilmente disponibili.

Costo e reperibilità. Composti molto costosi sono in genere preparati con volumetrie modeste e richiedono substrati adeguati, di alta qualità in termini di composizioni ripetibili per ogni lotto e contenuto molto basso di contaminanti. Il valore commerciale dei prodotti da biocatalisi condiziona quindi anche substrati e reattivi necessari per la sua preparazione: la purezza e quindi la possibilità o meno di usare soluzioni grezze, la ricerca di substrati da fonti diverse con costo più contenuto e la facile reperibilità dei reattivi nei quantitativi richiesti dal processo industriale.

Conservazione. Come per il biocatalizzatore, anche per i reattivi e per i prodotti ottenuti occorre mettere a punto condizioni di conservazione adatte. Delle materie prime, substrati compresi, occorre mantenere una scorta adeguata per garantire la continuità produttiva, mentre i prodotti ottenuti sono in genere immagazzinati per un certo periodo prima della destinazione commerciale finale.

10.3 La tecnologia

La biotrasformazione da eseguire deve concretizzarsi in un processo operativo, industrializzabile e con adeguato livello tecnologico. Occorre quindi schematizzare il processo come un diagramma di flusso con tutti i vari passaggi e gli accorgimenti tecnologici necessari. Questo approccio è valido anche per qualsiasi applicazione industriale biochimica che non sia una biocatalisi, quali una fermentazione, una purificazione o una immobilizzazione. Applicare la corretta tecnologia significa predisporre impiantisticamente tutte le strutture, sia operative che di controllo. Si devono compiere tutte le valutazioni tecniche importanti per la scelta del bioreattore, di eventuali scambiatori di calore o strutture ausiliarie, i controlli in linea dei parametri critici (temperatura, pH, ecc.), filtri o centrifuga per la separazione del prodotto dal biocatalizzatore, ecc. Il costo e la complessità dell'impianto produttivo varia in base ai parametri. Hanno influenza aspetti quali la presenza di reattivi necessari, in taluni casi costituiti da gas insufflati quali l'ossigeno, i parametri chimici o fisici da controllare durante la reazione (necessità di termostatare la soluzione, il controllo e la correzione del pH, la viscosità del mezzo, ecc.), le condizioni operative particolari, come il mantenimento della sterilità o le caratteristiche antideflagranti dell'impianto in presenza di reagenti infiammabili, la necessità di prelievi o aggiunte di materiale durante la reazione, il tipo di biocatalizzatore e l'esigenza di reattori con particolare geometria o funzionamento.

10.4 Bioreattori e metodologie di biocatalisi

Per quanto possa essere complessa la struttura dell'impianto, il cuore del sistema rimane comunque il reattore. Definibile come la struttura delimitata entro la quale avviene la vera e propria biocatalisi, il bioreattore può presentarsi con forme e principi di funzionamento diversi, ma in genere riconducibili a due principali modelli:

- Reattori in batch
- Reattori a colonna

Queste due tipologie non rappresentano una novità, in quanto simili ai reattori che sono stati descritti nel paragrafo "scaling-up del processo di immobilizzazione". Anche per lo svolgimento di una biotrasformazione si possono fare le stesse considerazioni. Il bioreattore in batch nella sua struttura di base è sempre un contenitore con agitatore, camicia esterna per la termostatazione, sonde di controllo collegate alle opportune strumentazioni, oblò e fondo flangiato con valvola di scarico per il recupero delle soluzioni. I vantaggi di una scelta in batch sono i medesimi detti per l'immobilizzazione. Per un biocatalizzatore sedimentato, la trasformazione può essere eseguita su una singola colonna, eluendo la soluzione di substrato sul letto di enzima o cellule immobilizzati in maniera simile a una cromatografia e, in genere, facendo ricircolare la soluzione in colonna. L'azione di ricircolo permette di aumentare il tempo di contatto soluzione-biocatalizzatore e di apportare sulla soluzione in uscita le opportune modifiche, soprattutto di pH. Nella fase di ottimizzazione diventa quindi importante il flusso attraverso il letto della colonna senza diminuzioni di pH che potrebero rallentare la catalisi nella parte inferiore della colonna o determinare degradazioni o precipitazioni dei prodotti di reazione. Per evitare colonne troppo voluminose, flussi elevati e difficoltà nel controllo del pH, si può ricorrere alla suddivisione del volume totale richiesto di biocatalizzatore in più colonne sistemate in *parallelo* o in *serie*. Nel primo caso, la soluzione viene fatta riciclare su più colonne in contemporanea: in genere occorrono più pompe (una per colonna) con un impegno strumentale non trascurabile. Per le colonne sistemate in serie la soluzione di substrato viene caricata su una prima colonna e in uscita da questa si effettua una eventuale correzione di pH dell'eluato, caricando quindi su una seconda colonna. La soluzione in uscita dalla seconda colonna caricata su una terza e così via. Il numero totale di colonne varia a seconda del processo, in quanto nella soluzione in uscita dall'ultima colonna la biotrasformazione deve essere completa o comunque con buone rese di conversione. Le biocatalisi in colonne possono essere eseguite anche con un flusso della soluzione ascendente, in maniera simile a quanto succede in un letto fluido: in questo modo si possono evitare intasamenti e impaccamenti eccessivi in colonna, caricando anche soluzioni grezze o mediamente viscose. Le applicazioni con colonne in biocatalisi sono quindi versatili, con le diverse modalità di eluizione: ascendente o discendente, in parallelo o in serie. Ma la versatilità è comunque elevata anche in batch, con le diverse modalità operative e di separazione del prodotto di reazione. Una variante sul tema è data dai reattori a membrana, costituiti da un modulo di ultrafiltrazione o da un reattore agitato con una membrana UF sul fondo e la possibilità di aver una pressione contenuta all'interno. Tale tecnica permette di utilizzare biocatalizzatori liberi, siano essi cellule o enzimi, che vengono semplicemente confinati entro uno spazio delimitato senza ricorrere all'utilizzo di una matrice solida. I pori della membrana sono tali da permettere la diffusione del prodotto man mano che si forma, mentre substrato e biocatalizzatore vengono ritenuti all'interno del modulo o del reattore, dove può continuare la reazione. Possibili applicazioni di questa tecnologia si hanno quando il substrato ha un alto peso molecolare (polimeri come polisaccaridi, proteine, ecc.) e l'enzima scinde per idrolisi il substrato in monomeri o comunque prodotti a basso peso molecolare permeabili alla membrana.

Le varie tipologie di biotrasformazioni in batch o in colonna possono essere processi sia continui sia discontinui. Un processo continuo permette di ottenere la soluzione di prodotto senza interruzioni nel tempo, salvo inconvenienti, sospensioni programmate o termine della vita operativa del biocatalizzatore. In questo modo si ottengono quantità considerevoli di prodotto senza impegnare grosse strutture, considerati i grandi volumi in gioco. Nel processo discontinuo si hanno invece delle interruzioni tra una biotrasformazione e l'altra: si procede in pratica a batch, con cicli consecutivi. Tra un ciclo e l'altro si provvede a recuperare il prodotto e ad aggiungere al biocatalizzatore una nuova soluzione di substrato. Ad esempio, una sequenza di colonne in serie può svolgere senza problema una biocatalisi in continuo, mentre un classico reattore con agitatore permette l'esecuzione di cicli consecutivi in modo discontinuo.

10.5 Scaling-up di una biocatalisi

Il passaggio di scala di un processo di biotrasformazione è in genere più semplice di altre metodologie tradizionali di sintesi chimica. Definiti tipo di biocatalizzatore, caratteristiche della soluzione di substrato e condizioni operative, va deciso il tipo migliore di strategia tra quelle esaminate nel paragrafo precedente: colonna o reattore? Processo continuo o discontinuo? Per rispondere a queste domande occorre avere delle chiare indicazioni relative non solo alla stabilità operativa e/o meccanica dei "protagonisti" della reazione (biocatalizzatore, substrato e prodotti) ma anche alla quantità di prodotto che si intende ottenere nel tempo, ad esempio i kg o le tonnellate di prodotto in un anno e gli eventuali incrementi prevedibili nel corso degli anni. Da ciò deriva la durata massima che deve avere un ciclo di bioconversione e il rapporto biocatalizzatore/substrato ottimale per rispettare i tempi prefissati. È quindi possibile standardizzare la grandezza dei reattori o delle colonne, e decidere tra un processo continuo o a batch. La definizione della tecnica più adatta, dei quantitativi e dei tempi condiziona, essendo la biocatalisi la fase finale di un processo biochimico, anche i passaggi precedenti se coinvolti, quali, a ritroso, l'immobilizzazione, la purificazione e la fermentazione. Tutti devono infatti essere calibrati in maniera tale da soddisfare la scala operativa della biocatalisi, senza rischi di mancanza di biocatalizzatore o di tempi improponibili. Nello scaling-up, il graduale aumento della scala può comportare la modifica di alcuni aspetti tecnologici dell' impiantistica. Come esempio, non è sempre possibile avere a disposizione in laboratorio agitatori dei reattori con geometrie uguali a quelle industriali (Fig. 10.1). I tempi per le operazioni di aggiunta o prelievo di soluzioni in un impianto diventano ben più lunghi e necessitano di tubature e pompe. I cicli di biotrasformazione in fase produttiva avvengono spesso con una sequenza molto serrata, senza interruzioni salvo le esigenze di manutenzione, oltre al rispetto obbligatorio di tutte le procedure di sicurezza per impianto e operatori. Il passaggio di scala comporta la messa a punto dell'analisi di processo, dello smaltimento dei reflui e della conservazione sia delle materie prime sia del prodotto finale. Quest'ultimo in genere va incontro, soprattutto se si è partiti da soluzioni di substrato grezze, a passaggi di purificazione o comunque di isolamento (filtrazioni, cromatografie, cristallizzazioni, essiccamento o liofilizzazioni): basti pensare a un cristallo finale di zucchero, partendo da melasse, o a un antibiotico dopo una biotrasformazione eseguita su un brodo di fermentazione

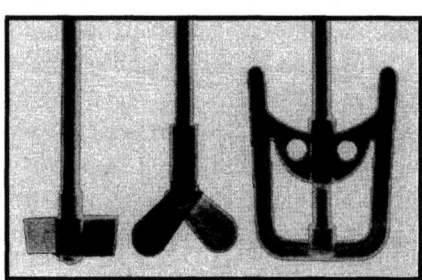

Figura 10.1 Gli agitatori necessari per la continua miscelazione del biocatalizzatore durante una bioconversione in batch hanno forme diverse, dalla scala di laboratorio, come in figura, fino a quella produttiva industriale (per gentile concessione Carlo Erba Reagenti)

concentrato. Pur non entrando in merito all'isolamento finale dei prodotti, va comunque evidenziato il fatto che questo rappresenta un ulteriore procedimento che segue la biocatalisi. Per quanto riguarda lo smaltimento le problematiche sono simili a quelle che si presentano con gli altri processi biologici. Oltre ai reflui liquidi, va considerato anche lo smaltimento del biocatalizzatore esausto, specie se si tratta di un enzima immobilizzato. Attenzione particolare, come al solito, va rivolta a eventuali prodotti tossici o infiammabili, con possibile recupero di alcuni solventi organici se coinvolti.

10.6 Controlli analitici e monitoraggio della stabilità del biocatalizzatore

In una biocatalisi il controllo è in un certo senso diversificato, in quanto occorre monitorare sia la reazione e il prodotto sia il biocatalizzatore. Nel primo caso l'analisi deve permettere il controllo entro un tempo ridotto della cinetica di reazione, se è terminata o meno entro i tempi operativi prefissati, se il prodotto si è formato nella quantità attesa e se non vi sono anomalie particolari nel tipo di contaminanti eventualmente presenti. Parallelamente, anche il biocatalizzatore deve essere monitorato. Inizialmente deve avere un'attività superiore a un valore minimo deciso sperimentalmente, che permetta di arrivare a fine reazione in tempi accettabili e senza usare quantità spropositate di enzima o cellule, specialmente se immobilizzate. A intervalli prefissati occorre dosare l'attività del biocatalizzatore durante la biotrasformazione, per valutare se l'attività totale ancora presente sia ancora sufficiente per condurre la reazione secondo le previsioni o se sia necessario, in ambito produttivo, effettuare una sostituzione o integrare con delle aggiunte di biocatalizzatore nuovo in grado di compensare le perdite di attività subite. Il monitoraggio, nelle prime fasi di uno scaling-up, permette di controllare se l'andamento della stabilità operativa è simile a quanto ottenuto su scala laboratorio. Nella fase di ottimizzazione della biocatalisi, l'analisi combinata dell'attività del biocatalizzatore e della reazione permette di valutare se vi sono fenomeni di inibizione da substrato o prodotto, il rapporto attività/concentrazione del substrato ottimale, il valore di riferimento della stabilità media del biocatalizzatore, ad esempio valutando il numero di cicli di biocatalisi (esprimibili in ore o giorni) che comportano il decadimento del 50% dell'attività iniziale, ecc. Il controllo analitico permette di valutare questo e altro ancora. Ma è possibile riassumere i dati analitici per poter avere una visione immediata dell'andamento della biocatalisi? Si è avuto modo di trattare le tabelle nell'ambito delle purificazioni e immobilizzazioni, e anche per una biotrasformazione si può adottare una procedura simile. La tabella deve dare una immediata visione dell'andamento globale. Quando il processo ha raggiunto la scala applicativa finale con una buona ripetibilità si possono anche ridurre alcune analisi. Ad esempio, l'enzima può essere dosato a intervalli più lunghi. I controlli analitici rappresentano dei costi, ma non va diminuito comunque in maniera critica il controllo quantitativo del processo.

10.7 Reazioni singole o sequenziali

Una biotrasformazione è stata finora considerata nella forma più semplice, ovvero riferita a un singolo passaggio catalitico. Nella pratica si possono però avere processi composti da due o più passaggi enzimatici sequenziali. Nel campo chimico-farmaceutico, ad esempio, la sintesi chemo-enzimatica è ormai una pratica diffusa, e reazioni tipiche della chimica organica si alternano a catalisi enzimatiche. Ancora più interessanti sono le biocatalisi con diversi passaggi consecutivi. Le reazioni coinvolte possono essere svolte in reattori separati, ognuno contenente l'enzima o le cellule richieste. Ogni passaggio comporta una propria ottimizzazione, ma se le reazioni sono consecutive occorre anche far si che la soluzione ottenuta da una biotrasformazione abbia caratteristiche adatte per la reazione successiva. Possono essere necessarie correzioni di pH, diluizioni per evitare inibizioni da substrato, aggiunte di cofattori necessari alla reazione. È importante anche valutare la possibile presenza di componenti in grado di inibire l'azione catalitica della reazione successiva. Nella pratica industriale vi sono diversi processi basati su reazioni consecutive eseguite con biocatalizzatori. Uno di questi può essere la produzione in continuo di L-alanina da fumarato d'ammonio, usando due bioreattori con tipi diversi di cellule (*E. coli* e *P. dacunhae*) contenenti nel primo passaggio l'enzima aspartasi e nel secondo l'aspartato β-decarbossilasi. Altro esempio particolarmente interessante è la produzione industriale di acido 7-amminocefalosporanico (7-ACA), un importante intermedio per la produzione di antibiotici β-lattamici semisintetici. Il 7-ACA può essere ottenuto dall'antibiotico di partenza cefalosporina C mediante l'azione in sequenza di due enzimi, la D-amminoacido ossidasi e la glutarile 7-ACA acilasi. Se le diverse reazioni possono essere eseguite in condizioni operative simili, una ulteriore ipotesi può essere quella di svolgere le biocatalisi in un unico reattore contemporaneamente. Se enzimi o cellule non vengono utilizzati in forma libera, processi con più reazioni nello stesso mezzo possono essere condotti mediante enzimi coimmobilizzati sulla stessa matrice. In applicazioni di questo tipo risulta ancora più importante della norma lo studio del meccanismo e della cinetica delle reazioni. La K_M degli enzimi implicati rispetto ai propri substrati, fenomeni di inibizione, situazioni di equilibrio reversibile, assumono una grande importanza e vanno attentamente monitorati in un sistema complesso di reazioni accoppiate. Estremamente critica l'ultima reazione: per avere rese accettabili, l'enzima deve aver un'alta affinità nei confronti del proprio substrato che si forma gradualmente. In tal modo riesce a trascinare continuamente le reazioni precedenti, alle quali viene sottratto un prodotto e tendono a ripristinare la situazione di equilibrio modificata in seguito alla scomparsa di prodotto, secondo il principio dell'equilibrio mobile di Le Chatelier-Brown. Come ultima possibilità per le reazioni accoppiate ricordiamo le cellule che, come si è avuto modo di trattare, possono funzionare come sistemi multienzimatici pronti all'uso.

10.8 Biocatalisi in solventi organici

Risulta spontaneo considerare le biocatalisi in ambiente acquoso: è infatti anche il mezzo in cui gli enzimi si trovano in natura, anche se associati a membrane o altre strutture. Ma le frontiere applicative si sono ormai spostate da anni verso processi innovativi e in continuo sviluppo: questo ha permesso di sperimentare e ottimizzare un numero sempre crescente di applicazioni in mezzi non convenzionali come i solventi organici. Toluene, esano, benzene, metanolo, acetone e altri solventi sono ormai diventati di comune impiego nella moderna biocatalisi, permettendo di ampliare le possibilità applicative e integrando sempre più le reazioni catalizzate da enzimi con la chimica organica tradizionale. Per molto tempo ai solventi organici è stata associata solo un'azione aggressiva e denaturante nei confronti di enzimi e altre biomolecole. Negli ultimi decenni l'uso di solventi organici ha permesso scoperte insospettate di stabilità e capacità catalitiche di diversi enzimi in condizioni nuove e alternative al comune ambiente acquoso. Ma quali sono i vantaggi che possono derivare dall'uso di solventi organici in biocatalisi, se l'enzima manifesta una stabilità accettabile? Eccone alcuni:

- Incremento della solubilità di substrati non polari, che sarebbero inutilizzabili in soluzioni acquose.
- Spostamento dell'equilibrio termodinamico a favore della sintesi invece che dell'idrolisi (ad esempio sintesi di esteri, lattoni, ecc.), che richiede la presenza di acqua che partecipa alla reazione.
- Riduzione di reazioni indesiderate agevolate da un ambiente acquoso: si può ricordare l'idrolisi delle anidridi.
- L'immobilizzazione spesso non è necessaria: gli enzimi sono insolubili in solventi organici, per cui possono essere recuperati con una semplice filtrazione
- In caso di una immobilizzazione, il semplice adsorbimento sulla matrice può essere sufficiente essendo più difficile il distacco in ambiente non acquoso.
- Possibile incremento della stabilità termica di un enzima rispetto alle condizioni acquose: alcune lipasi conservano la propria attività per giorni a 50° C in solventi apolari o poco polari, quali l'ottano. Con alcuni, quali il toluene a 50° C, subiscono addirittura un incremento della propria attività.
- Eliminazione del problema di contaminazione microbica.
- Utilizzo diretto dei biocatalizzatori in un processo chimico senza obbligatoriamente provvedere alla eliminazione del solvente.

Enzimi e cellule possono lavorare in condizioni di difforme composizione del mezzo di reazione. Le condizioni estreme sono date da soluzioni esclusivamente acquose o completamente organiche. Tra le due condizioni vi è un ampio intervallo di sistemi bifasici possibili, ovvero composti da una parte acquosa e una organica in diversa percentuale tra loro. I sistemi bifasici sono particolarmente interessanti quando si ha a che fare con la formazione di un

10.8 Biocatalisi in solventi organici

prodotto con solubilità più elevata in un particolare solvente organico rispetto all'acqua. La presenza di due fasi distinte non miscibili permette di mantenere l'enzima in fase acquosa e dopo un periodo di riposo di recuperare facilmente la fase organica contenente il prodotto. In altre applicazioni buoni risultati sono ottenuti con solventi miscibili con l'acqua (metanolo, acetone, ecc.): non si ha la separazione bifasica ma si può però agevolare la solubilità delle molecole organiche coinvolte nella reazione. La minima quantità di acqua necessaria per la biocatalisi dipende da caso a caso. Ricordando esempi della letteratura, la chimotripsina può rimanere cataliticamente attiva in ottano anche con solo 50 molecole di acqua per ogni molecola di enzima (come riferito da J.S. Dordick dell'Università di Iowa). Diverse lipasi possono lavorare in diversi solventi con quantità minime di acqua, non superiore a 0,5-1% v/v. Un fenomeno singolare succede con alcune lipasi in grado di catalizzare bene delle esterificazioni con pochissima acqua ma di subire forti rallentamenti aumentando la quantità di acqua, ad esempio da 0,5 a 1%. Ogni enzima andrà quindi studiato in presenza di diverse percentuali di acqua. L'eventuale richiesta di acqua da parte dell'enzima può derivare da vari fattori, ma probabilmente il più importante è relativo alla stabilità molecolare. L'enzima può aver bisogno di un sottile film acquoso intorno alla propria struttura, in grado di conservare l'originale conformazione tridimensionale attiva. Il velo di acqua intorno alla molecola enzimatica può essere intaccato dai solventi miscibili con acqua, mentre rimane quasi intatto utilizzando solventi immiscibili. L'acqua può anche essere necessaria alla reazione o, contrariamente, interferire con l'azione nucleofila di un substrato organico presente nella soluzione. La sperimentazione per ottimizzare il processo non è diretta solo al tipo di solvente organico e alla eventuale ottimizzazione della quantità di fase acquosa, ma anche alla "storia" dell'enzima prima della deidratazione che subisce nelle condizioni di biocatalisi in solvente organico. È noto che in un tampone acquoso i gruppi di amminoacidi delle proteine presentano diversi gradi di ionizzazione dipendentemente dal valore di pH del mezzo in cui si trovano. In una fase organica la misura del pH non è realizzabile, per cui manca la condizione in grado di modificare lo stato dei gruppi carichi della proteina. Il tampone utilizzato per la preparazione dell'enzima e il suo pH possono quindi fornire diverse configurazioni della molecola che verrebbero bloccate almeno parzialmente in ambiente anidro o comunque con basso contenuto di acqua. Sarà la sperimentazione a confermare o meno differenze di stabilità o catalitiche durante la biotrasformazione. Se gli aspetti relativi a tipo solvente, contenuto di acqua, pH di preparazione, ecc. sono importanti nel caso degli enzimi in fase libera (spesso in forma liofilizzata, quindi solida, che risulta più facilmente gestibile) lo diventano ancora più nel caso di immobilizzati, dove oltre all'enzima occorre considerare anche la struttura della matrice. La proteina può già aver subito una modificazione conformazionale in seguito all'interazione con il supporto solido, occorre valutare l'idrofobicità o meno della matrice e la sua capacità di mantenere un film d'acqua sulla propria superficie, la presenza o meno di gruppi funzionali ionizzabili. Il grado di idrofobicità può inoltre influenzare l'affinità con i substrati disciolti nella fase organica in biocatalisi, aspetto importante e già sottolineato nel capitolo relativo agli enzimi immobilizzati (anche un solvente organico può modificare i parametri cinetici dell'enzima). La diversificazione delle condizioni operative e il coinvolgimento di solventi organici ha permesso di considerare nuove molecole come substrati per i biocatalizzatori, sviluppando nuove opportunità applicative. Un esempio interessante è rappresentato dalle lipasi sopra menzionate, enzimi ampiamente utilizzati in ambito industriale. Impiegati nelle tipiche reazioni di idrolisi di substrati naturali quali i trigliceridi, attualmente hanno trovato nuova collocazione nelle biocatalisi basate su reazioni di esterificazione e transesterificazione, spesso stereo-specifiche, come le molteplici reazioni con vinile acetato e disparati substrati organici, in presenza dei solventi più adatti. In taluni casi si è arrivati alla messa a punto di applicazioni veramente imprevedibili. La versatilità di enzimi quali la lipasi dal lievito *Candida antarctica* ha permesso la catalisi di reazioni quali le amidazioni o la peridrolisi di diversi esteri di acidi carbossilici con perossido di idrogeno. Quest'ultima particolarissima reazione permette di ottenere peracidi, utili in molte ossidazioni in sintesi organica e spesso non di facile reperibilità commerciale.

10.9 Biocatalisi stereo-selettive, regio-selettive e chemo-selettive

La selettività, come è stato più volte sottolineato, rappresenta uno dei vantaggi più importanti che un enzima possiede ed è strategica per l'affermazione industriale dei biocatalizzatori. La selettività può essere divisa in tre categorie:

- *stereo-selettività*;
- *regio-selettività*;
- *chemo-selettività*.

Stereo-selettività. Un enzima, nei confronti di un proprio substrato, spesso non si limita al riconoscimento di un particolare tipo di composto, ma alla discriminazione dei diversi isomeri ottici di una singola molecola, se ne possiede. Si tratta quindi della capacità di riconoscere diversi *stereoisomeri*, ovvero isomeri che possiedono una identica formula ma che differiscono nell'arrangiamento dei loro atomi nello spazio. Molti composti, utilizzati in biotrasformazioni, presentano due *enantiomeri*, molecole che sono l'una l'immagine speculare dell'altra ma non sono sovrapponibili, grazie alla presenza di centri *chirali* nella propria struttura (i veri gruppi che hanno la proprietà di non essere sovrapponibili alla propria immagine speculare). Le sostanze otticamente attive hanno la capacità di far ruotare in senso orario o antiorario il piano della luce polarizzata (analiticamente determinabile mediante un *polarimetro*), ma in numerose applicazioni si ha a che fare con una soluzione di *racemo*, ovvero di una miscela equimolare di una coppia di enantiomeri che non presenta attività ottica. Diversi enzimi sono in grado di discriminare i due enantiomeri, reagendo solo con uno e lasciando intatto l'altro. I due enantiomeri di molecole che interagiscono nell'ambito biologico possono determinare un'azione finale

10.9 Biocatalisi stereo-selettive, regio-selettive e chemo-selettive

estremamente diversa: basti ricordare la leucina, che può essere dolce o amara, o l'anfetamina in cui un enantiomero è uno stimolante del sistema nervoso centrale mentre l'altro è praticamente inattivo. La stereo-selettività enzimatica ha assunto sempre maggiore importanza ed espansione in settori come quello farmaceutico, dove vi è un continuo aumento di farmaci chirali disponibili come singolo enantiomero. Quando si deve selezionare un enantiomero da una miscela racemica, l'enzima agisce come un sistema asimmetrico tridimensionale in grado di interagire con un singolo stereoisomero. Ricordando le biocatalisi in solventi organici, la separazione di due enantiomeri è stata eseguita mediante lipasi in grado di esterificare solo uno dei due isomeri e dando un estere facilmente separabile dall'altro isomero non modificato. La stereo-selettività si è ampliata ad una serie di classi enzimatiche oltre alle lipasi quali esterasi, ossidasi, idrossilasi, ecc. in grado di risolvere miscele racemiche in maniera selettiva, semplice e meno costosa di altre tecniche, quali la separazione mediante cromatografia con resine chirali. La Figura 10.2 mostra solo qualche esempio, spesso industrializzabile, di biocatalisi enzimatiche stereo-selettive. L'andamento di biotrasformazioni di questo tipo può essere controllato valutando il cosiddetto *eccesso enantiomerico* (*e.e.*) dato da "maggiore enantiomero % − minore enantiomero %" (considerando la loro somma pari a 1). In maniera simile si può parlare anche di *eccesso diastereoisomerico* (*d.e.*) descritto da "maggiore diastereoisomero % − minore diastereoisomero %". Occorre ricorda-

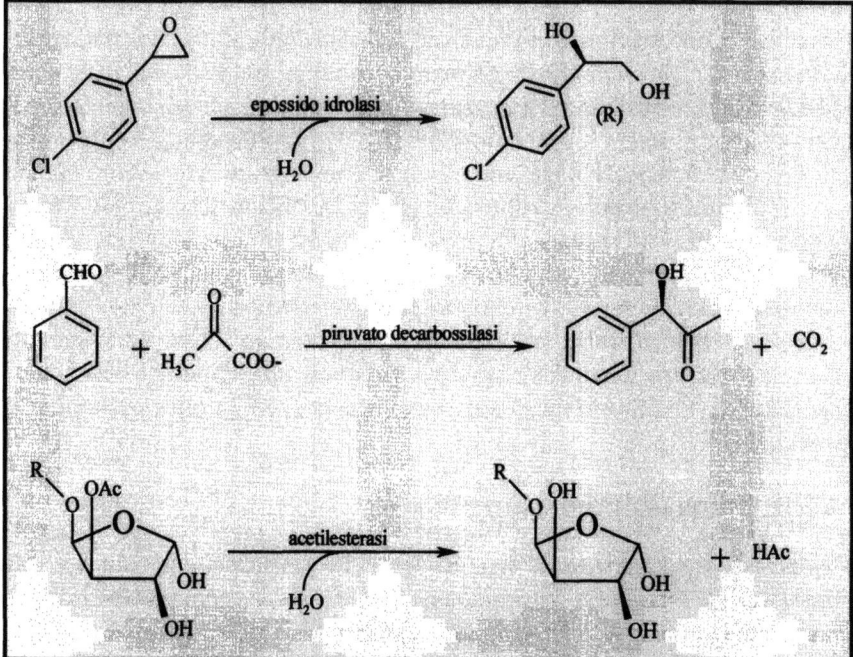

Figura 10.2 Esempi di reazioni stereo- e regioselettive catalizzate da enzimi

re che i *diastereoisomeri* sono stereoisomeri ma non hanno un'immagine speculare tra loro (hanno proprietà fisiche differenti). Le considerazioni generali che si possono fare per una biocatalisi stereo-selettiva sono praticamente identiche a quelle descritte per una qualsiasi biotrasformazione. Le reazioni svolte in solventi organici hanno spesso una natura stereo-selettiva, contribuendo a facilitare la conquista di un proprio spazio nel campo della sintesi organica, specie farmaceutica. L'aspetto innovativo di taluni substrati non naturali e le condizioni drastiche di reazione determinano in taluni casi tempi di biocatalisi lunghi, di diversi giorni.

Regio-selettività. È l'abilità di un enzima a riconoscere la localizzazione di un particolare gruppo reattivo situato sulla molecola del substrato. Se si considera come esempio una molecola che possiede due gruppi carbossilici, uno in posizione α e l'altro in posizione β, un enzima può essere in grado di reagire solo con uno di questi e lasciare intatto l'altro. Nella pratica, una reazione simile avviene nella biocatalisi con termolisina per la produzione di aspartame (un dolcificante ipocalorico), dove l'enzima riconosce l'α-carbossile della molecola di aspartato ignorando il β-carbossile, evitando con la sua regio-selettività la formazione di contaminanti isomerici nel prodotto finale. La gamma di reazioni regio-selettive industriali è ampia. Basti ricordare le idrossilazioni degli steroidi e dei loro derivati, dove si possono avere gruppi con reattività simile ma con diversa localizzazione nella struttura della molecola di steroide.

Chemo-selettività. Consiste nella capacità di un enzima di agire selettivamente su un gruppo funzionale in presenza di altri gruppi con una reattività uguale o maggiore. Questa capacità è estremamente importante, poiché la chemo-selettività rappresenta uno dei principali problemi della sintesi chimica tradizionale, dove la presenza contemporanea di più gruppi funzionali su una molecola comporta l'utilizzo di reazioni di protezione di gruppi che devono mantenere inalterata la propria struttura. In queste condizioni si può modificare il gruppo desiderato e al termine provvedere alla deprotezione di tutti gli altri gruppi funzionali. L'enzima permette di evitare questa sequenza di operazioni, non sempre facili, essendo talmente selettivo verso un particolare gruppo funzionale da lasciare inalterate altre zone della molecola che chimicamente mostrerebbero una reattività maggiore. La nitrilasi, ad esempio, riesce a catalizzare l'idrolisi di un nitrile anche in presenza di altri gruppi reattivi come esteri o ammidi.

10.10 Nuovi sviluppi e prospettive

L'industria ha saputo approfittare dei progressi scientifici e tecnologici della biochimica, tanto che gli enzimi sono presenti in una innumerevole serie di prodotti di consueto utilizzo nella vita comune. Ma la ricerca innovativa non si ferma, e sempre nuove applicazioni biochimiche appaiono sul fronte tecnologico. Oltre ai processi ormai consolidati, da quale parte arriveranno le tecniche produttive che verranno sperimentate nel prossimo futuro e quali settori permetteranno alla biochimica industriale di essere ancora più incisiva e diversificata? Le possibilità sono molte: non tutte avranno forse il successo sperato, ma sicuramente il sempre crescente livello tecnologico porta a innovazioni e metodologie in grado di espandere sempre più la biocatalisi industriale. Di seguito è possibile valutare qualche esempio.

Fluidi supercritici. Riscaldando un liquido in un recipiente chiuso, questo evaporerà fino al punto in cui densità del vapore e del liquido rimasto diventano uguali. Superando questo punto, il sistema entra in uno stato non definito, una sorta di intermedio tra liquido e gas, diventando un *fluido supercritico*. La formazione di questi fluidi può essere modulata e controllata variando temperatura o pressione in un intervallo in grado di dare la condizione di supercriticità. Progressivamente, i fluidi supercritici stanno diventando una valida alternativa ai solventi organici industriali. Non sono tossici, necessitano di un basso consumo energetico e sono compatibili con l'ambiente. L'anidride carbonica è largamente usata nello stato supercritico, grazie alla sua abbondanza, al basso costo e alla facilità di trasporto. Non crea inoltre situazioni di pericolo per l'ambiente e i siti produttivi, non essendo tossica. Da anni vi è un crescente interesse verso l'uso di enzimi e cellule per biocatalisi in fluidi supercritici, e l'anidride carbonica è in genere il mezzo più utilizzato. Oltre ai vantaggi suddetti, permette infatti di utilizzare temperature operative piuttosto basse e in grado di non danneggiare l'integrità di enzimi e di altri prodotti termolabili. Inoltre non lascia residui nei prodotti, ha basse viscosità e tensione superficiale e la pressione può essere modulata in maniera tale da controllare la solubilità dei prodotti e dei substrati di reazione, facilitandone la separazione. Il possibile trasferimento di questa tecnologia nei processi di biocatalisi industriale potrebbe promuovere la sintesi di prodotti ad alto valore aggiunto con impatto ambientale molto contenuto e costi sopportabili. Al momento sono però ancora molti gli aspetti da studiare per una possibile applicazione nelle biotrasformazioni.

Ottimizzazione della caratterizzazione molecolare e genetica. I rapporti struttura-funzione nelle proteine vengono sempre più compresi, grazie a un affinamento sempre più elevato delle tecniche a disposizione. La diversificazione e l'ottimizzazione delle biocatalisi può essere favorita dalle ricerche di biologia molecolare, genetica e biochimica strutturale, aumentando le conoscenze della struttura del sito attivo, della struttura proteica e delle interazioni molecolari implicate. Una ricerca avanzata quindi sviluppa e ottimizza l'applicazione industriale, grazie anche alla mutazione mirata dei geni che codificano per una particolare proteina, alla modificazione degli enzimi mediante tecniche di ingegneria proteica, alla preparazione di geni sintetici.

Nuovi biocatalizzatori. La padronanza delle tecniche genetico-molecolari e l'automazione e sensibilità elevate raggiunte nell'ambito della selezione tra tantissimi ceppi di microrganismi o substrati, hanno permesso una ulteriore espansione del numero di biocatalizzatori potenzialmente disponibili. Relativamente alle fonti naturali, molti microrganismi isolati da ambienti estremi (zone polari, profondità terrestri, oceano, in vicinanza di pozze sulfuree, ecc.) hanno messo a disposizione enzimi che, essendo originari da microrganismi *psicrofili* o *termofili* (con attività ottimale a basse o alte temperature), riescono a lavorare in condizioni proibitive per i normali biocatalizzatori: basti pensare al risparmio energetico con enzimi in grado di lavorare a basse temperature o alle nuove prospettive di eseguire reazioni ad esempio a 50-80° C. Le condizioni di vita estreme dei microrganismi permettono anche di avere biocatalizzatori in grado di riconoscere e interagire con substrati nuovi. Insomma, lo spettro delle possibilità di esistenza della vita si è ampliato, e di conseguenza anche il corredo enzimatico a disposizione nei vari casi. Già diversi enzimi estremofili sono disponibili commercialmente, ma per le grandi quantità occorrerà aspettare gli ulteriori sviluppi di queste ricerche e selezioni. Anche il campo vegetale sta recentemente fornendo un numero crescente di enzimi e in alcuni casi anche cellule.

In diversi casi si ha la biotrasformazione di composti particolari, con reazioni estremamente interessanti e selettive, quali le idrossilazioni o la riduzione di gruppi carbossilici ad aldeidi o alcoli. Una categoria di biocatalizzatori estremamente innovativa è data dagli *enzimi semisintetici* (*sinzimi*) e dagli *anticorpi catalitici* (*abzimi*). Applicati per ora a livello di ricerca, potrebbero diventare in futuro una possibile alternativa biocatalitica, rivoluzionaria rispetto a quanto si fa attualmente. Gli enzimi semisintetici si collegano alle modifiche con ingegneria proteica di enzimi naturali per modificarne stabilità, selettività o attività. Le nuove tecniche di ingegneria molecolare permettono di modificare il sito attivo dando origine a un nuovo sito catalitico e quindi a un nuovo enzima semisintetico con diversa attività e affinità. Ad esempio, la subtilisina è stata stabilizzata mediante legami di alcuni suoi amminoacidi esterni con aldeidi, o addirittura la modifica del sito attivo con l'aggiunta di selenio ha trasformato l'enzima, una proteasi, in una perossidasi semisintetica. Gli anticorpi catalitici rappresentano una linea di ricerca recente, dato che nel 1986 il gruppo di lavoro di Schultz e Lerner per primo osservò la capacità di alcuni anticorpi di catalizzare reazioni chimiche in maniera simile agli enzimi. Come descritto a livello del sito attivo dell'enzima si hanno le interazioni coinvolte nella formazione di un intermedio di reazione enzima-substrato, uno stato di transizione che evolve velocemente nella formazione dei prodotti. Gruppi di ricerca hanno prodotto anticorpi che legano in maniera selettiva delle molecole stabili (apteni) generando strutture simili a quella di uno stato di transizione nella catalisi. Questi anticorpi mostrano così un'azione enzima-simile in grado di legare e stabilizzare uno stato di transizione, uguale a quello indotto dal sito attivo di un enzima. L'azione degli anticorpi catalitici è stata utilizzata in diverse reazioni chimiche con buon successo. Gli abzimi sono comunque degli anticorpi e la loro preparazione può essere eseguita, mediante induzione con l'aptene con struttura simile allo stato di transizione desiderato, sia in vivo, dal fluido ascitico ottenuto dai topi, sia in vitro mediante colture cellulari (interessanti queste ultime per i tempi operativi minori e gli aspetti etici della sperimentazione animale). L'uso di anticorpi catalitici presenta ancora molti aspetti da sviluppare, malgrado la crescita graduale della tecnica. Potenzialmente un numero elevato di reazioni potrebbero essere catalizzate, ma occorre conoscere il meccanismo di reazione, lo stato intermedio che si forma con il substrato e avere a disposizione un composto con una struttura simile a quella dello stato intermedio. Attualmente non vi sono applicazioni industriali che coinvolgono anticorpi catalitici, ma sarà interessante sorvegliare lo sviluppo tecnico-scientifico degli abzimi, per poter valutare un loro possibile ruolo come biocatalizzatori del futuro per prodotti ad alto valore aggiunto.

CAPITOLO 11
Settori applicativi industriali

Tra le strategie biotecnologiche applicate in campo industriale, quelle basate sull'utilizzo degli enzimi sono tra le più interessanti e in crescita quasi esponenziale. È interessante mostrare, con alcuni esempi pratici, come gli enzimi e le cellule siano ormai presenti nella maggior parte dei settori industriali e nella vita comune. Parecchie cose che fanno parte del quotidiano derivano da processi in cui sono stati utilizzati enzimi. Nel capitolo è possibile dare solo un cenno di alcuni campi applicativi: un elenco dettagliato assumerebbe solo l'aspetto di una enorme "lista della spesa". Lo scopo è quello di fornire una sensazione concreta della diffusione industriale dei biocatalizzatori, della variabilità operativa e delle sempre nuove potenzialità.

11.1 Industria alimentare

Il settore alimentare ricorre da tempo all'utilizzo dei biocatalizzatori e in misura sempre crescente si stanno diffondendo le biotecnologie che permettono di affrontare le più svariate condizioni operative. I notevoli sviluppi nello studio dei microrganismi estremofili ha dato anche al settore alimentare un ulteriore rilancio, permettendo di effettuare processi a temperature elevate. Le innovazioni biotecnologiche permettono quindi di migliorare la qualità dei prodotti e lo sviluppo di nuove tipologie alimentari. Ma come e quanto sono diffusi gli enzimi e le cellule nell'ambito alimentare? Per capirlo, basta ricordare qualche esempio in alcuni settori produttivi.

Idrolisi dell'amido. L'amido è una sostanza di riserva dei vegetali, disponibile in gran quantità in tuberi, quali patata e tapioca, e semi, come quelli di mais e grano. Chimicamente l'amido è un polimero del glucosio, composto da una miscela di *amilosio*, polimero con legami α-1,4, e *amilopectina*, polimero con ramificazioni e legami α-1,6. L'idrolisi dell'amido permette la produzione di sciroppi di glucosio od oligosaccaridi di largo impiego nel settore alimentare (non più di un terzo è invece usato nell'industria tessile e della carta). Per molto tempo l'idrolisi è stata effettuata chimicamente, con acidi inorganici e alte temperature. Con tale metodo le rese non sono elevate e si ottengono diversi sali e sottoprodotti indesiderati (specialmente lo psicosio, zucchero non metabolizzabile). L'uso di enzimi ha permesso di ottimizzare il processo: la loro selettività ha risolto il problema dei sottoprodotti, le rese sono buone e le condizioni di reazione sono più blande, con consistenti risparmi energetici e mantenimento del prodotto (le alte temperature facilitano la formazione di caramello). Gli enzimi maggiormente utilizzati sono:

- *α-amilasi*, che idrolizza i legami α-1,4;
- *glucoamilasi*, che idrolizza i legami α-1,4 e, più lentamente, quelli α-1,6;
- *pullulanasi*, in grado di idrolizzare i legami α-1,6 dell'amilopectina e del pullulano.

I tre biocatalizzatori vengono in genere utilizzati in momenti diversi, quali la *liquefazione* in cui l'amido è convertito in maltodestrine mediante l'α-amilasi, e la saccarificazione in cui le maltodestrine sono idrolizzate a glucosio mediante glucoamilasi e pullulanasi. Il glucosio rappresenta anche il substrato dell'enzima *glucosio isomerasi*, che lo converte in fruttosio, apprezzato per il suo potere dolcificante doppio rispetto al comune saccarosio.

Panificazione. L'enzima α-amilasi è usato anche nel settore della panificazione: aggiunto all'impasto del pane, può scindere l'amido e generare zuccheri attaccabili dai lieviti presenti, con formazione di anidride carbonica e facilitazione del processo di lievitazione. L'*invertasi* viene invece usata nell'industria dolciaria in quanto scinde il saccarosio nei suoi monomeri costitutivi glucosio e fruttosio: in tal modo si accresce l'effetto dolcificante del prodotto finale. Migliore qualità all'impasto per panificazione viene dato anche dalle proteasi, in grado di attaccare le proteine del glutine presente nella farina di grano. Enzimi e cellule sono spesso utili al processo anche indirettamente. Mediante la microbiologia industriale, ad esempio, si ottengono per via fermentativa grandi quantità di metaboliti utili. Un esempio sono le produzioni di acidi (citrico, lattico, ecc.) e amminoacidi per via fermentativa. Nel campo della panificazione, l'amminoacido essenziale *lisina*, ottenuto per via fermentativa, viene impiegato in grande quantità come additivo alimentare. Viene infatti aggiunto negli impasti per panificazione in modo da aumentare il potere nutriente del prodotto.

Trattamenti della carne. In questo settore si impiegano soprattutto proteasi: rendono la carne più morbida e digeribile (se utilizzate prima della cottura) in quanto idrolizzano parzialmente le proteine sulla superficie della carne.

Succhi di frutta. Diversi sono gli enzimi utilizzati nella preparazione di succhi di frutta, in relazione all'aspetto del prodotto finale: il succo deve essere limpido nel caso della mela, mentre rimane l'aspetto torbido per succhi di arancio o pompelmo. *Cellulasi* e soprattutto *pectinasi* sono aggiunti direttamente al succo iniziale, in modo che l'idrolisi delle molecole di pectina, e in misura minore di cellulosa, in frammenti più corti facilitino le operazioni di chiarificazione e diminuiscano la viscosità del mezzo. Le cellulasi sono utili anche per facilitare il rilascio di composti colorati dalle bucce di alcuni frutti, come ribes nero e mirtilli. L'α-amilasi è usata per l'idrolisi a oligosaccaridi dell'amido presente in quantità cospicua in alcuni succhi, come quelli di mela. La *glucosio ossidasi* viene invece utilizzata pe rimuovere l'ossigeno dalle confezioni di succhi per evitare fenomeni di ossidazione e imbrunimento del prodotto. La glucosio ossidasi forma acido gluconico e acqua ossigenata partendo da glucosio, per cui viene spesso abbinata alla *perossidasi* per eliminare l'acqua ossigenata formatesi. La glucosio ossidasi, col medesimo obiettivo, vene usata anche per varie conserve quali maionese e frutta sciroppata. Molto interessante anche l'utilizzo di enzimi in grado di diminuire il gusto amaro di diversi succhi, ad esempio quello di pompelmo, alternativo all'impiego di resine in grado di assorbire i responsabili del gusto amaro, quali la *naringina*, l'*esperidina* o la *limonina*. Enzimi come la *naringinasi* o la *limoninasi* riescono a svolgere la stessa funzione in maniera più selettiva e controllabile. La naringinasi ad esempio idrolizza la naringina a dare *naringinina*, perdendo la caratteristica amara. Con gli enzimi è possibile calibrare l'intensità del gusto amaro controllando le condizioni di idrolisi enzimatica della naringina.

Bevande alcoliche, bibite e sciroppi. L'azione di enzimi e microrganismi viene sfruttata per raggiungere precise caratteristiche nelle bevande di varia natura, oltre ai succhi di frutta precedentemente descritti. La fermentazione compiuta dai lieviti permette di produrre etanolo a spese degli zuccheri e dare bevande col corretto grado alcolico. Enzimi che coinvolgono reazioni con polisaccaridi permettono di agevolare i processi di fermentazione e aumentare il contenuto in monosaccaridi e oligosaccaridi. L'α-amilasi viene quindi usata per favorire l'idrolisi dell'amido ad esempio nella produzione della birra, dove il contenuto di amido viene aumentato aggiungendo al malto anche grano o riso, o nella preparazione del whisky, per ridurre l'amido ottenuto durante la cottura del grano, molto viscoso. L'aumento del contenuto di monosaccaridi è utilizzato nella preparazione di bibite e sciroppi zuccherati. Anche qui l'amido è idrolizzato dall'α-amilasi: gli oligosaccaridi e il maltosio ottenuti sono trasformati in glucosio e fruttosio. Gli sciroppi con alto tenore di fruttosio, grazie al suo potere dolcificante, sono commercialmente richiesti.

Industria lattiero-casearia. Anche in questo settore le applicazioni enzimatiche sono numerose. Ricordiamo l'uso della β-*galattosidasi* (*lattasi*) in grado di scindere il lattosio, disaccaride tipico del latte, con liberazione di glucosio e galattosio. L'idrolisi del lattosio permette l'ottenimento di un prodotto commerciale adatto per i consumatori che presentano intolleranza verso il lattosio, con problemi di digeribilità del latte integro. L'intero settore caseario avrebbe serie difficoltà produttive senza la disponibilità del *caglio*, tradizionalmente estratto da stomaci di ruminanti (contenenti *chimosina* e *pepsina*) e in grado di idrolizzare la caseina del latte in un punto specifico, provocando la coagulazione necessaria per la lavorazione e produzione dei formaggi. Oltre alle proteasi estratte da stomaci sono disponibili anche proteasi ottenute da microrganismi, come *Mucor miehei*, utilizzabili nella produzione casearia. Le caratteristiche organolettiche dei vari formaggi sono influenzate dagli enzimi utilizzati: una idrolisi troppo elevata delle proteine del latte varia infatti il gusto (può diventare più amaro) e la qualità del formaggio. A migliorare il gusto del prodotto finale concorrono anche le lipasi contenute nelle miscele enzimatiche usate, grazie all'idrolisi degli esteri dei grassi del latte. Nei formaggi a media e lunga stagionatura è comunque la flora batterica che si sviluppa a creare gli aromi tipici dei vari prodotti caseari.

Aromi. Nell'intento di soddisfare le esigenze dei consumatori, per avere un'ampia diversificazione degli aromi si ricorre in maniera sempre più incisiva ai biocatalizzatori. Le normative, sia americane che europee, considerano naturali anche gli aromi ottenuti mediante modificazione enzimatica o microbica, purché siano naturali i precursori, o che i prodotti siano reperibili in natura. Il campo degli aromi è vasto, ma per riportare qualche esempio è possibile riferirsi ad alcune categorie molecolari molto utilizzate. Parecchi aromi e fragranze sono derivati dalla modifica di oli e grassi. I trigliceridi ottenuti vengono idrolizzati dalle lipasi, e gli acidi grassi liberati rappresentano composti di partenza per aromi, che chimicamente si presentano spesso come lattoni e metilchetoni. Le cellule sono usate spesso in quanto gli aromi ottenibili derivano da una serie di reazioni cellulari. Diossigenasi come le lipo-ossigenasi, monossigenasi e idratasi agiscono sui doppi legami degli acidi grassi e così facendo generano spesso aromi. Anche i tessuti vegetali contengono lipo-ossigenasi e idroperossido-liasi in grado di modificare acidi grassi come l'acido linoleico dando composti utilizzabili come fragranze e sapori. I lattoni derivati dagli idrossiacidi grassi sono una importante categoria di aromi, molto usati nel settore alimentare per le caratteristiche organolettiche di latticino, di fiore o fruttate. L'acido ricinoleico è il principale idrossiacido in grado di subire una reazione di β-ossidazione con chiusura ad anello (lattonizzazione). I metilchetoni, importanti per i sapori di molti formaggi, sono in genere prodotti da muffe.

11.2 Preparazione di detergenti

La rimozione di macchie da indumenti e biancheria ha subito notevoli miglioramenti con l'introduzione di enzimi nella formulazione dei detergenti. La biodegradabilità degli enzimi ha migliorato ecologicamente i detergenti, grazie anche alla possibilità di diminuire il contenuto di tensioattivi. Le categorie di enzimi utilizzate nelle formulazioni sono le più adatte per eliminare le macchie di varia natura: lipasi per attaccare macchie d'unto dovute a oli e grassi, proteasi per macchie proteiche come quelle causate da sangue, sughi, ecc., amilasi per eliminare l'amido di residui di pasta, patate o riso. Anche in questo settore gli enzimi ottenuti da organismi termofili e psicrofili hanno portato vantaggi. Con lipasi o proteasi attive a basse temperature si possono ad esempio avere sensibili risparmi energetici, in quanto i lavaggi degli indumenti possono essere effettuati a valori di temperatura inferiori alla norma, a parità di effetto smacchiante.

11.3 Industria tessile

Molte fibre utilizzate nel settore tessile sono di origine naturale (ad esempio il cotone) e per tale motivo negli ultimi anni stanno prendendo sempre più piede i trattamenti industriali dei tessuti con enzimi. I vantaggi sono sempre legati alla qualità del prodotto ottenuto e alla forte diminuzione dell'impatto ambientale. Diversi sono gli enzimi che possono essere impiegati nei processi industriali. Le cellulasi sono senz'altro le più versatili avendo come substrato la cellulosa, componente base del cotone. Diversi sono i passaggi dove trovano impiego, definiti con i termini inglesi di *biopolishing*, *stone wash* e *biofinishing*. Nel processo di biopolishing le cellulasi rimuovono dalla superficie del tessuto le imperfezioni rimaste, rendendone sensibilmente migliore l'aspetto, come nuovo. Nello stone wash l'enzima attacca la cellulosa in maniera più profonda e dà al tessuto finale un tipico aspetto "invecchiato", questa caratteristica è particolarmente importante per i capi in jeans. Il trattamento enzimatico può essere una valida alternativa al metodo classico in cui l'effetto di invecchiamento dei tessuti viene ottenuto mediante pietra pomice. L'uso di enzimi permette di evitare l'impiego di grossi quantitativi di pietra pomice. La cellulasi rende infine il tessuto molto soffice durante il biofinishing, spezzando le catene di cellulosa più lunghe. Le amilasi sono usate invece per sbozzimare i tessuti prima che subiscano altri trattamenti. La bozzima è una soluzione di sostanze che vengono assorbite dai filati e, seccando su di essi, formano una guaina incollante che rende i fili del tessuto più lisci, flessibili e resistenti. La rimozione di bozzima di natura amidacea viene quindi eseguita con amilasi, in associazione con lipasi qualora nella bozzima siano aggiunte anche delle cere. La *catalasi* è un enzima in grado di eliminare velocemente il perossido di idrogeno presente nei bagni dei tessuti che devono essere sottoposti a tintura. L'approccio enzimatico permette in questa applicazione di eliminare l'utilizzo di un riducente chimico, quale il bisolfito di sodio, e l'eliminazione dei risciacqui necessari nel processo tradizionale dopo il trattamento con il riducente chimico. Singolare l'applicazione dell'enzima *laccasi* (un'ossidasi), che migliora l'immagine dei capi in Denim (tessuto creato in Francia nel XVII secolo, originariamente solo di colore blu). Riduce molto i tempi per ottenere un aspetto "invecchiato" del tessuto, eliminando la rideposizione del colore indaco (uno dei coloranti più antichi, originariamente estratto dalla pianta *Indigofera tinctoria* e poi spesso sostituito da prodotti di sintesi con pesante impatto ambientale) e creando degli effetti sul tessuto che sarebbero estremamente difficili da ottenere con metodi convenzionali. Questi ultimi si basano spesso sull'utilizzo di composti con azione piuttosto drastica, come l'ipoclorito di sodio.

11.4 Industria della carta

Nel settore produttivo della carta vi sono diversi passaggi operativi, dalla polpa di cellulosa fino al prodotto finale con i suoi reflui, dove diversi enzimi possono trovare collocazione soprattutto grazie all'alta compatibilità ambientale e ai minori consumi energetici. In genere, salvo eccezioni, si tratta di grandi quantità di microrganismi o enzimi grezzi che vengono addizionati nei passaggi produttivi senza recupero del biocatalizzatore. Pur non entrando nel dettaglio delle operazioni progressive che portano all'ottenimento della carta, enzimi e cellule possono essere applicati già dalle prime fasi di p*ulping*, mirate alla preparazione di una polpa di cellulosa da utilizzare nelle successive lavorazioni. Diversi enzimi possono trovare impiego, abbinati a separazioni meccaniche. Le *pectinasi* incrementano l'efficienza delle fasi di scortecciamento, le *ligninasi* agevolano la rimozione di lignina liberando la cellulosa, con possibile abbinamento con cellulasi. I processi sono agevolati dall'effetto sinergico di più enzimi. Nella rimozione dei prodotti indesiderati (la lignina è la principale ed è estremamente abbondante, tanto da rappresentare circa il 25% della biomassa mondiale) possono concorrere anche altri catalizzatori quali *laccasi* e *veratril alcol ossidasi*, che agevola la degradazione della lignina ed evita la formazione di polimeri dei prodotti ossidati dalla laccasi. Gli enzimi permettono anche il controllo e la rimozione di materiali indesiderati che possono accumularsi durante le fasi di ottenimento della pasta di cellulosa, causando depositi con aspetto di peci e melme. Queste possono essere causate dai composti degradati nelle prime fasi e da resine (soprattutto con conifere). I depositi possono essere anche causati dalla proliferazione batterica (specialmente di *Bacillus* e *Pseudomonas*) particolarmente dove si ha ricircolo di acqua. L'uso di lipasi e idrolasi permettono di eliminare e controllare i depositi grazie alle reazioni di idrolisi catalizzate su trigliceridi, cere, ecc. Altre applicazioni riguardano l'uso di *xilanasi* prima dei processi di candeggiatura chimica con cloro (o anche perossidi, ozono, ecc.): permette di idrolizzare lo xilano presente che potrebbe riprecipitare sulle fibre di cellulosa coprendo anche della lignina rimasta. In tal modo le fibre private dello xilano sono più esposte e il trattamento candeggiante diventa più efficiente permettendo una sensibile riduzione del cloro necessario rispetto al processo senza xilanasi. Anche l'amilasi può essere usata, per ridurre gli effetti viscosi dell'amido presente, mentre le cellulasi ed emicellulasi trovano impiego anche nella eliminazione delle particelle fini di cellulosa presenti nella polpa (che possono limitare il drenaggio di acqua) e nei processi di riciclaggio della carta usata, agevolando la rimozione dell'inchiostro e l'idrolisi parziale della cellulosa nell'impasto. Come ultimo punto, di estrema importanza, va ricordato l'impiego dei microrganismi nel trattamento delle acque reflue dei processi industriali delle cartiere, producendo scarichi a basso impatto ambientale.

11.5 Analisi ambientale e biosensori

Gli enzimi, grazie alle proprie caratteristiche di selettività e capacità catalitica, trovano impiego in molte applicazioni analitiche di numerosi settori oltre all'ambientale, quali la chimica diagnostica e l'alimentare. Un *biosensore* può essere definito come un dispositivo analitico dove un enzima, o comunque un composto biologicamente attivo (ad esempio un anticorpo) adeguatamente immobilizzato e collegato a un adatto trasduttore di segnale, permette la determinazione selettiva e reversibile, in un campione, di concentrazione o attività di molte molecole. Il principio di funzionamento è piuttosto semplice: nel caso di un enzima, esso prende parte a uno o più processi in cui l'attività catalitica produce variazioni di parametri fisici o chimici. Questi vengono rilevati dal trasduttore che può convertirli in segnali elettrici. I biocatalizzatori possono essere immobilizzati al sensore con metodiche fisiche, con trattenimento sul supporto, e chimiche, con legame covalente, in maniera confrontabile con quanto riportato nel capitolo della immobilizzazione. Nel campo ambientale, diversi sono gli esempi applicativi utili per il monitoraggio di svariati composti. Si va dal dosaggio di nitrati e fosfati nelle acque fino ai controlli in linea veloci dei processi industriali. Interessante il controllo di contaminanti ambientali: vi sono biosensori per fenoli, con l'enzima tirosinasi, per la determinazione di pesticidi organofosforici, con acetil colinesterasi (valutazione dell'inibizione provocata dal pesticida sull'enzima), o di erbicidi, ecc. Le potenzialità della tecnica dei biosensori ha sollevato interesse nel mondo della ricerca applicata, e attualmente gli sforzi sono diretti verso l'ottenimento di biosensori riutilizzabili (non monouso), con trasduttori del segnale sempre più efficienti e con un costo contenuto tale da ottenere una reale e continua produzione industriale di tali dispositivi analitici.

11.6 Trattamento di reflui e scarti, produzioni energetiche

Agricoltura, zootecnia e industria producono quantità enormi di rifiuti sotto forma di scarti solidi e acque reflue. L'uso di microrganismi, più diffusamente che di enzimi liberi, permette la demolizione di molti composti chimici indesiderati che avrebbero altrimenti un forte impatto sull'ambiente. A questo si è già accennato trattando i settori alimentare e della carta, ma è naturalmente comune a qualsiasi attività produttiva. La degradazione biologica permette l'eliminazione anche di sostanze tossiche, ad esempio i composti aromatici. Diversi microrganismi sono in grado di metabolizzare benzene, toluene, prodotti organofosforici, ecc. Un aspetto collaterale di grande interesse è il trattamento di scarti e reflui, particolarmente derivati da lavorazioni agricole, zootecniche e alimentari, in grado di produrre molecole interessanti per un utilizzo energetico (nel campo della microbiologia industriale). La fermentazione dell'amido con lieviti porta alla produzione di etanolo, che miscelato con le benzine può essere usato come combustibile, mentre il trattamento di reflui zootecnici determina la formazione di biogas. Una singolare e interessante applicazione bioenergetica è la produzione di idrogeno mediante microrganismi. L'idrogeno viene visto come una delle fonti energetiche del futuro: è rinnovabile, non produce anidride carbonica in fase di combustione, libera grandi quantità di energia ed è facilmente convertibile in energia elettrica nelle celle a combustibile. L'idrogeno "biologico" ha rese piuttosto basse, ma in genere i consumi energetici necessari sono minori rispetto a quelli tradizionali, molto alti. Diversi sono gli approcci tecnici per la produzione microbiologica di idrogeno: dall'uso di microrganismi fotosintetici (alghe e cianobatteri) che formano idrogeno specialmente dopo un periodo di anaerobiosi ed assenza di luce, fino alle fermentazioni di batteri come il genere *Clostridium*, strettamente anaerobio. *Idrogenasi* e *nitrogenasi* sono enzimi in genere coinvolti nella produzione metabolica di idrogeno. Le valutazioni e le ottimizzazioni tecniche ed economiche da eseguire nel processo di produzione dell'idrogeno biologico sono ancora molte, ma sicuramente risulta interessante anche alla luce del suo impatto ambientale estremamente ridotto.

11.7 Industria farmaceutica e chimica

L'industria farmaceutica è probabilmente il settore dove appare la maggiore varietà di reazioni catalizzate da enzimi, vista anche l'elevata quantità di prodotti e intermedi che continuamente vengono elaborati e proposti per le varie terapie. Oltre alla produzione per via fermentativa di prodotti farmaceuticamente attivi (basti ricordare antibiotici come penicilline e cefalosporine, antitumorali e macrolidi), varie tipologie di biocatalisi possono trovare applicazione in processi per l'industria chimico-farmaceutica: uso di enzimi o cellule, reazioni in continuo o in passaggi diversi, processi in solventi organici, modificazioni regio- e stereo-selettive, ecc. Tale versatilità è data dalla combinazione tra le catalisi utilizzate (idrolisi, riduzioni, idrossilazioni, transesterificazioni, ecc.) e il numero di prodotti ottenibili: dagli antibiotici agli ormoni, dagli antitumorali ai peptidi. Lipasi, esterasi, acilasi, proteasi e ossidasi sono classi enzimatiche usate industrialmente, alcune delle quali sono state menzionate negli esempi relativi al capitolo delle biocatalisi.

11.8 Enzimi e cosmetica

In passato il settore cosmetico ha trovato difficoltà nell'impiego di enzimi, soprattutto a causa di problemi di stabilità non soddisfacente nelle formulazioni dei vari prodotti. Attualmente gli enzimi sono entrati a far parte anche dell'industria cosmetica. Oltre al problema della stabilità nei preparati cosmetici, è stato necessario risolvere anche il problema della quantità di acqua sufficiente per poter far agire l'enzima una volta a contatto con la pelle. Questi aspetti sono stati spesso risolti nella pratica mantenendo enzima e acqua in camere separate della confezione commerciale (in dispenser monouso o multiuso). Al momento dell'utilizzo una polvere liofilizzata o comunque stabilizzata di enzima viene rilasciata in una seconda camera della confezione di cosmetico, dove si ha la reidratazione dell'enzima che può quindi essere applicato alla pelle. Tra gli enzimi di possibile impiego si possono ricordare le liposigenasi, piuttosto instabili ma con effetto depilatorio, le proteasi che mantengono la pelle morbida e priva di squame, le lipasi che in alcuni recenti preparati vengono addizionate in modo da poter rilasciare retinolo partendo da retinolo-palmitato presente nel cosmetico. Interessante anche l'utilizzo di enzimi come preservanti per le creme, quali la *superossido dismutasi* e la *lactoperossidasi*.

11.9 Enzimi in analisi e terapie mediche

Le analisi cliniche e le terapie mediche sono campi applicativi vasti per il settore biologico, e risulta impossibile fornire un quadro esaustivo di tutte le possibili applicazioni in poche righe. Molti composti di natura proteica sono usati nel campo medico quali anticorpi, citochine, ormoni proteici, ecc. Relativamente agli enzimi, questi sono diffusamente impiegati nel campo diagnostico e nel dosaggio di molti metaboliti biologici. Molti kits pronti all'uso sono disponibili per l'esecuzione delle analisi cliniche più routinarie. I biosensori menzionati per l'analisi ambientale possono trovare impiego nei dosaggi veloci e selettivi di diversi parametri su pazienti, ad esempio dosando il glucosio nel sangue grazie alla glucosio ossidasi, permettendo di valutare la glicemia in qualsiasi momento. All'aspetto analitico si aggiungono le applicazioni terapeutiche di enzimi. Il campo medico, naturalmente, è tra i più esigenti in fatto di purezza, ripetibilità delle caratteristiche e assenza di patogeni o impurezze nelle molecole utilizzate, visto l'utilizzo diretto sul paziente.

Capitolo 12
Vantaggi dell'uso industriale di enzimi, cenni sui concetti di qualità, tutela dell'innovazione e norme di sicurezza

Finora si sono esaminate le tecniche, le tecnologie e le strategie utilizzate nell'enzimologia industriale. Ma un progetto per definirsi realmente applicabile nell'industria deve anche tener conto di aspetti non propriamente biochimici ma non per questo meno importanti. Un enzima molto selettivo, una cromatografia con buone rese e indici di purificazione, un biocatalizzatore immobilizzato stabile sono alcuni risultati tecnici importanti: un traguardo finale in un laboratorio, ma il primo essenziale passo di una possibile applicazione industriale. Segue poi il passaggio di scala, associando il processo all'impianto e alle fasi ingegneristiche. A questo si aggiungono le valutazioni economiche, il mantenimento della qualità dei prodotti, le norme di sicurezza, la tutela del processo dai possibili concorrenti, il programma di marketing ecc. Argomenti spesso lontani dalla biochimica, ma che con questa si intrecciano in un sinergismo che ha permesso la reale affermazione di biochimica, genetica e biologia molecolare nell'industria. Di seguito verrà fatto un brevissimo richiamo ad alcuni tra i punti più importanti tra quelli elencati su un piano di strategia e di adeguamento dei processi e tralasciando gli aspetti strettamente economici. L'aspetto economico è comunque sempre coinvolto: qualsiasi azione comporta costi, siano essi fissi o variabili, e il calcolo conseguente di investimenti, ammortamenti e guadagni.

12.1 Vantaggi dell'uso di enzimi nell'industria

In tutte le varie fasi analizzate, dalla purificazione alla bioconversione, sono stati ricordati i principali vantaggi relativi all'uso di enzimi. Risulta comunque utile, in una sorta di riassunto finale, ricordarne alcuni in particolare nell'uso di enzimi come biocatalizzatori nei processi industriali.

Selettività. Rappresenta il vantaggio principale di un enzima: permette di catalizzare la reazione desiderata in un gruppo "bersaglio" specifico, riconosciuto anche in presenza di molte altre specie chimiche. La capacità di discriminazione e riconoscimento del proprio substrato da parte di un enzima raggiunge livelli incredibili e precisissimi, definibile come descritto nel capitolo "biocatalisi" con i termini di regio-, chemo- e stereo-selettività. Diversi altri vantaggi sono conseguenze dell'alto livello di selettività degli enzimi.

Condizioni blande di reazione. Gli enzimi hanno la capacità di svolgere la propria attività catalitica in condizioni blande, a temperatura ambiente o poco più, pressione atmosferica e valori di pH non drastici. Questa potenzialità ha permesso di sostituire molti processi tipicamente chimici con alternative biochimiche. Fra i tanti esempi, si può ricordare la produzione industriale di acrilamide, con migliaia di tonnellate annue: l'enzima *nitrile idratasi* permette di eseguire il processo con alte rese e basse temperature. Il processo chimico comporta invece l'utilizzo di temperature anche superiori a 100° C con formazione di sottoprodotti indesiderati come l'acido acrilico, assente nella reazione enzimatica.

Utilizzo di materie prime grezze. L'alta selettività di un enzima permette spesso l'utilizzo di materie prime non purificate: brodi di fermentazione, miscele racemiche, sciroppi di zuccheri, soluzioni proteiche, latte e intermedi ottenuti da processi di sintesi chimica sono alcuni esempi. L'enzima riesce a discriminare il substrato specifico in maniera precisa senza formazione di sottoprodotti. In tal modo il processo viene semplificato in quanto lo sforzo sarà mirato alla purificazione del prodotto finale, se necessaria, senza considerare una purificazione aggiuntiva della materia prima.

Basso impatto ambientale. Essendo proteine, gli enzimi sono completamente biodegradabili, se utilizzati in forma libera o immobilizzati su supporti di natura non sintetica. La possibilità di eseguire reazioni in condizioni blande permette di avere processi con ridotto impatto ambientale, in termini di soluzioni reflue, consumo di solventi organici o sostanze tossiche e, aspetto importante, con consumi energetici ridotti rispetto ai corrispettivi processi chimici.

Elevata efficienza catalitica. Gli enzimi riescono ad accelerare la velocità di una reazione di milioni di volte. Inoltre è possibile sfruttare l'efficienza catalitica per un lungo periodo aumentando la stabilità operativa del biocatalizzatore, ad esempio con l'immobilizzazione su una matrice solida. In questo modo è possibile il riutilizzo di un enzima in più cicli, permettendo la riduzione dei costi del processo e del prodotto finale.

12.2 Purezza del prodotto e concetto di "qualità"

Un processo produttivo che coinvolge la preparazione o l'utilizzo di enzimi comporta spesso l'ottenimento di prodotti altamente omogenei ed esenti da contaminazioni, fino ad essere sterili quando si considerano applicazioni farmaceutiche o terapeutiche. L'eliminazione dei contaminanti, espressamente quelli biologici, è un aspetto che può essere riferito sia all'enzima stesso sia a prodotti ottenuti grazie alla sua attività catalitica. Entrambi possono essere contaminati dal punto di vista biologico, da acidi nucleici residui, batteri, funghi, virus e prodotti particolari quali i *pirogeni*. Questi ultimi sono particolarmente importanti e pericolosi e la loro eliminazione o riduzione risulta essenziale. Nell'ambito clinico, l'uso di prodotti con virus o pirogeni può causare problemi ai pazienti (patologie o allergie) se non addirittura la morte. Attualmente è disponibile una gamma ampia di filtri, in grado di trattenere batteri, muffe e virus, fino alla sterilizzazione vera e propria delle soluzioni. L'attenzione è particolarmente alta nei confronti dei pirogeni in quanto sono molecole molto eterogenee con peso molecolare vario, da 200 a circa un milione. Si considerano due categorie principali: le *endotossine*, generate dalla lisi di batteri morti, e le *esotossine* secrete da batteri vivi. L'eliminazione dei pirogeni più piccoli, con peso molecolare di circa 200, è difficile e deve essere attentamente determinata. Una soluzione potrebbe avere una carica batterica estremamente bassa ma un livello di pirogeni molto alto. L'attenzione infatti è spesso diretta verso l'eliminazione dei batteri vivi, valutabili con le comuni conte batteriche, ma la maggior parte dei pirogeni deriva dalla lisi dei batteri morti. Ormai sono però disponibili tests analitici in grado di determinare e quantificare la presenza di acidi nucleici, batteri e anche pirogeni. La metodica più conosciuta per il dosaggio di pirogeni è il *LAL* test (*Limulus Amoebocyte Lisate*), molto semplice. Alcune tossine non sono però rilevabili da questo metodo analitico: in tal caso si ricorre a tecniche più complesse come il cosiddetto *MNC* test (*Mononuclear Cells test*). L'industria si basa ormai su sistemi di gestione e controllo moderni per poter garantire qualità e sicurezza dei propri prodotti. Diversi sono i sistemi impiegati; tra questi è possibile ricordarne alcuni tra i più importanti:

- *Buone pratiche di fabbricazione* (*Good Manufacturing Practices*, abbreviato come *GMP*), che descrivono i processi produttivi e le condizioni operative adottate che si sono dimostrate adeguate in base all'esperienza, fornendo prodotti di qualità e sicurezza. Una parallela "buona pratica" è applicabile anche al laboratorio con le norme *GLP* (*Good Laboratory Practice*) dove le varie metodologie devono essere ben definite, riproducibili e registrate in maniera chiara, dettagliata e non ambigua.
- *Norme di garanzia di qualità*: in questo caso vengono rispettati criteri standard stabiliti da enti quale l'Organizzazione Internazionale degli Standard (*ISO 9000*) o l'Ente di Normazione Europeo (*ENS 29000*). I processi produttivi devono essere conformi a procedure prestabilite e tutte le operazioni documentate in maniera chiara. L'efficacia dei programmi di garanzia della qualità viene periodicamente valutata da esperti indipendenti.
- *Norme FDA* (*Food and Drugs Administration*): l'organizzazione americana FDA ha lo scopo di tutelare la salute pubblica monitorando i vari prodotti destinati al consumo e le metodologie di preparazione.
- *Analisi del rischio e individuazione dei punti critici di controllo* (*Hazard Analysis Critical Control Points, HACCP*): questo programma è dedicato espressamente al settore alimentare e la sua recente adozione mira a evitare i difetti del processo di produzione. Si ha quindi un'azione di prevenzione dei difetti e non solo una loro identificazione.

12.3 Tutela di prodotti e processi: i brevetti

Il crescente impiego di biocatalizzatori nel corso degli anni ha causato una sempre maggiore competitività dei processi biochimici nel mondo industriale. Conseguentemente è aumentata anche la richiesta di tutela ed esclusività dei processi e prodotti da parte di chi li ha messi a punto, proprio per proteggersi dai concorrenti che potrebbero ripetere un medesimo processo in condizioni più vantaggiose, soprattutto economiche. La tendenza è evidente osservando l'elevato numero di brevetti relativi a nuovi prodotti biologici e a processi biocatalitici innovativi. Il *brevetto* può essere definito come un titolo grazie al quale viene conferito un monopolio temporaneo di sfruttamento dell'oggetto descritto dal brevetto stesso, che consiste nel diritto esclusivo di realizzarlo, disporne o commercializzarlo. L'esclusività del brevetto determina il divieto a terzi di produrre, usare, mettere in commercio o importare l'oggetto del brevetto, sia esso un prodotto o un processo. I brevetti riguardano i settori più disparati, non solo ovviamente la biochimica industriale, e la tipologia dei brevetti può variare dalle nuove varietà vegetali alle topografie di prodotti a semiconduttori. L'*invenzione* è la tipologia di brevetto che rappresenta una soluzione nuova e originale di un problema tecnico, adatta per essere realizzata e applicata in campo industriale. Basti pensare ai molti processi biocatalitici brevettati condotti in diverse condizioni operative (Fig. 12.1). L'invenzione per risultare tale non deve essere già compresa nello stato attuale della tecnica, con possibilità di fabbricazione e utilizzo nel campo industriale. La tutela dei prodotti e processi biochimici non può riguardare scoperte, teorie scientifiche e modelli matematici. L'ottenimento di un brevetto comporta la presentazione di una domanda depositabile presso gli uffici competenti, che variano a seconda dell'estensione del brevetto. Si passa quindi dall'Ufficio Italiano Brevetti e Marchi all'Ufficio Europeo dei Brevetti (con uffici in tutti gli stati contraenti), coinvolti anche nella internazionalizzazione dei brevetti. In seguito alla presentazione, la domanda sarà soggetta a una serie di controlli per confermare la possibile validità del brevetto in base ai criteri essenziali di novità, attività inventiva e applicabilità industriale. Dopo tutti gli esami sostanziali si ha la concessione del brevetto o il rigetto della domanda. In caso di concessione, può essere depositata un'opposizione contro un brevetto da parte dei concorrenti, entro un tempo prefissato (in genere 9 mesi). Nella definizione di brevetto è stato ricordato che il monopolio di utilizzo che ne deriva è naturalmente temporaneo, e per le invenzioni tale periodo è in genere di 20 anni dal deposito della domanda. L'esclusiva sarà estesa negli stati contraenti nel caso di un brevetto europeo, con la possibilità di considerare anche paesi che hanno sottoscritto accordi di cooperazione nel campo dei brevetti, come Albania, Lettonia, Lituania, Romania e Slovenia. Negli stati in cui viene eseguita l'estensione verrà attribuito un livello di protezione uguale a quello di un brevetto nazionale. La domanda internazionale facilita l'ottenimento di protezione di una invenzione in un ampio elenco di stati membri del trattato di Cooperazione in materia di Brevetti (*Patent Cooperation Treaty, PCT*). Anche in tal caso si estendono ai paesi designati nel mondo le protezioni del brevetto nazionale, con la possibilità di decidere in quali stati si desidera la tutela.

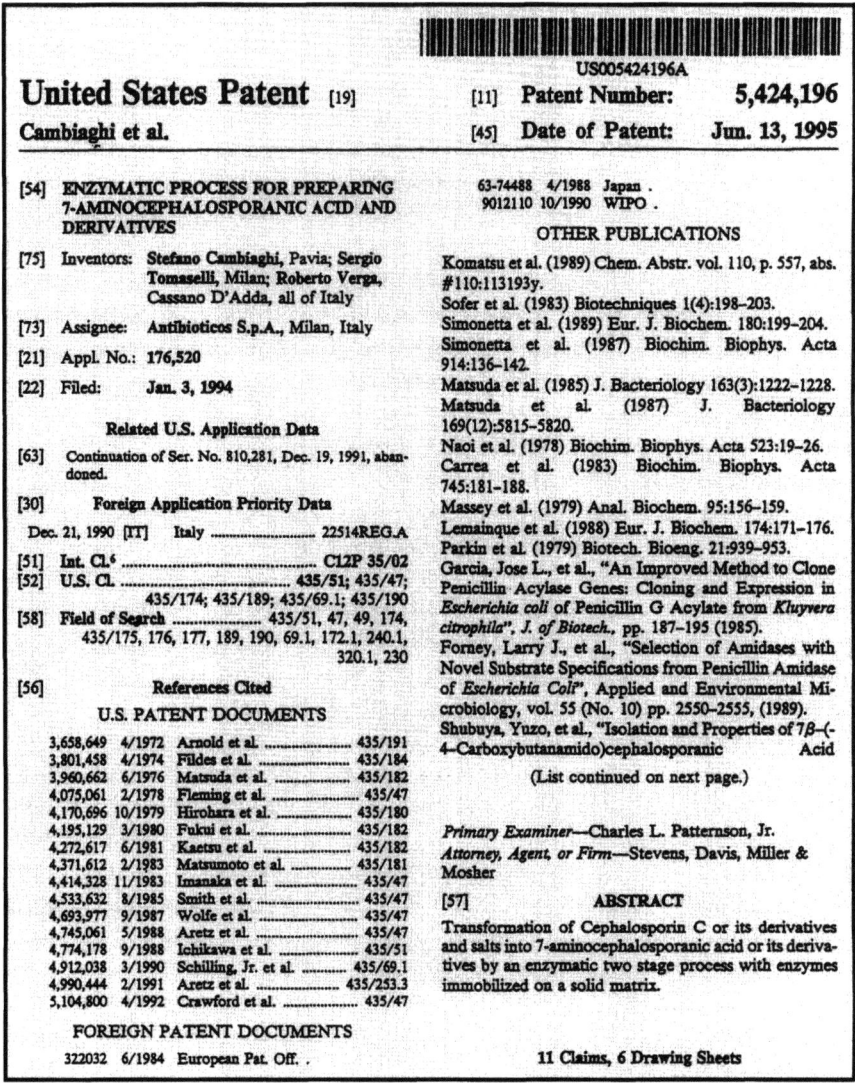

Figura 12.1 Esempio di brevetto: nella prima pagina raffigurata sono riportate diverse informazioni relative al brevetto stesso

12.4 Norme di sicurezza

In termini di pericolosità, gli enzimi non destano in genere particolari preoccupazioni. Come per tutti i reattivi disponibili, anche per i biocatalizzatori vengono stilate delle apposite schede di sicurezza, definibili col termine inglese di *Material Safety Data Sheet* (*MSDS*), dove sono riportate tutte le informazioni necessarie per definire il prodotto, conservarlo, trasportarlo e manipolarlo nel modo corretto, in base alla sua pericolosità nei vari aspetti, quali rilascio accidentale, danno ambientale, informazioni tossicologiche, stabilità e reattività, misure antincendio necessarie. Per gli enzimi nelle varie forme le norme di attenzione si riferiscono soprattutto alla possibile sensibilizzazione, con reazioni di tipo allergico in persone con particolare predisposizione. La sensibilizzazione è possibile soprattutto con ripetute inalazioni di polveri, ad esempio manipolando enzimi liofilizzati. Questi effetti allergenici sono ben conosciuti nel campo delle proteine: basti ricordare gli effetti del polline, sempre più diffusi, o le allergie alimentari dovute alle proteine del glutine o dell'uovo. Chi opera con polveri enzimatiche deve ricorrere a semplici e adatti mezzi di prevenzione, per proteggere le vie respiratorie o qualsiasi altra parte suscettibile di irritazione eventuale (occhi e pelle). I fenomeni di irritazione possono avvenire anche a causa della natura catalitica dell'enzima: manipolando senza guanti delle proteasi, ad esempio, la pelle può essere intaccata dall'attività idrolitica di tali enzimi. Non si adottano in genere misure particolari per possibile infiammabilità, dispersione nell'ambiente e condizioni di conservazione. Per queste ultime sono raccomandati locali asciutti, freddi e ben ventilati. I mezzi preventivi in tutti i casi si possono ridurre a mascherine facciali (anche quelle per tutto il viso), guanti adeguati come quelli di lattice e occhiali di sicurezza, ricorrendo ad altri mezzi nei casi particolari. Per una maggiore tutela e in riferimento ai possibili effetti allergenici, gli enzimi vengono spesso definiti nella classe dei composti nocivi, anche se in maniera estremamente blanda nella maggior parte dei casi. Attenzioni particolari vanno adottate nel caso di enzimi ottenuti da fonti sottoposte a tecniche di DNA ricombinante, in quanto vanno evitate dispersioni accidentali, sottoponendo i composti non più utilizzati a una bonifica, ad esempio con sodio idrossido o autoclave. Uguale attenzione va diretta alle cellule, qualora si utilizzino come biocatalizzatori, in quanto occorre conoscere bene la patogenicità o meno del ceppo di microrganismo in gioco evitando la dispersione di cellule vive che potrebbe causare proliferazioni indesiderate. Proprio per tale motivo si utilizzano ceppi microbici non patogeni e manipolabili con tranquillità. Le schede di sicurezza MSDS sono stilate per dare informazioni riguardo a tutti i punti qui solo accennati, in conformità con tutte le normative necessarie, come le varie direttive europee (EEC *Directives*) o la *Association of Manufactures of Fermentation Enzyme Products.*

Per saperne di più

Aglialoro G (2001) Il diritto delle biotecnologie. G. Giappichelli, Torino

Ballesteros A, Plou FJ, JL, Halling PJ (Eds) (1998) Stability and stabilization of biocatalysts. Elsevier, Amsterdam

Brown TA (1997) Genetics: A Molecular Approach, 3 edn. Chapman & Hall, London

Bushe R M (1994) Opportunities for Innovation: Biotechnology. CRC Press

Doonan S (1996) Protein Purification Protocols. Humana Press, Totowa, NJ

Doran PM (1995) Bioprocess Engineering Principles. Academic Press Harcourt Brace & Co., Publishers

Dunn MJ (1993) Gel Electrophoresis: Proteins. Bios Scientific, Oxford

Eisenthal R, Danson MJ (1992) Enzyme Assays: A Practical Approach. IRL Press, Oxford

Flickinger MC, Drew SW (1999) Encyclopedia of Bioprocess Technology: Fermentation, Biocatalysis and Bioseparation, vol. 5, John Wiley & Sons, Inc

Furr AK (Ed) CRC (1995) Handbook of Laboratory Safety, 4 edn. CRC Press, Boca Raton, FL

Glick BR, Pasternak JJ (1995) Biotecnologia Molecolare Principi e applicazioni del DNA ricombinante. Zanichelli, Bologna

Godfrey T, West S (Eds) (1996) Industrial Enzymology, 2 edn. The Macmillan Press Ltd

Hermanson GT, Mallia AK, Smith PK (1992) Immobilised Affinity Ligand Techniques. Academic Press Inc., London, New York

Hester RE, Girling RB (Eds) (1991) Spectroscopy of Biological Molecules. Royal Society of Chemistry Special Publication, Cambridge

Koskinen AM, Klibanov AM (Eds) (1996) Enzymatic reactions in organic media. Blackie Academic

Ladisch MR (2001) Bioseparations Engineering: Principles, Practice, and Economics. John Wiley & Sons, Inc

Lee JM (1992) Biochemical Engineering. Prentice Hall, Englewood Cliffs, NJ

Mathews CK, Van Holde KE (1998) Biochimica, 2 edn. Casa Editrice Ambrosiana, Milano

Pilone MS, Pollegioni L (in press) D-amino acid oxidase as industrial biocatalyst. Biocatalysis & Biotransformations

Price NC, Stevens L (1996) Principi di enzimologia, 8 edn. Delfino Antonio

Rapley R, Walker JM (1998) Molecular Biomethods Handbook. Humana Press, Totowa, NY

Rickwood D (Ed) (1984) Centrifugation, 2 edn. In Practical Approaches to Biochemistry Series. IRL Press, Oxford/Washington, DC

Riley T, Tomlinson C (1987) Principles of Electroanalytical Methods. Wiley, Chichester

Robards K, Haddad PR, Jackson PE (1994) Principles and Practice of Modern Chromatographic Methods. Academic Press, London

Sadana A (1997) Bioseparation of proteins. Academic Press Inc., London, New York

Scopes RK (1993) Protein Purification. Principles and Practice. Springer Verlag, Berlin, Heidelberg, New York

Stanbury PF, Whitaker A, Hall SJ (1998) Principles of Fermentation Technology, 2 edn. Elsevier Science Publishers, BV, Amsterdam

Uhlig H (1998) Industrial Enzymes and Their Applications. John Wiley & Sons, Inc

Vulfson EN, Halling PJ, Holland HL (Eds) (2001) Methods in Biotechnology: Enzymes in non-aqueous solvents. Humana Press, in press

Walker JM (1996) The Protein Protocols Handbook. Humana Press, Totowa, NJ

Willams DH, Fleming I (1995) Spectroscopic Methods in Organic Chemistry, 5 edn. McGraw-Hill Book Co., New York (tr. it. Metodi spettroscopici in chimica organica, Martello Giunti, Firenze)

Wilson K, Walker J (Eds) (2001) Metodologie Biochimiche, 3 ed italiana a cura di Pilone MS e Pollegioni L. Raffaello Cortina Editore, Milano

Indice analitico

280 nm 158
3,6-anidro-D-galattosio 137
α-amilasi 184
abzimi 180
accuratezza 157
acetonitrile 123
α-chimotripsinogeno 107
acido 77, 122, 136, 118, 122, 148, 173, 184, 186
    acetico 77
    alginico 136
    amminocefalosporanico (7-ACA) 173
    aspartico 1
    citrico 184
    cloridrico 77
    fosforico 77
    iminodiacetico 118
    lattico 77, 184
    ortofosforico 122
    ricinoleico 186
    solforico 77
    tioacetico 148
    trifluoroacetico (TFA) 122
acqua di solvatazione 76
Adekatol 23
adsorbimento 125
    con letto fluido 125
    in batch 125
α-eliche 3
agar 136
agarosio 87
agenti caotropici 111
agitatore 81, 151
α-L-acido guluronico 136
albumina di siero bovino 107
alcool etilico 67
aldolasi 9
alghe 136, 137
    brune 136
    rosse 137
alginato 70, 136
allergie 194
altezza equivalente al piatto teorico (HETP) 84
Amersham Pharmacia Biotech 49
amido 183
amilopectina 183
amilosio 183
amminoacidi 1
ammonio 106, 119, 173
    acetato 106
    carbonato 106
    cloruro 119
    fumarato 173
    solfato 78
ammonio quaternario, sali di 23
analisi 153, 188
    ambientale 188
    spettroscopiche 153
anfetamina 177
anidridi 174
antibatterici 167
antibiotici β-lattamici 173
anticorpi monoclonali 180
antitumorali 190
apoenzima 3
apteni 180
APV Gaulin Homogenizer 40
area superficiale disponibile 89
arginina 1, 147
aromi 186
Ascophylum 136
aspartato β-decarbossilasi 173
Aspergillus niger 17
Association of Manufactures of Fermentation Enzyme Products 198
assorbanza 155, 158
attivazione 134, 143

attività 5, 176
    enzimatica 5
    ottica 176
autocampionatori 154
autolisi 33

Bacillus 17
    stearothermophilus 17
    subtilis 17
Ball Mill 34
batch 28
β-D-acido mannuronico 136
bentoniti 70
benzamidina 23
benzene 174
benzil mercaptano 148
benzochinone 145
bevande alcoliche 185
bibite 185
biocatalisi 21, 165, 174
    in solventi organici 174
biocatalizzatore 166
    costo di un 166
    stabilità operativa del 166
biofinishing 187
biopolishing 187
bioreattore 169
biosensori 136, 188
biossido di carbonio 167
biotrasformazione 165, 171
    cicli di 171
bisepoxirani 115
β-lattamasi 160
blocking excess groups 148
Blu destrano 107
β-mercaptoetanolo 23
β-ossidazione 186
bozzima 187
    rimozione di 187
braccio spaziatore 115
Braun 39
brevetto 196
brodo di fermentazione 159
bromuro di cianogeno 143
browniano, moto 55
Büchner 1
bulk methods 75
buone pratiche di fabbricazione 195
buretta 156

C– terminale 114
caglio 185
calcio acetato 70
cammino ottico 156
campione 127
    caricamento del 127
    lavaggio del 127
campo centrifugo relativo (RCF) 46
canalizzazione 56
Canavalia 20
Candida 17, 176
    antarctica 17, 176
    utilis 17
capacità 85
    di legame dinamica 85
    di legame disponibile 85
carbodiimidi 115, 146
carbonio chirale 1
carbossile 178
    α 178
    β 178
carragenano 70, 136, 137
    iota 137
    kappa 137
    lambda 137
caseina 185
catalasi 187
catalisi eterogenea 134
catena metilenica 148
cefalosporina C 173
cefalosporine 190
Celite 139
Cellulasi 33, 184
cellule 133
    immobilizzate 133
    libere 133
cellulosa 87, 136
    acetato di 136
centri chirali 176
centrifugazione 45, 47, 48
    analitica 47
    differenziale 48
    isopicnica 48
    preparativa 47, 48
    zonale di velocità 48
centrifughe 47, 51, 52
    ad alta velocità 47
    a bassa velocità 47
    a camere 52

a dischi 52
a paniere 55
tubulari 51
ceramica 63
Cetilpiridinio bromuro 23
chemo-selettività 176
chiarificazione 58
chimosina 185
chimotripsina 10, 175
Chitopearl 88
chitosano 87, 136
chromatofocusing 91
Cibacron Blue 116
CIP 54, 93
cisterna 1, 114
citochine 191
citocromo 107
cleaning in place (CIP) 54, 93
clorexidina 98
clorotrialchilsilani 122
clorotrietilsilani 122
clorotrimetil 122
cloruro 23
Clostridium 190
CM 100
coagulanti 70
coefficiente 59, 84, 89, 103, 156
   di concentrazione 59
   di distribuzione o ripartizione K_d 103
   di estinzione molare 156
   di uniformità 89
   di distribuzione o ripartizione 84
colonna, colonne 28, 150, 170
   in parallelo 170
   in serie 170
complesso enzima-substrato 5
concentrazione 4, 59
   da polarizzazione 59
   percentuale 4
concentrazione o rejection 59
congelamento e scongelamento 31
conservazione 66, 98
corpi di inclusione 20
co-sedimentazione 48
costante di Michaelis 6
crescita microbica 30
cromatografia 83, 85, 86, 91, 121, 124, 155
   a letto espanso 124

a scambio ionico 91
   definizione di 83
di affinità 91
di esclusione 91
di interazione idrofobica 91
in fase inversa 121
in fase liquida 83
liquida ad alta pressione (HPLC) 86
micellare elettrocinetica capillare 155
su carta 85
su colonna 85
su strato sottile 85
crosslinkage 88
cross-linking 87
curva di crescita microbica 19
curve di calibrazione 158
curve di titolazione elettroforetica 99

D-amminoacido ossidasi 173
DEAE 100
Decanters 52
Denim 187
depirogenizzazione 61
deprotezione 178
destrano 87
detectability 157
D-galattosio 137
dialisi 61
diammine 148
diastereoisomeri 178
Dicalite 65
diod-array 154
diossigenasi 186
dispenser 190
   monouso 190
   multiuso 190
dispersori meccanici 34
ditiotreitolo 23
DVB 88
divinilbenzene (DVB) 88
divinilsulfone 145
Dyno Mill 37

EC 10
eccesso diastereoisomerico (d.e.) 177
eccesso enantiomerico (e.e.) 177
EEC Directives 198
EEDQ 147
efficienza 84, 194

catalitica 194
della colonna cromatografica 84
elettrochimiche, misure di variazioni 154
elettrodi a ossigeno 156
elettroforesi 98, 106, 155
    capillare 86, 155
    con SDS 106
    isoelettrofocalizzazione (IEF) 98
    zonale capillare (CZE) 155
eluizione 83, 92, 96, 118
    aspecifica 118
    a steps 92
    con variazione del pH 96
    con variazione della forza ionica 96
    gradiente di 92
    isocratica 92
    specifica 118
enantiomeri 176
end-capping 122
endotossine 195
energia 5, 108
    di attivazione 5
    libera (ΔG) 108
enolasi 9
ENS 29000 195
Ente di Normazione Europeo 195
entropia (ΔS) 108
enzima 25, 29
    endocellulare 29
    esocellulare 29
    immobilizzato 25
enzimi 1, 29, 133, 134, 153, 173, 180, 191
    attività catalitica degli 1
    coimmobilizzati 173
    definizione degli 1
    immobilizzati 133
    insolubili 134
    interferenti 153
    liberi 133
    per analisi e terapie mediche 191
    semisintetici 180
    solubili 134
Enzyme Commission 10
eparina 116
epossidico 142
Epoxy Sepharose 142
equazione di Michaelis-Menten 6
equilibrio 5
esano 174

Escherichia coli 17
esotossine 195
esperidina 185
esteri 24
    idrolisi di 24
estinzione 155
estremofili 17
estrusori 34
eucarioti 30

FAD 3
FMN 3
farine fossili 65
fase di crescita microbica 30
    esponenziale 30
    stazionaria 30
fase 83
    mobile 83
    stazionaria 83
fattori 116, 129
    chimici 129
    di coagulazione del sangue 116
    fisici 129
FDA 195
fenilalanina 147
fenilmetilsulfonil fluoruro 23
fermentazione 26
    brodo di 26
ficina 10
Ficoll 49
filtrazione 45, 62
    a flusso tangenziale 62
    frazionata 45
    dead-end 62
    dinamica 62
filtri 56, 65
    a pressa 65
    con struttura con pori deformabili 56
    con struttura fissa non deformabile 56
    di profondità 56
    di superficie o a membrana 56
    rotativi 65
fine particle 87
flavina adenina dinucleotide (FAD) 3
flavina mononucleotide (FMN) 3
flocculante 69, 72
    concentrazione del 72
    definizione di 69
flocculanti 69, 70

anionici 70
cationici 70
inorganici 70
organici naturali 70
organici sintetici 70
fluidi supercritici 179
fluido ascitico 180
fluorescenza, misure di 154
flusso 86, 93, 94, 126
    ascendente 86
    di portata volumetrico 93
    discendente 126
    lineare 93, 94
foglietti ripiegati β 3
Food and Drugs Administration 195
formaldeide 67
formiato 167
formiato deidrogenasi 167
formile 142
Formyl Cellufine 142
forze di Van der Waals 56
French Press 40
fruttosio 184
fumarasi 9
funghi 194

β-galattosidasi (lattasi) 185
gascromatografia 83
gel filtrazione 91
gelatina 136
geni sintetici 179
ghosting 123
Gigartina 137
giri per minuto (rpm) 46
gliceraldeide 3-fosfato deidrogenasi 9
glicerolo 167
glicina 119
glicogeno sintetasi 9
glicoproteina 113
GLP 195
glucanasi 33
glucoamilasi 184
glucosio 184
glucosio isomerasi 184
glucosio ossidasi 185
glutammico, acido 1
glutaraldeide 115, 145
glutarile 7-ACA acilasi 173
glutine 184

GMP 195
gocciolatore 137
gomma guar 70
Good Laboratory Practice 195
Good Manufacturing Practices 195
gradiente 49, 93, 96
    concavo 93
    continuo 49, 96
    convesso 93
    discontinuo (a step) 49, 93, 96
    lineare 93, 94
Gram 32
    negativi 32
    positivi 32
grandezza media delle particelle (average particle size) 89
granulometria 89
granulometria effettiva (effective particle size) 89
gruppi 3, 88, 141, 143, 144
    amminici primari 144
    carbossilici 141
    funzionali 88, 143
    attivazione dei gruppi funzionali 143
    prostetici 3
    sulfidrici 141
guanidina 147
guanidina-HCl 118

HACCP 195
Hansenula 18
Hazard Analysis Critical Control Points, HACCP 195
Henderson Hasselbach, equazione di 22
HETP 84
His-tagged protein 114
holder 63
HPLC 86
Hughes Press 40
Hyflo 65
Hypnea 137

idratasi 186
idrazina 147
idrofilicità 148
idrofobicità 148
idrogenasi 190
idrolasi 10
idrolisi dell'amido 183

idroperossido-liasi 186
idrossilazioni degli steroidi 178
idrossili 142
idrossonio 22
idruri 146
IEF 98
IMAC 114
imidazolo 119
Immobilized Metal ion Adsorption Chromatography (IMAC) 114
immobilizzazione 135, 139, 141, 142
    covalente su supporto solido 141
    per adsorbimento 139
    per intrappolamento 135
    supporti per 142
impatto 55, 194
    ambientale 194
    inerziale 55
impianti antideflagranti 34
incorporazione in polimeri 140
indice 153, 154
    di purificazione 153
    di rifrazione 154
Indigofera tinctoria 187
industria 183, 185, 187, 190
    alimentare 183
    cosmetica 190
    della carta 187
    farmaceutica e chimica 190
    lattiero-casearia 185
    tessile 187
ingegneria proteica 179
inibizione 172
    da prodotto 172
    da substrato 172
inibizione enzimatica 8
    competitiva 8
    irreversibile 8
    non competitiva 8
    reversibile 8
insolubilizzazione 133
interazione 138, 139, 140
    con metallo chelato 140
    con supporto solido 138
    ionica 139
intercettazione 55
    diretta 55
    per diffusione 55
intervallo di precipitazione 78

intrappolamento in fibre 136
invenzione 196
invertasi 184
ISO 9000 195
isoelettrofocalizzazione (IEF) 98
isomerasi 10
isourea 143
istidina 114

J.S. Dordick 175
jack bean 20
Janke & Kunkel 35

Katal (KAT) 5
K_M 6

laccasi 187, 188
lactoperossidasi 190
LAL test 195
Lambert-Beer 156
Laminaria 136
lattasi 185
lattoni 174
lattonizzazione 186
lectina 113
legami 3, 56, 136, 183
    α-1,4 183
    α-1,6 183
    a idrogeno
    glicosidici 136
    peptidici 3
Lerner 180
letto resina 127
    eluizione del 127
    equilibramento del 127
    espansione del 127
    rigenerazione del 127
liasi 10
ligandi 122
    octadecilici (C18) 122
    octilici (C8) 122
ligasi 10
lignina 188
limite di esclusione 104
limonina 185
limoninasi 185
Limulus Amoebocyte Lisate 195
Lineweaver-Burk 7
liofilizzato 25

lipo-ossigenasi 186
lipoproteine 116
liquefazione 184
lisato, dosaggi di attività nel 42
lisi 33, 37, 43, 44
    camera di 37
    enzimatica 33
    resa percentuale di 43
lisina 1
lisozima 10, 32
luce monocromatica 156

Macrocystis 136
macrolidi 190
maltodestrine 184
manipolazione genetica 29
mannasi 33
Material Safety Data Sheet (MSDS) 197
matrice, impaccamento della 91
MCAC 114
melasse 171
membrane 63, 65
    a fibre cave 63
    a spirale 63
    piane 63
    tubolari 65
mercaptani 23
Metal Chelate Affinity Chromatography (MCAC) 114
MSDS 197
metabisolfiti 23
metanolo 123
metilchetoni 186
metilene cloruro 136
metodi chimici 140
metodo 158
    con Blue Coomassie 158
    del Biureto 158
    di Lowry 158
mezzi di prevenzione 198
microbica 167
    contaminazione 167
microbiologia industriale 189
microcapsule 138
microcicloni 55
microfiltrazione 57
microincapsulazione 136
microrganismi 180
    psicrofili 180

termofili 180
Millipore 142
MNC test 195
molarità 4
mole 4
Molecular Weight Cut-Off (MWCO) 58
monitor a UV 90
monitoraggio 172
Mononuclear Cells test 195
monosaccaridi 185
monossigenasi 186
mortai 34
moto 55
Mucor miehei 185
mulini con sfere abrasive 34
muramidasi 33
MWCO 58

N,N'metilen bisacrilamide 87
N-acetilmuramide 33
NAD 116
NADP 116
nanofiltrazione 58
naringina 185
naringinasi 9, 21, 185
naringinina 185
National Fluid Power Association (NFPA) 58
N-carbamil-D-amminoacidi 20
N-cicloesil-N'-2-(4' metilmorfolino) etil carbodiimide p-toluene solfonato (CMC) 146
N-etil-N'-(3 dimetilamminopropil) carbodiimide (EDC) 146
N-etossicarbonil-2 etossi 1,2-diidrochinolina 147
NFPA 58
NHS 142
N-idrossisuccinimmide (NHS) 142
nitrilasi 178
nitrile 178
nitrogenasi 190
NMWL 58
Nonidet P40 23
normalità 4
novobiocina 125
nucleotidi 116
numero di piatti teorici 84

oligosaccaridi 185
oloenzima 3
Organizzazione Internazionale degli Standard 195
O-ring 86
ormoni proteici 191
osmosi inversa 57
ossido-reduttasi 10
ottano 174
oxirano 142
ozono 188

P. dacunhae 173
Pall Corporation 68
palline di vetro 39
PallSep 68
panificazione 184
papaina 10
patches idrofobiche 107
Patent Cooperation Treaty, PCT 196
patogenicità 198
PCT 196
pectinasi 33, 184, 188
PEG 82
pellet 76
penicillina acilasi 9
penicilline 190
Penicillium chrysogenum 139
pepsina 185
pepstatina A 23
peptidi 1
peracidi 176
permeazione 55
perossido di idrogeno 67
personal computers 154
PES 68
Peso Molecolare Limite Nominale (NMWL) 58
pesticida 189
pHmetri 156
pH-stat 156
piastra di Petri 42
picchi fantasma 123
pietra pomice 187
pirogeni 194
piruvato chinasi 9
PMSF 23
p-nitrofenil acetato 24
polagrafiche 156

polarimetro 176
polarità 111
poli (U) 116
poliacrilamide 136
poliacrilamidi 70
poliammidi 63
policarbonati 63
poliesteri 63
polietilenglicole 82
polietilenimine 70
polimmidi 63
polipropilene 63
polisulfone 63
poliuretano 37
pompa 89, 90
    a lobi 90
    peristaltica 90
porosità 88
potassio cloruro 138
potere di ritenzione 58, 59
    assoluto 59
    nominale 58
Potter 39
precipitazione 4, 75
    con PEG 75
    con sali inorganici 75
    proteica 4
precisione 157
preparazione di detergenti 186
presse 34
pressione di trans-membrana (TMP) 59
principio dell'equilibrio mobile di Le Chatelier-Brown 173
Procarioti 30
processi 170
    continui 170
    discontinui 170
Procion Red 116
prodotti organofosforici 189
produzione di idrogeno 189
produzioni energetiche 189
proteasi 23
    inibitori di 23
proteici, picchi 90
protein binding capacity 85
proteina 20
    carica della 4
    rinaturazione della 20
proteina A 116

proteina G 116
proteine 1, 42, 153
   determinazione del rilascio di 42
   contenuto di 153
Pseudomonas fluorescens 17
psicosio 183
PTFE 63
pullulanasi 184
pulping 188
punto isoelettrico 4
punto isoionico 4
purificazione 21, 75, 176
   racemo 176
   strategia di 75

Q 100

radiazioni elettromagnetiche 155
rapporto tra le altezze del letto H/H_0 129
RCF 46
reattivi di condensazione 146
reattori 81, 150, 169, 170
   a colonna 169
   a membrana 170
   con agitatore 150
   in batch 169
   incamiciati 81
   industriali 81
reazioni 167, 173, 176
   accoppiate 167
   di esterificazione 176
   di transesterificazione 176
   sequenziali 173
   singole 173
refolding 20
regio-selettività 176
resa 159, 162
   di attività espressa 162
   di immobilizzazione 162
   parziale 159
   progressiva 159
   totale 159
Resindion 142
reversed phase chromatography 121
rigenerazione 65
rilevabilità 157
riproducibilità 157
riscaldamento della soluzione 75
risoluzione 84

ritenzione 55
rivelatori 90, 154
   a indice di rifrazione 90
   a lunghezza d'onda variabile 154
   diod-array 154
   elettrochimici 90
   UV/visibile
rivelazione 83
Röhm GmbH 142
rotore 37, 47
rotori 49
   a flusso continuo 49
   ad angolo fisso 49
   a bracci oscillanti 49
   zonali 49
rottura cellulare 42

S 99
saccarosio 105
Saccharomyces 17, 139
   cerevisiae 17, 139
   uvarum 139
sali di diazonio 147
salting in 78
salting out 78
Sanitization In Place (SIP) 98
sanitizzazione 65, 98
scaling-up 17
scambiatori 95, 99, 100
   anionici 95
   cationici 95
   deboli 95
   forti 95
scarico 56
scarico automatico 54
Schulz 180
sciroppi 185
SDS 66
selettività 85, 157
sensibilità 157
sensibilizzazione 198
Sepabeads 142
separatori 50
   liquido-liquido 50
   solido-liquido 50
Sephadex 88
serie di Hofmeister 110
silanolo 122
silice 70

sintesi chemo-enzimatica 173
sinzimi 180
SIP 98
sistemi acquosi bifasici 50
sistemi bifasici 174
sistemi bifasici polietilenglicole-fosfati (PEG-fosfati) 50
sito attivo 3
slurry 92
sodio 54, 67, 106, 136, 137, 143, 146, 187
    alginato di 136
    azide 67
    benzoato 67
    boroidruro 146
    dodecilsolfato 106
    idrossido 54
    ipoclorito 67, 187
    periodato 143
solfiti 23
sonicatori 34
sonicazione 34
soppressione ionica 122
SP 99
specificità 157
stereoisomeri 176
stereo-selettività 176
stirene 88
stone wash 187
storage 98
Streamline 125
streptomicina 125
struttura 3
    nativa 3
    primaria 3
    quaternaria 3
    secondaria 3
    terziaria 3
substrato 4
subunità 3
supercentrifughe 47
superossido dismutasi 190
sviluppo 86
    ascendente 86
    discendente 86
swelling 89

tabella di purificazione 160
taglia 89
tampone 22

soluzioni 22
tecniche 156
    polarografiche 156
    potenziometriche 156
tempo di ritenzione 84
    assoluto 84
    relativo 84
tensioattivi 23
tensione superficiale 111
terapie mediche 191
termostabilità 77
terre di diatomee 139
TFA 122
thin layer 59
Thin Layer Chromatography 85
tiamina pirofosfato (TPP) 3
tirosina 1, 142
titolatori automatici 156
TMP 59
toluene 174
TPP 3
transesterificazioni 24
transferasi 10
trasduttori del segnale 189
trasmittanza T 155
trasportatore a coclea 53
trattamenti preliminari 75
trattamento 31, 75, 189
    al calore 31
    con solventi organici 75
    di reflui e scarti 189
treonina 142
triacetina 24
tricloro- s-triazina 145
triclorobutanolo 98
trietilammina 123
triptofano 114, 147
TRIS 23
Triton X100 23
Tswett 83

Ufficio Europeo dei Brevetti 196
Ufficio Italiano Brevetti e Marchi 196
ultracentrifughe 47
ultrafiltrazione 57
Ultra-Turrax 36
Unione Internazionale di Biochimica 10
unità 5
    Internazionale (U.I.) 5

Università di Iowa 175
urea 119
ureasi 20

variazione del valore di pH 75
velocità angolare 46
velocità di sedimentazione 45
velocità massima 6
veratril alcol ossidasi 188
vinile acetato 176
virus 194
V_{MAX} 6
volume 103
    di eluizione 103
    escluso 103
    interno V_i 103
    totale di solvente 103
    vuoto V_0 103
Vortex mixer 39

wild type 16

xilano 188

zimogramma 99
zwitterion 1

If you have any concerns about our products,
you can contact us on
ProductSafety@springernature.com

In case Publisher is established outside the EU,
the EU authorized representative is:
**Springer Nature Customer Service Center GmbH
Europaplatz 3, 69115 Heidelberg, Germany**

Printed by Libri Plureos GmbH
in Hamburg, Germany